보통 사람을 위한 현대 수학

수학적 직관을 깨우는 20세기 수학의 바이블

이언 스튜어트의
보통 사람을 위한
현대수학
Concepts of Modern Mathematics

이언 스튜어트 지음 | **박병철** 옮김

Humanist

도버판을 위한 서문

《보통 사람을 위한 현대 수학Concept of Modern Mathematics》은 1971년 워릭 대학교Warwick University측이 강의 외의 별도 학습과정을 개발하던 단계에서 시작되었다. 당시 이 대학에서는 고등학생부터 은퇴한 자동차 기술자에 이르기까지 다양한 계층을 대상으로 일주일에 두 시간씩 수학 강의를 진행했는데, 이때 강의된 내용은 영국에서는 '현대 수학modern mathematics'이라 부르고, 미국에서는 '새로운 수학new mathematics'이라 불렀다. 여기서 '현대'란 새로운 내용이 아니라(강의 내용 중에는 등장한 지 100년이 넘은 개념도 많다.), '현재 학교에서 가르치고 있다.'는 뜻이다. 20세기 초 프랑스 수학계에서 익명으로 활동했던 '부르바키Bourbaki[*]'의 수학 이념이 강의실에 다시 한 번 구현된 것이다.

이 실험적인 강좌가 얼마나 유익하고 효율적이었는지는 아직도 논란거리로 남아 있다. 개중에는 강좌가 총체적인 재앙이었다며 혹평하는 사람도 있지만, 내가 보기에 그들은 '수학 자체의 특성'이라는 논리적 이슈와 '수학을 가르치는 방법'이라는 심리적 이슈를 혼동한 것 같다. 사실 워릭대학교에서 시도했던 새로운 수학운동은 몇 가지 긍정적인 면(암흑기를 겪고 있던 학교 수학 교육에 새로운 활력을 불어넣은 것)과 함

● 1930년대 초 프랑스의 젊은 수학자들이 수학의 통일을 시도하기 위해 조직한 단체의 필명

5

께 심각한 문제점을 드러냈다. 학생들의 관심과 동떨어진 추상적 개념을 교과과정에 포함시킨 것이 대표적 사례다. 교육전문가와 수학자 사이에 충분한 토의가 이루어지지 않은 것도 문제였다.

새로운 시도는 교사와 학부모 사이에 적지 않은 혼란을 야기했다. 우리의 목적은 새로운 내용을 가르치거나 문제를 공론화하자는 게 아니라, 수학에 추상적 관점이 도입된 이유와 그로부터 새로운 분야가 탄생한 배경을 설명하는 것이었다. 계획대로라면 추상적 수학의 심오함과 유용함이 널리 알려질 것이며, 잘못된다면 모호하고 지루한 강의 속에서 피상적인 내용만을 전달할 것이다. 실제로 강좌는 좋은 점을 강조하는 것을 목표로 했으며, 최악의 경우 부정적인 면은 무시하는 식으로 진행되었다.

"새로운 수학"은 더 이상 주요 이슈가 아니다. 요즘은 연산의 역할과 컴퓨터가 수학 교육의 새로운 현안으로 떠오르고 있다. 게다가 서구의 학생들이 법조계와 회계, 의약, 광고 분야로 대거 진출하면서 실용성과 이론의 균형이 심각하게 깨진 이 마당에, 계산 능력은 별로 중요한 문제가 아니다…….

이 모든 변화에도 불구하고 이 책은 지난 20여 년 동안 자신의 위치를 굳건하게 지켜왔다. 사실 수학이 세상사에 미치는 영향은 일반인이 생각하는 것보다 훨씬 방대하다. 수학은 다재다능하고 강력하며, 매우 흥미롭다. 황당무계한 상상이 중요한 곳에 응용되는 경우도 종종 있다. 셰필드에 있는 스프링 연구개발위원회의 렌 레이놀즈는 최근 영국 무역산업부의 지원 아래 나와 함께 최신형 데이터분석법(혼돈이론chaos theory)을 이용한 스프링 제어기술 개발프로젝트를 수행한 바 있다.

그렇다. 자동차의 밸브나 볼펜 등에 사용되는 바로 그 스프링(용수철)이다. 놀랍게도 거의 모든 특성이 혼돈이론으로 설명된다! 특히 코일의 간격을 정밀하게 측정할 때 반드시 필요하다. 스프링의 물리적 특성은 나선모양으로 감긴 코일의 간격에 좌우되는데, 스프링 제작자들은 이 값을 측정할 때마다 많은 어려움을 겪어왔다. 전통적인 방법으로 통계역학을 적용하면 거의 무작위로 나타나는 데이터를 처리할 수 없기 때문이다. 그러나 여기에 혼돈이론을 적용하면 스프링의 진동패턴을 매우 정확하게 예측할 수 있다.

산업현장에 새로운 수학적 기술을 도입하는 것은 결코 만만한 일이 아니다. 10~20년 전만 해도 수학적 개념은 산업현장에서 써먹을 곳이 거의 없었으며, 이런 사정은 지금도 크게 달라지지 않았다. 얼마 전에 레이놀즈가 "집합론의 기호와 함수론, 그리고 고차원 기하학 등을 간단하게 소개하는 수학입문서를 소개해달라."고 부탁했을 때, 나는 주저 없이 이 책을 추천했다(당시에는 절판된 상태여서 복사본을 보내주었다.). 그런데 반응이 괜찮았는지 얼마 후 그는 복사본을 다량으로 요구했고, 결국 나는 책을 다시 출판하기로 마음먹었다.

아서 케일리Arthur Cayley의 《타원함수Elliptic Functions》에서 시작하여 자크 아다마르Jacques Hadamard의 《수학적 발명에 관한 심리학Psychology of Invention in Mathematical Fields》에 이르기까지, 도버판 도서 거의 대부분을 소장하고 있었기에 도버출판사에 "내 책도 그 시리즈와 같은 맥락에서 취급해달라."고 정중하게 부탁했고, 고맙게도 흔쾌히 수락해주었다. 비전문가를 위해 집필했던 나의 첫 번째 책이 이렇게 도버판으로 다시 태어나니 감회가 새롭다. 비록 20여 년 전에 출간된 책이지만, 그 안에 담긴 메시지는 결코 낡지 않았음을 다시 한 번 강조하는 바이다.

1994년 3월 코번트리에서
이언 스튜어트

초판 서문

과거에는 아이가 수학 숙제 때문에 골머리를 앓고 있을 때, 부모가 나서서 문제를 해결해줄 수 있었다. 그러나 수학이 '현대화modernization'되면서 부모들은 더 이상 아이의 수학 숙제를 도와줄 수 없게 되었다. 굳이 도와주려면 교과서에 새로 첨부된 내용을 따로 공부해야 한다(게다가 이해하기도 결코 쉽지 않다!). 수학교사인 친구의 말에 따르면, 요즘 아이들은 "옛날에 엄마와 아빠가 배웠던 진짜 수학을 가르쳐달라."며 수시로 불평을 늘어놓는다고 한다. 게다가 많은 교사가 새로운 수학을 습득하는 데 어려움을 겪고 있다.

참으로 안타까운 현실이다. 학교에서는 기호를 다루는 능력보다 수학 자체를 이해시키기 위해 현대 수학을 가르치고 있는데, 현실은 그 반대로 가고 있다. 진정한 수학자란 숫자를 갖고 노는 사람이 아니라 '개념'을 갖고 노는 사람이다.

이 책은 이런 불편한 느낌을 해소하기 위해 집필되었다. 생소한 개념에 직면하면 누구나 심리적으로 불편해지기 마련이다. 이럴 때 두려움을 해소하는 최선의 길은 원리와 결과를 이해하고, 왜 그런 결과가 나오는지를 파악하는 것이다. 그렇기 때문에 이 책은 '현대 수학 안내서'가 아니라 현대 수학의 방법론과 문제해결법, 그리고 응용 사례를 망라한 '수학 도구 상자'에 가깝다.

그동안 나는 독자들이 수학에 대한 사전지식이 거의 없다는 가정하에 교양수학서를 집필해왔는데, 이번만은 약간의 타협을 할 수밖에 없었다. 이 책을 무리 없이 읽으려면 대수학과 기하학, 삼각함수, 그리고 그래프에 대한 약간의 사전지식이 필요하다. 단, 미적분학은 반드시 필요한 경우를 제외하고 가능한 한 언급을 자제했다.

　그러나 가장 중요한 것은 새로운 개념을 기꺼이 수용하는 자세일 것이다. 수학은 결코 쉬운 학문이 아니지만, 한번 습득하면 그에 상응하는 보상이 주어진다. 수학은 교육의 필수과정이자 인류 문화의 일부이기 때문에, 스스로 '교육받은 사람'을 자처하려면 수학을 반드시 알아야 한다. 또한 수학에는 성공과 실패, 낙담과 영감으로 점철된 인류의 역사가 고스란히 담겨 있다.

　자, 지금부터 본격적인 수학 여행을 떠나보자.

차례

일러두기

1. *Concepts of Modern Mathematics*의 초판은 1975년에 출간되었으며, 이 책은 1995년 재출간된 도버판을 기준으로 번역되었습니다.

2. 숫자로 표기된 각주의 경우 원저자인 이언 스튜어트의 주로 해당 내용은 책의 말미에 주(註)로 수록되어 있습니다.

3. 각주 중 ● ◆ 등으로 표시된 것은 옮긴이 주로 독자의 이해를 돕기 위해 옮긴이가 단 것입니다. 그중 일부 원저자가 표시한 경우에는 원저자의 출처를 밝혔습니다.

4. 대부분의 수학 용어는 대한수학회의 수학 용어를 기준으로 하였습니다.

1장

수학 일반

현대 수학의 방대한 내용을 개념적으로 파악하기란
결코 쉬운 일이 아니다.

- 아서 케일리의 1883년 연설문 중에서

수학 교육과정이 갑자기 '현대 수학'으로 넘어가면 '방향 감각을 잃은 수학이 전통적인 개념을 포기한 채 아무 짝에도 쓸모없는 희한한 개념을 가르치려 한다.'고 생각하기 쉽다.

그러나 전체적인 그림을 보면 반드시 그렇지만도 않다. 현대 수학에 등장하는 개념 중에는 100년 이상 된 것이 수두룩하다. 새로운 수학개념은 하늘에서 떨어진 것이 아니라 기존의 개념에서 파생되었으며, 세월이 흐르면서 고전 수학과 자연스럽게 융화되었다. 문제는 학생들에게 새로운 개념을 가르칠 때 전통적인 수학과의 연결고리를 설명하지 않고 다짜고짜 본론으로 들어간다는 것이다.

추상성과 일반성

현대 수학의 눈에 띄는 특징 중 하나는 날이 갈수록 점점 더 추상화되어간다는 점이다. 중요한 개념에는 여러 개의 다양한 객체가 포함되어 있고, 이 모두는 공통적인 특성을 공유한다. 이런 특성을 발전시켜서 임의의 객체에 적용되도록 확장하다보면 추상적인 이론이 될 수밖에 없다.

'군群, group'의 개념은 공간에서 강체●의 움직임을 서술할 때나 기하학적 도형의 대칭을 분석할 때, 또는 정수의 가법적 구조additive structure나 위상공간에서 곡선의 변형을 서술할 때 사용된다. 이 모두는 '두 개의 객체를 결합하면 새로운 객체가 된다.'는 공통점을 갖고 있다. 예를 들어, 강체를 대상으로 연달아 실행된 두 번의 움직임은 한 번의 움직임으로 대치될 수 있고, 두 개의 정수를 더하면 또 다른 정수가 되며, 두 곡선의 끝을 이으면 하나의 새로운 곡선이 된다.

수학에서 추상성과 일반성은 함께 가는 경향이 있다. 그리고 수학적 논리를 일반화하면 대체로 노동량이 줄어든다. 일반적인 논리로 증명 가능한 정리를 각기 다른 관점에서 여러 번 증명하는 것은 별 의미가 없다.

현대 수학의 또 다른 특징은 집합론의 언어에 크게 의존한다는 점이다. 이것은 기호를 위주로 진행되는 분야에서 흔히 나타나는 현상이다. 추상적인 수학은 각 객체의 특성보다 전체적인 특성에 더 많은 관심을 두고 있다. 예를 들어, '5 = 1+4'는 그다지 중요한 정보가 아니지만, '$4n+1$의 형태로 표현되는 소수素數, prime number◆는 두 제곱수의 합으로 쓸 수 있다.'는 매우 중요한 정보이다. 여기에는 한 숫자의 특성이 아니라 모든 소수가 갖고 있는 공통적인 특성이 담겨 있기 때문이다.

여러 객체의 모임을 집합이라 한다. '모임collection'이라고 해도 상관없지만, 단어에 대한 선입견을 배제하기 위해 수학에서는 '집합set'이라는 용어를 사용한다.[1] 두 개의 숫자를 덧셈, 뺄셈, 곱셈, 나눗셈 등 다양한

● 외부에서 힘을 가해도 크기나 형태가 변하지 않는 단단한 물체

◆ 1과 자기자신 외에는 약수를 갖지 않는 자연수

방식으로 결합하면 새로운 숫자가 되듯이, 두 개의 집합도 다양한 방식으로 결합하면 새로운 집합이 된다. 산술연산을 일반화한 것이 대수학이므로, 여기에 약간의 수정을 가하면 집합을 대상으로 한 대수 체계를 구축할 수 있다.

집합은 숫자보다 좋은 점이 많다. 특히 학교에서 아이들에게 기초 대수학(산수)을 가르칠 때에는 숫자보다 집합의 개념을 이용하는 것이 훨씬 효과적이다. 예를 들어, 아이에게 3이라는 숫자 자체를 보여줄 수는 없지만,* 사탕 세 개나 인형 세 개로 이루어진 집합을 제시함으로써 '3'의 개념을 가시화할 수 있다. 물론 사탕이나 탁구공은 수학의 관심사가 아니지만(수학적 집합의 대상은 주로 숫자나 함수이다.), 집합론의 기초 연산을 이용하여 숫자를 일상적인 사물에 대응시키면 직관적인 이해가 가능해진다.

수학에서 집합론은 대수학보다 더 근본적인 위치에 있다(물론 수학을 배울 때 가장 근본적인 단계에서 시작할 필요는 없다.). 집합은 현대 수학을 이해하는 데 반드시 필요한 개념이기 때문에, 이 책의 4~5장에서도 다루었다. 그래서 5장 이후부터는 집합론 용어가 수시로 등장하는데, 기초적인 용어 외에는 가능한 한 사용을 자제했다. 사실 수학 일반론을 서술하면서 집합론을 강조하는 것은 별로 바람직하지 않다. 집합론은 하나의 용어일 뿐, 그 자체가 목적이 아니기 때문이다. 만일 당신이 집합론의 모든 것을 알고 있으면서 그 외의 수학을 하나도 모른다면 유용한 일을 전혀 할 수 없을 것이다. 반면에 집합론을 하나도 모르면서 그 외의 수학에 대하여 많은 것을 알고 있다면 많은 기여를 할 수 있다. 그러나 수학을 전혀 모르는 채 집합론을 조금만 알고 있다면 수학 언어의

● '3'이라고 쓴 아라비아 숫자는 사전에 약속된 기호에 불과하다.

보통 사람을 위한 현대 수학

많은 부분을 이해할 수 있다.

직관과 형식

수학의 일반성은 논리적 엄밀함의 기준이 향상되면서 꾸준히 개선되어
왔다. 요즘 수학자들은 기원전 300년경에 평면기하학을 창시했던 유클
리드Euclid가 "삼각형 내부의 한 점을 지나는 직선은 삼각형의 변과 반드
시 만난다."는 공리公理, axiom◆를 명시하지 않았다며 그를 비난하고 있
다. 또한 18세기의 위대한 수학자 레온하르트 오일러Leonhard Euler는 함
수를 "손으로 자유롭게 그린 곡선"으로 정의했는데, 이런 모호한 정의로
는 현대 수학에서 벌어지는 게임에 동참하기 어렵다(손으로 그린 곡선이
함수라면, '곡선'의 정의는 무엇인가?). 사실 이런 식으로 일일이 트집을 잡
다보면 용어에 관한 문제는 결국 기호논리학의 문제로 귀결되고, 최종
적 타당성은 표준 테크닉을 이용한 '무작정 응용'을 통해 판단하는 수밖
에 없다. 그러나 수학을 이런 자세로 대하면 이해에 도움이 되기는커녕
더욱 어려워질 뿐이다.
　수학적 논리가 점점 더 엄밀해지는 것은 결코 일시적 현상이 아니다.
어떤 분야이건 주제가 복잡하고 광범위해질수록 더욱 신중한 자세로
접근해야 한다. 사회학자는 방대한 실험데이터를 분석할 때 잘못 실행
된 실험이나 결론이 모호한 실험을 분석대상에서 제외한다. 물론 수학
도 마찬가지다. 첫눈에 '자명한 사실'처럼 보였다가 나중에 '거짓'으로
드러난 사례는 얼마든지 있다. 예를 들어, 기하학에는 면적을 갖지 않는

◆　증명이 필요 없는 자명한 진리

도형이 존재한다. 스테판 바나흐Stefan Banach와 알프레드 타르스키Alfred Tarski는 "하나의 구球를 여섯 조각으로 분해했다가 다시 재결합하면 원래의 구와 부피가 똑같은 두 개의 구를 만들 수 있다."고 주장했다.[2] '부피'라는 개념에서 보면 절대로 있을 수 없는 일이지만, 부피를 갖지 않는 특이한 조각으로 분해하면 이와 같은 역설적 상황이 발생한다.●

　엄밀한 논리는 수학적으로 위험한 상황이나 미묘한 문제를 다룰 때 안전장치 역할을 한다. 어떤 정리를 수학자 대부분이 '참'으로 믿고 있다 해도, 엄밀한 증명이 이루어지지 않는 한 그것은 '증명되지 않은 가정'일 뿐이므로, 가정 이외의 다른 용도로 사용할 수 없다.

　무언가 '불가능한 것'을 증명할 때에도 논리적 엄밀함에 각별한 주의를 기울여야 한다. 한 가지 방법으로 수행할 수 없었던 계산이 다른 방법으로 쉽게 해결되는 경우가 종종 있기 때문이다. 예를 들어, 수학에는 "5차방정식의 일반해는 구할 수 없다."거나[3] "일반각은 자와 컴퍼스만으로 3등분할 수 없다."는 정리가 존재한다. 이런 정리를 알고 있으면 쓸데없는 문제에 도전하느라 시간을 소모할 필요가 없다. 그러나 정말로 쓸데없는 문제임을 확신하려면 논리에 신중을 기해야 한다.

　불가능을 증명하는 것은 수학의 독특한 기능 중 하나다. 사실 수학은 자신의 한계를 가장 잘 인지하고 있는 분야라 할 수 있다. 그래서 가끔 수학자들은 할 수 있는 것보다 할 수 없는 것에 더 큰 관심을 갖기도 한다! '자기 자신을 이해하는 것'이 최고의 덕목이라면, 수학자들은 모두 성인의 반열에 오를 것이다.

　그러나 논리가 전부는 아니다. 이 세상에 존재 자체만으로 의미를 갖는 공식은 존재하지 않는다. 수학 공식이 의미를 가지려면 문제를 해결

● 이것을 바나흐-타르스키 역설이라 한다.

하는 데 적용될 수 있어야 한다. 단, 문제의 종류는 예측할 수 없다. 그래서 주어진 수학 공식이 얼마나 중요한지 판단하려면 경험과 함께 '직관'을 동원해야 한다.

물론 수학적 직관을 명확하게 정의하기란 불가능하다. 대충 말하자면 직관이란 수학자(또는 물리학자나 공학자또는 시인)의 마음을 움직이는 원동력이다. 직관은 우리에게 주제를 느끼게 해준다. 우리는 정리에 대한 증명이 주어지지 않은 상태에서도 직관을 통해 그것이 참임을 느낄 수 있고, 직관에 기초하여 올바른 증명을 유도할 수 있다.

모든 사람은 약간의 수학적 직관을 갖고 태어난다. 아이들이 생전 처음 보는 퍼즐을 맞추면서 즐거워하는 것은 그 과정에서 수학적 직관이 작동하기 때문이다. 온 가족이 휴가를 떠날 때 그 많은 짐을 자동차 트렁크에 효율적으로 우겨 넣을 수 있는 것도 수학적(정확하게는 공간기하학적) 직관 덕분이다. 수학 교육의 주된 목적은 이와 같은 직관을 제어 가능한 도구로 업그레이드하는 것이다.

세상에는 직관보다 논리가 중요하다고 주장하는 사람도 있고, 논리보다 직관을 중시하는 사람도 있다. 그러나 수학의 진정한 위력은 논리와 직관이 적절하게 섞였을 때 발휘된다. 머리는 좋으면서 실수가 잦은 것은 논리력이 부족하기 때문이고, 매사에 논리적이면서 쓸 만한 결과물을 내놓지 못하는 것은 직관이 부족하기 때문이다.

그림

수학을 배울 때는 논리보다 심리적 요소가 더 중요하다. 나는 논리적으로 완벽하면서 청중을 전혀 이해시키지 못하는 강연을 여러 번 들어왔다. 수학에서는 논리보다 직관적 이해가 우선되어야 한다. 형식적 증명은 나중에 해도 늦지 않다. 증명을 직관적으로 이해하면 주어진 정리가 참일 수밖에 없는 '이유'를 알 수 있다. 논리는 증명에 탄탄한 배경을 제공할 뿐이다.

이 책을 집필하면서 나는 수학의 직관적인 면을 강조하는 데 주안점을 두었다. 형식적인 증명보다는 그 저변에 깔려 있는 아이디어를 이해하는 것이 훨씬 중요하기 때문이다. 논리와 직관을 모두 강조할 수 있다면 좋겠지만, 안타깝게도 그런 수학책은 찾아보기 힘들다.

수학자들 중 약 10%는 직관이 수학 공식과 연결되어 있어서 공식을 통해 사고를 진행한다. 그러나 나머지 90%는 공식 대신 그림으로 생각하는 사람들이다. 다들 알다시피 그림에는 문자나 단어보다 훨씬 많은 정보가 담겨 있다. 수학을 가르치는 교사들은 엄밀성이 떨어진다는 이유로 오랜 세월 동안 학생들에게 "가능한 한 그림을 그리지 말라."고 가르쳐왔는데, 이것은 매우 잘못된 관행이다. 물론 그림이 공식보다 엄밀하지 않은 것은 사실이지만, 기본적인 단계에서 수학적 사고를 키우는 데 도움이 되는 것도 분명한 사실이다. 도움이 되는 것을 굳이 마다할 필요가 어디 있겠는가?

보통 사람을 위한 현대 수학

왜 수학을 배워야 하는가?

수학을 배우는 이유는 여러 가지다. 이 책을 펼쳐 든 독자 중에는 "진도를 더 나가기 전에 이 책을 읽어야 할 이유를 설명해달라."라고 요구할 사람은 없을 것이다. 수학은 아름다우면서 지적인 욕구를 자극하는 매력이 있는 데다 실생활에도 큰 도움이 된다!

이 책에서 다루게 될 내용은 대부분 순수 수학에 속한다. 순수 수학은 실질적 응용보다 '지적 만족'을 추구한다. 이런 점에서 볼 때 순수 수학은 순수 미술과 비슷하다. 풍경화가 실생활에 유용해야 한다고 생각하는 사람은 없다. 그러나 순수 미술과 달리 순수 수학에는 확고한 기준이 존재하며, 원래의 의도와 상관없이 다양한 분야에 응용된다. 한 가지 예를 들어보자.

1800년대의 수학자들은 '파동방정식wave equation'을 개발하는 데 총력을 기울였다. 일반적으로 진동하는 끈이나 유체의 운동은 편미분partial differential이 도입된 파동방정식으로 서술된다. 그러나 당시의 수학자들은 물리적 응용을 염두에 두지 않은 채 오로지 수학적 관점에서 파동방정식을 연구했고, 자신의 연구가 다른 분야에 응용되리라고는 전혀 짐작하지 못했다. 그러던 중 1864년에 영국의 물리학자 제임스 클러크 맥스웰James Clerk Maxwell이 전기적 현상을 서술하는 일련의 방정식을 유도했다. 그런데 이 방정식에 약간의 수정을 가하니 전형적인 파동방정식이 되었고, 그 덕분에 맥스웰은 전자기파의 존재를 예견한 최초의 물리학자가 되었다. 그 후 1888년에 독일의 물리학자 하인리히 헤르츠Heinrich Hertz는 맥스웰의 방정식을 실험적으로 확인하던 중 실험실에서 라디오파를 발견했고, 1896년에 이탈리아의 물리학자 굴리엘모 마르코니Guglielmo Marconi는 최초의 라디오 통신장치를 발명했다.

순수 수학은 실생활에 적용될 때까지 대부분 다음과 같은 과정을 거친다. 첫째, 순수 수학의 특정 이론은 지적인 흥미를 위해 탄생한다. 둘째, 이론가는 수학을 다른 분야에 적용하지만 자신의 이론을 증명하려는 시도는 하지 않는다. 셋째, 실험가는 기존의 이론을 실험으로 확인하지만 구체적인 사용처까지 제시하지는 않는다. 마지막으로, 실용적인 사람(주로 발명가)이 나서서 순수 수학으로부터 유용한 상품을 만들어낸다. 원자력과 행렬이론(공학과 경제학), 그리고 적분방정식도 이와 비슷한 과정을 거쳤다.

이론이 처음 탄생한 후 실용적인 물건이 만들어질 때까지 걸린 시간을 헤아려보자. 파동방정식이 탄생한 후 마르코니의 무선통신장치가 발명되기까지는 약 150년이 걸렸고, 미분기하학에서 원자폭탄이 만들어지기까지는 100년이 걸렸다. 또한 아서 케일리Arthur Cayley의 행렬이론이 경제학에 적용되기까지도 거의 100년이 걸렸으며, 리하르트 쿠란트Richard Courant와 다비트 힐베르트David Hilbert가 개발한 적분방정식은 약 30년 후에 양자역학에 적용되었고, 실용적인 결과를 얻기까지 수십 년을 더 기다려야 했다. 분야마다 약간의 차이는 있지만, 수학자들은 새로운 이론을 개발할 때 자신의 이론이 100여 년 후에 유용하게 사용되리라는 것을 전혀 짐작하지 못했다!

그렇다면 지금 별로 중요하게 취급되지 않는 수학 이론도 2075년쯤 되면 물리학에 적용될 것인가?

반드시 그렇다는 보장은 없다. 파동방정식과 미분기하학, 행렬, 그리고 적분방정식은 처음 탄생했을 때부터 중요한 이론으로 대접받았다. 수학은 모든 분야가 긴밀하게 연결되어 있어서, 한 분야가 발전하면 곧바로 다른 분야에 영향을 미친다. 그런데 수학의 중심에는 '모든 부분에 영향을 미치는 핵심부'가 존재하며, 대부분의 중요한 문제는 바로 이곳

보통 사람을 위한 현대 수학

에 자리 잡고 있다. 심지어 핵심부를 공략하다가 완전히 새로운 수학적 테크닉이 개발되기도 한다. 처음 탄생할 때 별다른 주목을 받지 못하다가 훗날 중요한 곳에 응용된 아이디어는 대부분 이 영역에 속해 있다.

수학적 직관은 항상 성공적인 결과를 낳는가? 그리고 처음부터 중요하게 부각되지 않은 아이디어는 결국 사장되고 마는가? 나도 잘 모르겠다. 그러나 수학계에서 별로 중요하지 않게 취급되던 아이디어 대부분은 사장되었다. 쓸모없는 결과만 잔뜩 양산하는 이론은 살아남기 어렵다는 이야기다.

아름다우면서 중요하게 취급되던 아이디어가 끝까지 응용 분야를 찾지 못한 경우도 있다. 자연은 순수 수학의 법칙에 따라 운영되지 않기 때문이다. 과거에 어떤 물리학자가 일반적인 수학논리에 기초하여 우주의 반지름을 계산하는 공식을 발표한 적이 있었다. 그의 공식은 물리학의 기본상수인 e(전자의 전하)와 c(빛의 속도), h(플랑크상수), 그리고 원주율 π와 $\sqrt{}$ 등으로 이루어져 있어서 외관상으로 매우 그럴듯하게 보였으나, 이론물리학자였던 그는 공식만 유도해놓고 구체적인 계산을 하지 않았다. 그로부터 몇 년 후, 이 공식에 관심을 가진 다른 물리학자가 직접 계산을 수행했는데, 결과는 꽤나 충격적이었다.

그의 공식에 따르면 우주의 반지름은 10cm였다.

2장

움직임 없는 운동

인간이 개발한 사고 체계 중 가장 막강한 위력을 발휘하는 것은 단연 기하학이다. 인간은 사고의 대부분을 시각정보에 의지하고 있는데, 기하학적 직관은 바로 이 시각과 밀접하게 관련되어 있다. 기하학을 공부할 때에는 논리가 진행되는 과정을 눈으로 확인할 수 있다. 예를 들어, 피타고라스의 정리는 아무런 문장이나 기호 없이 그림 1에 제시된 두 개의 도형만으로 증명된다.

그림 1●

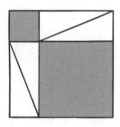 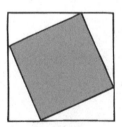

이런 그림을 보고 있으면 주어진 정리를 증명하는 완벽한 논리가 별 어려움 없이 떠오르곤 한다. 게다가 그림에 기초한 증명은 주로 직관에

의존하기 때문에 설득력도 강하다.

유클리드식 기하학(지금도 초·중·고등학교에서는 유클리드 기하학만 가르치고 있다.)은 이름 자체가 '기하학幾何學, geometry'임에도 불구하고 그림에 기초한 설명을 피하는 경향이 있다. 유클리드의《원론Elements》에는 삼각형의 '합동'이라는 개념과 그로부터 유도되는 삼각형의 기하학적 특성에 기초해 대부분의 설명이 대수학적으로 서술되어 있다.

도형의 합동은 다분히 직관적인 개념이다. 예를 들어, 두 삼각형의 모양과 크기가 같으면 이들은 서로 합동이다. 그러나 오래전부터 수학을 배우는 아이들은 삼각형의 합동조건을 이용해 기하학적 정리를 증명하는 데 어려움을 겪어왔다. 증명과정에서 삼각형의 합동조건이 시도 때도 없이 등장해 무엇이 원인이고 무엇이 결과인지 혼란스럽기 때문이다(1850년대의 학생들은 수학시간에 유클리드의 정리를 증명하고, 그것을 다른 정리를 증명하는 데 사용했으므로 요즘 학생들 못지않게 혼란스러웠을 것이다!).

유클리드가 그림보다 대수적 논리를 선호한 데에는 그럴 만한 이유가 있었다. 가장 큰 이유는 엄밀한 논리로 이루어진 몇 개의 단순한 원리로부터 기하학을 구축하고 싶었기 때문이다. 후대의 수학자들이 유클리드의 논리에서 몇 가지 허점을 발견하긴 했지만 기하학 체계를 위협할 정도로 심각한 문제는 아니었다. 그러나 어린 학생들은 기하학을 공부할 때 엄밀한 논리가 필요한 이유를 이해하지 못한다. 수학에서 '엄밀한 증명'이란 결국 '나를 납득시킨 증명'이라는 뜻이다. 물론 전문적인 논리학자들은 이런 증명에 설득될 때마다 무릎을 치며 기뻐할 것이

● 두 그림은 크기가 같은 정사각형이다. 왼쪽 그림에서 색으로 칠해진 부분의 면적은 직각삼각형에서 '직각을 낀 두 변의 제곱의 합'에 해당하고, 오른쪽 그림의 색 있는 부분은 '빗변의 제곱'에 해당한다. 그런데 왼쪽 그림의 흰색 부분과 오른쪽 그림의 흰색 부분은 면적이 같으므로, 직각삼각형에서 직각을 낀 두 변의 제곱의 합은 빗변의 제곱과 같다.

다! 그런데 우리가 배우는 수학 교과서를 보면 언뜻 듣기에는 완벽한 증명을 제시한 후 교묘한 곳에 숨어 있는 논리적 오류를 지적하는 경우가 종종 있다. 그러고는 "이런 함정이 곳곳에 도사리고 있으니 그럴듯한 논리에 쉽게 설득되지 말라."고 가르친다. 학생들에게 기하학을 가르치려면 즉석에서 이해할 수 있는 증명을 제시하거나, 능력을 향상시키는 데 긴 시간을 투자할 준비가 되어 있어야 한다. 물론 후자의 경우에는 기하학보다 논리학을 가르치는 것이 효과적이다.

그러나 설득력 있는 증명을 제시한 후, 그것이 오류임을 지적하는 것은 그다지 좋은 방법이 아니다. 당장은 경각심을 불러일으킬 수도 있지만 이런 식의 교육이 반복된다면 혼란과 의구심만 쌓일 뿐, 소기의 성과를 거두기 어렵다. 어린 학생들에게는 '참'인 증명을 먼저 제시해 직관적인 이해를 도모한 후, 나중에 엄밀한 증명을 보여주는 것이 바람직하다. 모범적인 사례로는 앞서 제시한 피타고라스의 정리를 들 수 있다. 엄밀한 증명을 하기 전에 이 그림을 보여주면 '면적'에 대한 개념이 자연스럽게 주입될 것이다.

다시 말해서, '수학 교육'에는 '직관적 이해'가 수반되어야 한다.

유클리드는 기하학적 직관이 매우 뛰어난 사람이었다. 그렇지 않다면 《원론》과 같은 명저를 결코 집필하지 못했을 것이다. 그러나 자신의 직관을 표현할 만한 수학적 도구가 마땅치 않았기에, 삼각형의 합동조건 및 그와 관련된 논리에 의존하는 수밖에 없었다. 19세기의 수학자들이 새로운 수학을 개발할 때 사용했던 도구도 이와 비슷하다. 이것은 오늘날 '변환기하학transformation geometry' 또는 '이동기하학motion geometry'이라는 제목으로 교과서에 실려 있다.

유클리드 뒤집기

이등변삼각형의 두 밑각은 서로 같다. 이것은 '유클리드의 첫 번째 어려운 정리'로 알려져 있다. 일단은 유클리드가 제시했던 증명부터 재현해 보자. 교과서에 나오는 증명과 달리, 이 증명에는 밑변의 수직이등분선이 등장하지 않는다. 유클리드가 "모든 선분에는 중점이 존재한다."는 정리를 증명하기 전에 이 증명을 먼저 시도했기 때문이다.

이등변삼각형의 세 꼭짓점을 각각 A, B, C라 하고, 밑변을 BC라 하자. 그리고 그림 2와 같이 AB를 D까지 연장하고, $AD=AE$가 되도록 AC를 E까지 연장해보자. 이 상황에서 유클리드의 논리는 다음과 같이 진행된다.

그림 2

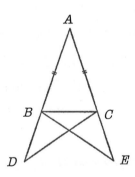

(i) 삼각형 ACD와 ABE는 (두 변의 길이와 사잇각이 같으므로) 합동이다.

(ii) 따라서 $\angle ABE = \angle ACD$이다.

(iii) 따라서 $DC = EB$이다.

(iv) 그러므로 삼각형 DBC와 ECB는 (세 변의 길이가 모두 같으므로)

합동이다.

    (v) 따라서 $\angle DCB = \angle EBC$이다.

    (vi) (v)와 (ii)에 의해 $\angle ABC = \angle ACB$이다.

이 증명의 각 단계에 그림 3과 같은 도식적 설명을 곁들이면 이해하기가 훨씬 쉬워진다.

그런데 여기서 한 가지 특이한 현상은 모든 것이 항상 '쌍'으로 등장한다는 점이다. 왼쪽의 AB와 오른쪽에는 AC가 같고, 왼쪽 삼각형 ACD와 오른쪽 삼각형 ABE는 합동이고…… 결국 왼쪽의 $\angle ABC$와 오른쪽의 $\angle ACB$가 같아지면서 정리가 증명된다.

이로부터 한 가지 힌트를 얻을 수 있다. 즉, 삼각형의 왼쪽과 오른쪽을 맞바꾸면 모든 것이 분명해진다. 앞서 제시한 증명도 이 과정을 말로 표현한 것에 불과하다. 그렇다면 이 변환을 어떻게 구현할 수 있을까?

답은 간단하다. 삼각형의 좌우를 뒤집으면 된다. 두툼한 종이로 이등변삼각형을 만들어서 반대로 뒤집으면 원래의 모양과 정확하게 일치한다. 그렇다고 굳이 삼각형을 오릴 필요는 없다. 머릿속에서 A를 고정시킨 채 삼각형을 뒤집어서 AC를 AB의 위치에 갖다 놓아도 꼭지각 A는 변하지 않으므로, AB는 AC와 동일선상에 놓이게 된다. 그런데 원래 AB와 AC는 길이가 같았으므로(ABC는 이등변삼각형이다!) 새로운 C는 원래의 B와 일치하고, 새로운 B는 원래의 C와 일치한다. 즉, 삼각형을 뒤집으면 B와 C가 맞바뀐다. 이런 식으로 모든 좌우가 맞바뀌게 되므로 $\angle ABC$와 $\angle ACB$는 같다.

그림 3

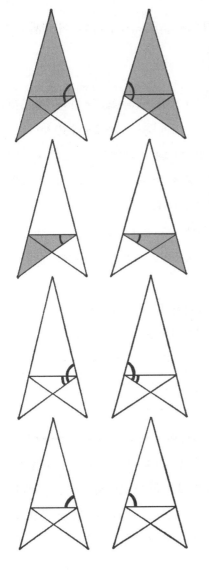

두 개의 자주색 삼각형은 합동이므로
표시한 각도는 서로 같다.

따라서 아래쪽의 두 삼각형도 합동이
어서 표시한 각도가 서로 같다.

이제 두 개의 각도를 비교하면 ……

…… 이등변삼각형의 두 밑각은 서로
같다.

Q.E.D.

운동에 관한 역설

영국의 수학자 찰스 럿위지 도지슨Charles Lutwidge Dodgson[•]이 집필한 수학책에는 이런 대화가 실려 있다.[1]

미노스　　이등변삼각형의 두 밑각이 같다는 것을 증명하려면 좌우를 뒤집어 보라고 하더군. 뒤집어도 모양이 똑같으니까 밑각이 같다는 거야.

유클리드　그럴듯한 주장이지만 완전히 옳지는 않습니다. 그 말을 들으니 엄밀한 철학을 보존하기 위해 자신의 목구멍 안으로 걸어 들어갔다는 어떤 사람의 이야기가 생각나네요.

미노스　　이 논리를 옹호하는 사람들은 '삼각형을 움직여도 그 흔적이 남기 때문에 원래 위치에 정확하게 놓을 수 있다.'고 생각했겠지.

미노스Minos의 변론은 우리가 제기할 수 있는 반론 중 하나를 사전에 차단한다. 그러나 우리는 이등변삼각형 정리에 더욱 심오한 반론을 제기할 수 있다. 이 반론은 고대 그리스 시대에 제기되었던 제논의 역설 Zeno's paradox을 연상시킨다. 유클리드가 삼각형의 합동논리로 증명을 시도한 것도 이 문제를 피해가기 위한 방책이었다.

제논은 네 가지 역설을 제안했는데, 이들 모두는 '운동 불가능'이라는 하나의 주제로 요약된다.[2] 즉, 한 점 A에서 다른 점 B로 이동하려면 그 중간에 있는 C라는 점에 먼저 도달해야 하고, A에서 C에 도달하려면 그 중간에 있는 점 D에 먼저 도달해야 하고…… 이런 식으로 중간점을 계속 도입하다보면 아예 출발하는 것조차 불가능해진다!

● 《이상한 나라의 앨리스》의 저자 루이스 캐럴(Lewis Carrol)이라는 필명으로 알려져 있다.

보통 사람을 위한 현대 수학

대체 무엇이 잘못되었는지 해답이 쉽게 드러나지 않는다. 고대 그리스인들도 이 문제를 잘 알고 있었기에, 운동과 관련된 모든 현상의 논리적 증명에는 자체적 오류가 내포되어 있다고 생각했다. 물론 현실세계의 물체는 이런 역설에 구애받지 않고 잘 움직인다. 그러나 실험적 사실이 아무리 명백해도 논리적 증명을 대신할 수는 없다.

수정된 운동

기존의 개념에서 약간의 수정을 한다면 제논의 역설을 피해갈 수 있다.

일단 두툼한 종이로 만든 이등변삼각형을 뒤집어서 처음 위치에 놓는다. 이것이 30쪽에서 이루어진 증명과 관련된 행동인가? 깔끔하게 한 번에 뒤집는 것과 손에 들고 이리저리 흔들다가 뒤집는 것에는 어떤 차이가 있는가? 삼각형을 손에 든 채 〈아름답고 푸른 도나우〉라는 왈츠곡에 맞춰 춤을 추다가 뒤집으면 어떤가? 또는 삼각형을 들고 집 밖으로 나와 기차를 타고 리버풀까지 갔다가, 다시 자동차를 얻어 타고 집으로 돌아와 뒤집었다면 무엇이 달라지는가?

삼각형을 뒤집어서 원래 위치에 놓기만 한다면, 중간에 어떤 과정을 거쳤건 아무 상관없다. 삼각형을 군이 손으로 집어들 필요도 없다. 마술지팡이를 이용하여 특정 위치에 있던 삼각형을 뒤집었다고 생각하면 된다. 중간에 어떤 과정을 거쳤건 결과는 달라지지 않기 때문에, 삼각형이 어떤 식으로 움직였는지 군이 언급할 필요가 없다. 뒤집힌 삼각형이 최종적으로 놓인 위치만 정확하게 알면 된다.

이를 위해서는 삼각형을 이루는 각 점에 이름을 붙여야 하는데, 쉬운 방법은 평면 위에 삼각형을 올려놓고 모든 점마다 좌표를 부여하는 것이다. 이등변삼각형은 평면도형이므로 유클리드 평면에 도형을 올려놓고 적절한 위치에 좌표축을 설정한 후, (x, y) 좌표를 할당하면 된다.

좌표의 눈금을 cm 단위로 설정했다고 가정해보자. 임의의 위치 (x, y)에 점을 찍은 후, 이 점을 오른쪽으로 5cm 이동하면 좌표는 어떻게 바뀔 것인가?

이 과정을 그림으로 표현하면 그림 4와 같다. 보다시피 y좌표는 변하지 않고 x좌표만 5만큼 증가한다. (x, y)에서 5cm만큼 오른쪽으로 이동한 좌표는 $(x+5, y)$이다.

그림 4

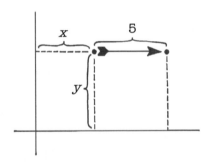

여기서 중요한 것은 원래의 좌표 (x, y)가 움직이지 않았다는 점이다. 예를 들어, $(2, 3)$을 오른쪽으로 5cm 이동하면 $(7, 3)$이 되는데, 이때 $(2, 3)$은 여전히 그 자리에 있다. 우리가 채택한 '이름 붙이기' 시스템에서는 평면 위의 점들이 직접 이동하지 않는다. 움직이는 것은 점이 아니라 '우리의 관심'이다. 삼각형의 세 꼭짓점이 각각 $(1, 1)$, $(2, 1)$, $(1, 4)$에 놓여 있는데 이들을 일제히 오른쪽으로 5cm 이동하면 세 꼭짓점은 $(6, 1)$, $(7, 1)$, $(6, 4)$에 놓이게 된다(그림 5 참조).

삼각형을 이동시키면 하나였던 삼각형이 두 개로 늘어난다. 물론 두 삼각형은 5cm 간격을 두고 수평 방향으로 떨어져 있다. 이제 왼쪽 삼각형에서 오른쪽 삼각형으로 관심을 돌리면 실제로 삼각형을 옮기지 않고서도 이동 결과를 확인할 수 있다(이것은 미노스가 말했던 "삼각형이 남긴 흔적"을 설명해준다. 모든 점을 다른 방향으로 이동시켜도 삼각형의 형태는 변하지 않는다!).

그림 5

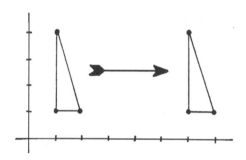

우리의 관심이 옮겨간 과정은 다음과 같은 변환으로 표현된다.

$$(1, 1) \rightarrow (6, 1)$$
$$(2, 1) \rightarrow (7, 1)$$
$$(1, 4) \rightarrow (6, 4)$$

일반적으로는 다음과 같이 쓸 수 있다.

$$(x, y) \rightarrow (x+5, y)$$

이때 '오른쪽으로 5cm 이동하는 변환'을 T라는 문자로 표기하면

$$T(1, 1) = (6, 1)$$

이 된다. 즉, '(1, 1)에서 오른쪽으로 5cm 이동한 점은 (6, 1)'이라는 뜻이다. 일반적으로는

$$T(x, y) = (x+5, y) \qquad (1)$$

이며, 이는 곧 '(x, y)를 오른쪽으로 5cm 이동하면 $(x+5, y)$가 된다.'는 뜻이다.

　새로 도입한 기호 T를 임의의 점에 적용하면 무조건 오른쪽으로 5cm 이동시킨다. 그러나 T는 실제로 점을 옮기는 것이 아니라, 점을 이동하면 어떤 변화가 일어나는지를 보여주는 이동 연산자일 뿐이다. 우리는 T와 관련하여 식 (1)만 알고 있으면 된다. 이 공식은 T에 관한 정의로 '모든 점을 오른쪽으로 5cm 이동하는 변환'을 의미한다.

　T와 같은 연산자를 평면에서 이루어지는 '변환transformation'이라 한다. 임의의 점 (x, y)에 변환 F를 가했을 때 그 결과인 $F(x, y)$를 알고 있으면, 우리는 F에 대하여 모든 것을 알고 있는 셈이다. 이 정보는 식 (1)과 같은 형태로 쓸 수도 있고, 그 외의 어떤 방법을 동원해도 상관없다. 변환 F의 일반적인 정의는 다음과 같다.

$$F(x, y) = (x, y)\text{가 이동해 최종적으로 도달하는 위치}$$

변환은 기본적으로 '이동'이라는 개념에서 탄생했지만, 이 과정에서 점들이 직접 이동하지는 않으므로 제논의 역설에 신경 쓸 필요가 없다. 변환을 이용하면 '삼각형을 뒤집어서 그 위에 포개놓기'와 같은 이동 과정

을 논리적 모호함 없이 명확하게 정의할 수 있다.

강성(강체변환)

기하학에 익숙해지려면 이동 방식이 주어졌을 때 그에 해당하는 변환을 빨리 찾을 수 있어야 한다. 예를 들어, 'x축에 대한 반전변환' G는

$$G(x, y) = (x, -y)$$

이고, '시계 방향으로 $90°$ 돌리는 변환' H는

$$H(x, y) = (y, -x)$$

이다. 두 변환을 그림으로 표현하면 각각 그림 6, 그림 7과 같다.

그림 6

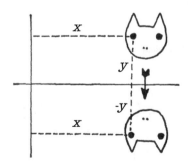

그림7

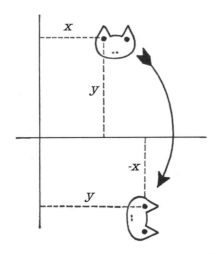

이와는 반대로 주어진 변환규칙에 따라 이동을 구현할 수도 있다. 예를 들어, 변환 K가

$$K(x, y) = (x+3, y-2)$$

로 주어진 경우에는 오른쪽으로 3cm, 아래쪽으로 2cm 이동하면 된다.

좀 더 복잡한 변환은 시험삼아 점 몇 개를 찍어보면 전체적인 패턴을 파악할 수 있다. 예를 들어,

$$J(x, y) = (x^2, xy)$$

를 생각해보자. 주어진 규칙에 따르면 $J(1, 1) = (1, 1)$이고 $J(2, 3) = (4, 6)$이다. 이 변환을 적용하면 네 귀퉁이가 $(1, 1)$, $(1, 3)$, $(3, 1)$, $(3, 3)$인 정사각형은 그림 8과 같이 변환된다.

그림 8

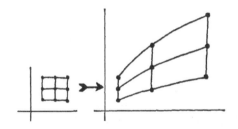

즉, J라는 변환을 적용하면 원래의 도형은 단순한 평행이동을 겪는 것이 아니라, 휘어지고 뒤틀려서 완전히 다른 도형이 된다. 그러나 기하학에서는 이런 변환을 자주 사용하지 않는다. 하나의 삼각형을 구부리고 잡아당기면 어떤 삼각형도 만들 수 있지만, 우리의 관심 범위를 벗어나는 경우가 대부분이기 때문이다.

기하학에서 주로 사용되는 변환은 도형의 모양과 크기가 그대로 유지되는 강체변환rigid transformation이다. 삼각형을 뒤집었는데 형태가 변한다면, 이등변삼각형에 적용했던 논리는 더 이상 성립하지 않는다. 앞에서 정의했던 G, H, K 변환은 강체변환이지만 J는 강체변환이 아니다.

강체변환의 핵심은 도형을 잡아당기거나 줄이지 않는다는 것이다. 원래의 도형에 속한 임의의 두 점은 강체변환을 적용한 후에도 거리가 가까워지거나 멀어지지 않는다. 다시 말해서, 모든 점 사이의 간격이 일정하게 유지된다는 뜻이다. 이 특성은 유클리드 평면에 좌표를 도입하여 대수적으로 표현할 수 있다. 좌표평면에서 두 점 (x, y)와 (u, v) 사이의 거리는 피타고라스 정리에 의해 다음과 같이 쓸 수 있다.

$$\sqrt{[(x - u)^2 + (y - v)^2]} \qquad (2)$$

그리고 변환 F가

$$F(x, y) = (x', y')$$
$$F(u, v) = (u', v')$$

로 정의되었다면, 변환이 적용된 후의 두 점 사이의 거리, 즉 $F(x, y)$와 $F(u, v)$ 사이의 거리는

$$\sqrt{[(x' - u')^2 + (y' - v')^2]} \qquad (3)$$

이다. 그러므로 (x, y)와 (u, v)를 어떻게 선택하든지 (2)와 (3)이 항상 같으면 F는 강체변환에 해당한다. 식 (2)와 (3)이 같다는 것은 모든 (x, y)와 (u, v)에 대하여(양변을 제곱하면)

$$(x - u)^2 + (y - v)^2 = (x' - u')^2 + (y' - v')^2 \qquad (4)$$

이라는 뜻이다. F가 강체변환이 되려면 이 조건을 반드시 만족해야 한다. '물체의 형태와 크기가 변하지 않으면서 위치만 바뀌는 이동'을 위와 같은 식으로 정의하면 형식적 개념과 직관을 모두 충족시킬 수 있다.

방정식 (4)를 이리저리 갖고 놀다보면 강체운동을 간단하게 서술하는 운동방정식도 유도할 수 있다. 그러나 우리의 관심은 물리학이 아닌 수학이므로 더 이상의 설명은 생략하기로 한다. 내가 강조하고 싶은 것은 강체변환이 수학적으로 가능한 변환 중 특별한 형태의 변환이라는 것이다.

병진, 회전, 반전

이제 강체변환 중에서 세 가지 특별한 경우를 살펴보자. 그중 첫 번째인 병진변환translation은 모든 점이 일제히 같은 방향으로 같은 거리만큼 이동하는 변환이다('평행이동'이라고도 한다. 그림 9 참조).

그림 9

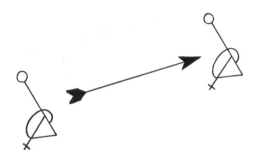

두 번째로 회전변환rotation은 고정된 점 P를 중심으로 모든 점을 특정 각도 θ만큼 회전시키는 변환이다(그림 10 참조).

그림 10

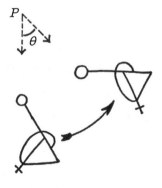

마지막으로, 반전변환reflection은 중심선 *l*을 기준 삼아 모든 점을 거울에 비친 상으로 반전시키는 변환이다(그림 11 참조).

그림 11

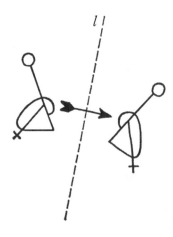

좌표기하학을 이용하면 각 변환규칙을 간단하게 나타낼 수 있다. 예를 들어, 원점을 중심으로 각도 θ만큼 회전시키는 변환 R의 대응규칙은 다음과 같다.

$$R(x, y) = (x \cos\theta - y \sin\theta, x \sin\theta + y \cos\theta)$$

이 규칙으로부터 '직관적으로 자명한 결과가 실제로 성립하는지' 확인할 수도 있다. 예를 들어, 임의의 도형을 θ만큼 회전시킨 후 다시 ϕ만큼 회전시켰다면, 최종 결과는 $\theta+\phi$만큼 회전시킨 결과와 같아야 한다. 그런데 위의 규칙에 θ를 적용한 후, 그 결과에 다시 ϕ를 적용하면 삼각함수의 대수적 성질에 의해 우리가 기대했던 결과가 정확하게 재현된다 (sin과 cos의 덧셈정리를 이용하면 된다. 간단한 계산이니 한번 해보기 바란다.).

그 많은 강체변환 중에서 군이 병진과 회전, 반전을 택한 이유는 이들이 각기 다른 원리를 반영하고 있기 때문이다. 그 외의 모든 강체변환은 앞서 제시한 세 가지 변환의 조합으로 구현할 수 있다. 예를 들어, 44쪽 그림 12(i)의 왼쪽 삼각형 ABC를 오른쪽 삼각형 $U(A)U(B)U(C)$로 변환시켜보자. 이 작업은 다음과 같은 과정을 거친다.

(i) 우리의 목적은 삼각형 ABC에 강체변환 U를 가하여 삼각형 $U(A)U(B)U(C)$로 만드는 것이다.

(ii) 삼각형 ABC에 병진변환 T를 가하여 $T(A)$가 $U(A)$와 일치하도록 만든다.

(iii) 그다음에 $U(A)$를 중심으로 회전변환 S를 가하여 $T(B)$를 $U(B)$와 일치시킨다.

(iv) 마지막으로 직선 $U(A)U(B)$를 기준선으로 반전변환을 가하여 $S(T(C))$를 $U(C)$와 일치시킨다.

(경우에 따라 위의 과정 중 하나 또는 두 개가 생략될 수도 있다.)

이 사례에서 우리는 삼각형을 이용했다. 하나의 삼각형으로 강체변환의 성질이 유일하게 결정되는 것은 2차원 평면의 특성이기 때문에, 삼각형만 고려하는 것으로 충분하다.[3] 이로써 우리는 다음의 사실을 증명했다. '2차원 평면에서 임의의 강체변환은 적절한 병진변환 후 회전변환을 가하고, 마지막으로 반전변환을 가함으로써 구현된다(목적 도형의 형태에 따라 이 과정 중 한두 개가 생략될 수도 있다.).'

반전변환은 초기 도형과 나중 도형의 좌우가 반대인 경우에만 필요하다. 따라서 처음과 나중의 좌우 관계가 일치하는 경우에는 병진과 회전만으로 충분하다(이것을 면밀히 분석하면 더 많은 사실을 알아낼 수 있다.).

그림 12

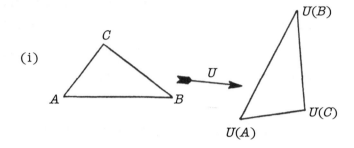

(i)

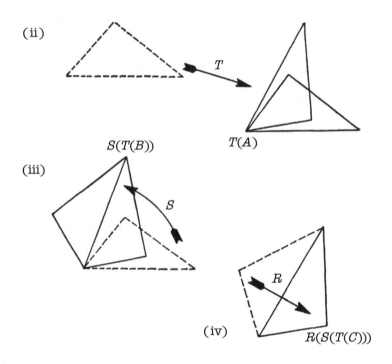

(ii)

(iii)

(iv)

예를 들어, 특정 선을 기준으로 반전변환을 가한 후 동일한 선(또는 다른 선)을 기준으로 반전변환을 한 번 더 가하면 도형의 좌우 관계는 원래 상태로 돌아온다. 즉, 반전변환을 두 번 가한 결과는 병진변환과 회전변환으로 똑같이 구현할 수 있다. 이 사실은 이등변삼각형의 정리만큼 자명하진 않지만, 각 변환의 정의에 기초하여 약간의 논리를 펼치면 어렵지 않게 증명할 수 있다.

지금까지 알아낸 내용을 요약하면 다음과 같다. 임의의 강체변환 U는 병진변환 T와 회전변환 S, 그리고 반전변환 R를 연속적으로 가함으로써 구현된다. 즉, 임의의 점을 $X = (x, y)$라 했을 때

$$U(X) = R(S(T(X)))$$

이다(특별한 경우에는 R, S, T 중 일부가 생략될 수도 있다.). 더 간결한 표기법도 있다. 두 개의 강체변환 E, F가 연속적으로 가해졌을 때 나타나는 최종 결과는 다음과 같이 표기한다.

$$EF(x, y) = E(F(x, y))$$

여기서 $EF(x, y)$는 '(x, y)에 F를 먼저 가하고, 그 결과에 E를 가한다.'는 뜻이다. E를 먼저 가하고 나중에 F를 가하는 변환은 $FE(x, y)$로 써야 한다. ($E(F(x, y))$를 수행할 때 $F(x, y)$를 먼저 가한 후 E를 나중에 가하기 때문이다. 그런데 우리는 글자를 왼쪽에서 오른쪽으로 읽기 때문에 EF라고 적어놓으면 어쩔 수 없이 E를 먼저 읽게 된다. 다소 혼란스럽지만 대부분의 수학자는 이 표기법을 사용하고 있다.[4] 사인함수에 로그를 취한 $log\, sin(x)$를 계산할 때에도 이와 비슷한 현상이 나타난다.).

앞에서 우리는 다음 두 가지 강체변환을 다룬 적이 있다.

$$G(x, y) = (x, -y)$$
$$H(x, y) = (y, -x)$$

두 변환을 연속적으로 가하면

$$GH(x, y) = G(H(x, y))$$
$$= G(y, -x)$$
$$= (y, x)$$

가 되어, x와 y가 뒤바뀐다(x와 y는 다른 문자로 써도 무방하다. 처음을 $G(u, v) = (u, -v)$로 시작했다면, 최종 결과는 (v, u)가 되었을 것이다.). 즉, GH 변환은 $y = x$라는 대각선을 기준으로 반전시킨 변환과 같다(그림 13 참조).

그림 13

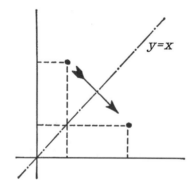

이 변환을 D로 표기하면

보통 사람을 위한 현대 수학

$$D(x, y) = (y, x)$$

가 되고, 따라서 임의의 (x, y)에 대하여

$$GH(x, y) = D(x, y)$$

임을 알 수 있다. 또는 표기상의 편의를 위해

$$GH = D$$

로 쓰기도 한다. 이 결과는 실험을 통해 직접 확인할 수도 있다. 임의의 물체를 시계 방향으로 $90°$ 회전시킨 후 x축을 기준으로 거울반전을 가하면, $y = x$를 기준으로 거울반전시킨 결과와 정확하게 일치한다.

이제 순서를 바꿔서 HG를 가하면 어떻게 될까?

$$\begin{aligned} HG(x, y) &= H(G(x, y)) \\ &= H(x, -y) \\ &= (-y, -x) \end{aligned}$$

이것은 또 다른 대각선인 $y = -x$를 기준으로 반전시킨 결과와 같다. 여기서 주목할 것은 GH와 HG가 같지 않다는 점이다($GH \neq HG$). 숫자를 더하거나 곱할 때 순서를 바꿔도 같은 답이 얻어지지만($3 \times 7 = 7 \times 3$ 등), 변환의 경우에는 절대로 그렇지 않다(일반적으로 연산의 순서를 바꿔도 답이 같아질 이유는 어디에도 없다. 덧셈과 곱셈은 아주 특별한 경우이다.). 그래서 EF를 언급할 때 'F를 먼저 가하고 E를 나중에 가한다.'는 점을 강조했던 것이다.

이제 우리의 방정식을 다음과 같이 간단한 형태로 써보자.

$$U = RST$$

E와 F의 연속적인 적용을 EF와 같은 '곱'의 형태로 정의할 수 있다는 것은 변환연산자를 대상으로 하나의 '대수 체계'를 구축할 수 있다는 뜻이다. 이 아이디어를 대수적으로 밀고 나가면 선형대수linear algebra에 도달하고(15장 참조), 다른 쪽으로 밀고 나가면 군론group theory에 도달하게 된다(7장 참조).

다시 정리로 돌아가다

이등변삼각형의 두 밑각이 같다는 정리를 증명하다가 한동안 옆길로 빠졌다. 하지만 그 덕분에 변환연산자를 이용하여 삼각형을 '수학적으로' 뒤집을 수 있게 되었으니, 보람은 있었던 셈이다. 물건을 이리저리 옮기고 회전시키는 데 익숙한 독자들은 이 정도 설명이라면 충분할 것이다. 지금부터는 이등변삼각형 정리를 좀 더 엄밀하게 증명해보자.

일단 $\angle BAC$의 이등분선을 기준선으로 삼아 이등변삼각형을 뒤집는 변환 T를 적용해보자. 강체변환에서는 모든 거리가 유지되므로(물론 각도도 변하지 않는다.) $T(A)=A$, $T(B)=C$, $T(C)=B$이다. 따라서 $\angle ABC$에 T를 적용하면 $\angle ACB$가 된다. 왜냐하면

$$\angle ABC = \angle T(A)T(B)T(C) = \angle ACB$$

보통 사람을 위한 현대 수학

이기 때문이다. 이로써 '이등변삼각형의 두 밑각은 서로 같다.'는 정리가 증명되었다.

보다시피 이 증명은 유클리드의 증명보다 훨씬 간단하면서, 삼각형을 '뒤집는다'는 직관적 설명보다 훨씬 논리적이다.

변환의 개념을 도입하면 제논의 역설에 구애받지 않고 강체변환을 자유롭게 다룰 수 있다. 그 덕분에 수학자들은 기하학의 수많은 정리를 간단한 논리로 증명할 수 있었다. 지금부터 대표적 사례를 몇 가지만 들어보자.

(1) 두 각이 같은 삼각형은 이등변삼각형이다.

증명: 삼각형의 세 꼭짓점을 ABC라 하고, $\angle CAB$와(각 A) $\angle CBA$ (각 B)가 같다고 하자. AB의 가운데를 수직으로 자르는 수직이등분선을 기준으로 반전변환을 가하면 언뜻 생각하기에 그림 14와 같은 도형이 될 것 같다.

그림 14

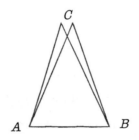

그러나 각 A와 각 B가 같다고 했으므로 반전된 삼각형의 C점은 원래 삼각형의 C점과 일치해야 한다. 따라서 AC와 BC는 길이가 같다. 즉, 삼각형 ABC는 이등변삼각형이다.

(2) 동일한 원호들은 하나의 원에 속한다.

증명: O를 중심으로 하는 원주 위의 네 점을 A, B, X, Y라 하자. 원호 AB와 XY는 길이가 같다(그림 15 참조).

이제 A가 X로 이동하도록 원을 회전시켜보자. 그러면 B는 Y의 위치로 이동할 것이고, 원호 AB와 XY는 길이가 같다고 했으므로 AB는 XY와 완전히 포개진다. 즉, AB와 XY는 하나의 원에 속하는 원호이다.

그림 15

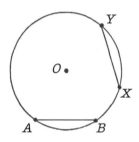

이제 독자들은 이와 비슷한 논리로 진행되는 기하학적 증명을 이해할 수 있을 것이다. 기하학 전체에 걸쳐 이와 같은 논리를 개발하려면 다양한 기본 개념을 완벽하게 확립해야 한다. 물론 쉬운 일은 아니다. 게다가 기하학의 정리 중에는 강체변환과 무관한 것도 많다. 강체변환으로부터 직접 유도되는 증명은 기본적으로 자명한 것들이어서, 이들을 따로 분리해놓으면 중요한 기하학적 특성에 집중할 수 있다. 즉, 강체변환은 산더미처럼 쌓여 있는 자명한 증명 중에서 정말로 중요하고 흥미로운 문제를 골라내는 '체'의 기능을 한다.

보통 사람을 위한 현대 수학

3장

고급 연산으로 가는 지름길

수학자라는 직업이 가진 매력 중 하나는
굳이 세상에 도움이 되는 일을 하지 않아도 된다는 점이다.

― 매튜 포디지

인간은 자신에게 중요한 물건(또는 사건)을 관리하거나 기억하기 위해
수를 헤아리기 시작했다. 지금 내가 기르는 양은 몇 마리인가? 화살촉
은 몇 개인가? 아이는 모두 몇 명이며, 홍수가 날 때까지는 며칠이나 남
았는가? 이런 질문을 떠올리다보면 1, 2, 3…… 과 같은 숫자의 개념이
자연스럽게 떠오른다. 물론 '수'라는 추상적 개념이 등장한 것은 물건을
헤아리기 시작한 지 한참 후의 일이었다. '두 마리의 양'과 '두 명의 아
이'는 '둘'이라는 공통점이 있지만, 종류가 다른 대상에서 추상적 공통
점을 찾을 때까지는 꽤 긴 시간이 걸렸다. 현대에 와서도 어린아이들은
'인형 두 개'와 '과자 두 개'의 공통점을 인식하지 못하면서 '양 한 마리'
와 '양 두 마리'는 쉽게 구별한다.

　다른 문화권에서는 수를 헤아릴 때 사용하는 자연수 이외에도 필요
에 따라 다른 수를 만들었다. 인도에서는 무無를 의미하는 '0'을 발명했
고, 서양에서는 물건을 쪼개서 나눌 때 자기 몫을 계산하기 위해 분수
를 사용하기 시작했다. 그 후 음수의 개념이 도입되면서 자연수는 정수
(…, -3, -2, -1, 0, 1, 2, 3, …)로 확장되었고, 분수는 p/q(p, q는 정수)의 형
태로 표현되는 유리수로 확장되었다(1/2, 17/25, -11/292 등). 또한 고대

그리스의 기하학과 중세의 해석학을 계산하다보면 $\sqrt{2}$와 같이 유리수로 표현할 수 없는 수가 등장하는데, 기존의 유리수에 이런 수를 추가하면 수 체계가 실수로 확장되고, 대수방정식의 해에서 나타나는 허수(음수의 제곱근)를 실수에 추가하면 복소수까지 확장된다.

새로운 수가 등장할 때마다 수학자들은 실질적인 의미와 사용처에 대하여 충분한 논의를 거쳤고, 이 검증과정을 무사히 통과해 현재까지 살아남은 수 체계는 그림 16과 같다. 그림에서 화살표의 머리가 향하고 있는 수 체계는 화살표의 꼬리가 닿아 있는 수 체계를 완전히 포함한다.

그림 16●

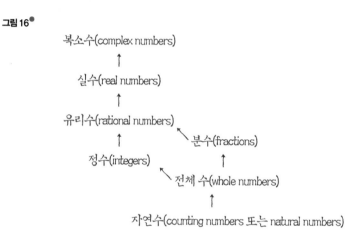

우리는 각 단계의 수 체계를 대상으로 일련의 '연산'을 수행할 수 있다. 이런 공통점 때문에 모든 단계에 '수數, number'라는 접미어가 붙어 있는 것이다. 각 수 체계의 개발 과정은 역사에 기록되어 있지 않지만, 기독교에서 말하는 '성령'과 비슷한 형태로 강림했을 것 같다.

● 전체 수란 0과 자연수를 합한 수 체계로, 한국의 교과과정에는 따로 언급되어 있지 않다.

앞서 열거한 다양한 수 체계는 현실세계에 존재하지는 않는다. 길을 걷다가 양 두 마리와 마주칠 수도 있고, 여기에 양 세 마리가 합세하면 총 다섯 마리가 되지만, 수 자체가 현실세계에 존재하는 것은 아니다. 단, 현실세계의 특성 중 일부는 숫자로 설명될 수 있다. 즉, 수는 현실세계로부터 유도된 추상적 개념일 뿐이다.

우리는 주어진 상황에 따라 다양한 수를 활용하고 있다. 배우자의 수를 헤아릴 때에는 자연수로 충분하고, 금의 무게를 계산할 때는 분수가 동원된다. 또한 고대 그리스의 기하학자들은 등변직각삼각형의 빗변의 길이를 나타내기 위해 $\sqrt{2}$와 같은 무리수를 개발했고, 르네상스 시대의 수학자들은 3차방정식의 해를 구하다가 $\sqrt{-1}$과 같은 허수를 도입했다.[1]

수학에는 '수number'라고 불리지 않지만 수학사적 우연이나 심리적 요인 때문에 중요하게 취급되는 수학 체계가 많이 있는데, 이 중 대부분은 개념적으로 수와 거의 비슷하여 수 못지않게 다방면에 활용되고 있다. 이들은 수와 동일한 체계를 갖고 있으며, 종종 수를 연구하는 수단으로 활용되기도 한다. '수'와 '수가 아닌 것'의 차이는 다분히 임의적이어서, 굳이 이런 것을 놓고 논쟁을 벌일 필요는 없다.

소형 연산 체계

다양한 연산 체계 중 '나머지연산modular arithmetic(또는 모듈러연산)'이라는 것이 있다.[2] 이 체계는 하나의 사건이 주기적으로 반복되는 경우에 주로 등장하는데, 여기서 말하는 '주기'란 시간일 수도 있고 다른 수학적 양일 수도 있다. 예를 들어, 하루는 24시간을 주기로 반복되고, 요일은 7일을 주기로 반복되며, 각도는 $360°$를 주기로 반복된다.

　　　　　　　　　　　　　　보통 사람을 위한 현대 수학

그림 17

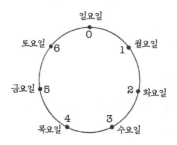

그림 17과 같이 한 주週의 각 요일에 0부터 6 사이의 숫자를 대응시켜보자. 이런 식으로 계속 헤아려나가면 7번에 해당하는 요일은 다시 일요일이고 8번은 월요일, 9번은 화요일……로 반복된다. 요일의 관점에서 보면 7=0, 8=1, 9=2……라 할 수 있다. 물론 여기서 '=' 부호는 일상적인 의미의 등호가 아니다! 일요일에서 출발해 반대 방향으로 진행할 수도 있다. 즉, -1은 토요일이므로 -1=6이고, 이와 비슷하게 -2=5이다. 이런 식으로 수를 할당하면 정수 전체를 '일주일'이라는 작은 원 안에 집어넣을 수 있다.

그림 18

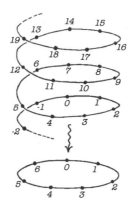

이 상황을 시각적으로 표현하면 그림 18과 같고, 특정 요일에 해당하는 숫자들은 다음과 같이 명확한 규칙을 갖고 있다.

일요일: ⋯, −14, −7, 0, 7, 14, ⋯

즉, 일요일에 대응되는 수는 $7n$이다(n은 임의의 정수이다.).

월요일: ⋯, −13, −6, 1, 8, 15, ⋯

즉, 월요일에 대응되는 수는 $7n + 1$이다.

화요일: ⋯, −12, −5, 2, 9, 16, ⋯

즉, 화요일에 대응되는 수는 $7n + 2$이다.

수요일: ⋯, −11, −4, 3, 10, 17, ⋯

즉, 수요일에 대응되는 수는 $7n + 3$이다.

목요일: ⋯, −10, −3, 4, 11, 18, ⋯

즉, 목요일에 대응되는 수는 $7n + 4$이다.

금요일: ⋯, −9, −2, 5, 12, 19, ⋯

즉, 금요일에 대응되는 수는 $7n + 5$이다.

토요일: ⋯, −8, −1, 6, 13, 20, ⋯

즉, 토요일에 대응되는 수는 $7n + 6$이다.

[$7n + 7$은 $7(n+1)$이므로 $7n$의 유형에 속한다.]

특정 날짜의 요일은 날짜를 7로 나눴을 때 남는 '나머지'에 따라 결정된다. 날짜 수가 얼마이건 간에, 나머지는 항상 0, 1, 2, 3, 4, 5, 6 중 하나이다. 모든 정수를 '7로 나눴을 때의 나머지'로 분류하면

$$4 + 5 = 2$$

보통 사람을 위한 현대 수학

라는 연산이 가능해진다. 이것은 '네 번째 날과 다섯 번째 날을 더하면 두 번째 날이 된다.'는 뜻이며, 좀 더 현실적인 의미로 '목요일에서 닷새가 지나면 화요일이 된다.'는 뜻이다. 등식만 놓고 보면 말도 안 되는 것 같지만, '요일'의 개념을 생각하면 매우 자연스러운 연산이다. 0~6 사이의 숫자들이 만족하는 덧셈표는 다음과 같다.

+	0	1	2	3	4	5	6
0	0	1	2	3	4	5	6
1	1	2	3	4	5	6	0
2	2	3	4	5	6	0	1
3	3	4	5	6	0	1	2
4	4	5	6	0	1	2	3
5	5	6	0	1	2	3	4
6	6	0	1	2	3	4	5

이 표에는 '7일 주기'의 수학적 기본구조가 담겨 있다. 예를 들어, "목요일에서 751일이 지나면 무슨 요일인가?"라는 질문을 나머지연산으로 표현하면 다음과 같다.

$$4 + 751 = ?$$

751이라는 숫자는 표에 나와 있지 않지만,

$$751 = 7 \times 107 + 2$$

이므로 $7n+2$에 속한다. 즉, 우리의 나머지연산 규칙에 따르면 751=2이

다. 따라서 앞의 질문은

$$4 + 2 = ?$$

가 되고, 자연스럽게 ? = 6, 토요일이라는 답이 얻어진다.

이 '덧셈'은 매우 독특한 성질을 갖고 있다. 예를 들어,

$$1 + 1 + 1 + 1 + 1 + 1 + 1 = 0$$

인데, 언뜻 보기에는 황당무계한 등식 같지만 '='이 등호가 아니라는 점과 요일의 개념을 떠올리면 쉽게 이해할 수 있다. 이런 식의 연산을 계속 접하다보면 금방 익숙해질 것이다.

덧셈규칙을 만드는 데 성공했으니, 이왕 내친 김에 곱셈규칙도 만들어보자. 물론 일요일에 월요일을 곱할 수는 없지만, 자잘한 문제는 그냥 무시하고 넘어가는 게 상책이다.[3] 예를 들어, 3×6이 의미를 가지려면 6+6+6과 같아야 한다. 덧셈표에 따르면 이 값은 4이므로(6+6 = 12 = 5이고, 5+6 = 11 = 4이다.)

$$3 \times 6 = 4$$

로 정의하면 된다. 그런데 3×6은 3+3+3+3+3+3과도 같아야 한다. 혹시 다른 답이 나오지 않을까? 다행히 이 값도 4로 떨어진다. 또한 7에 기반을 둔 나머지연산에 따르면 3 = 10이므로 3×6 = 10×6 = 60 = 4이다. 어떤 경우에도 동일한 답이 나오고 있으니 상황은 꽤 긍정적이다.

'곱셈'을 '덧셈의 반복'으로 해석하여 만들어진 곱셈표는 다음과 같다

(독자들도 직접 만들어보기 바란다!).

×	0	1	2	3	4	5	6
0	0	0	0	0	0	0	0
1	0	1	2	3	4	5	6
2	0	2	4	6	1	3	5
3	0	3	6	2	5	1	4
4	0	4	1	5	2	6	3
5	0	5	3	1	6	4	2
6	0	6	5	4	3	2	1

지금까지 얻은 결과(0~6 사이의 숫자와 이들로 이루어진 두 개의 연산표)를 뭉뚱그려서 '모듈 7 정수 체계integers to the modulus 7'라 하자(간단히 줄여서 'mod 7'로 표기한다.). 여기서 '모듈'이라는 폼 나는 단어는 숫자 7의 역할을 명시하고 있는데, 사실 7은 전혀 특별한 수가 아니므로 임의의 다른 정수들도 동일한 체계의 기초가 될 수 있다. 예를 들어, 시계판의 숫자를 1~12 대신 0~11로 바꾸면 모듈 12 정수 체계가 되고, 0~23으로 바꾸면 하루 24시간 체계가 된다. 모듈 체계의 기본 수에는 아무런 제한이 없다. 일반적으로 '모듈 n'이라고 하면, 'n일을 주기로 반복되는 주'를 떠올리면 된다.

합동

1801년, 인류 역사상 가장 위대한 수학자로 꼽히는 카를 프리드리히 가우스Carl Friedrich Gauss가 정수 체계의 특성을 집대성한《정수론 연구

Disquisitiones Arithmeticae》를 발표했다. 물론 가우스는 이보다 훨씬 난해하고 심오한 분야에 관심이 많았지만, 사실 정수론number theory도 깊이 파고 들어가면 수학의 어떤 분야보다 난해하며, 아직 풀리지 않은 문제도 사방에 널려 있다.

《정수론 연구》의 첫 장은 다음과 같은 정의로 시작된다.

두 수 b와 c의 차이가 a로 나누어떨어질 때, b와 c는 a에 대하여 '합동congruent'이다…[4] 이런 경우 a를 '모듈'이라 한다.

(여기서 '수'는 정수를 의미한다.)

"b와 c는 모듈 a로 합동이다."라는 문장을 수학 기호로 표기하면 다음과 같다.

$$b \equiv c \quad (\text{mod } a)$$

문맥상 모듈 값이 자명한 경우에는 괄호 안의 내용을 생략해도 된다.

합동의 개념과 앞에서 말한 "모듈 n 정수 체계"의 상호관계를 이해하기 위해, 모듈 7로 합동인 수를 생각해보자. b와 c가 모듈 7로 합동이면

$$b - c = 7k$$

또는

$$b = 7k + c$$

로 쓸 수 있다. 즉, c와 모듈 7로 합동인 수는 $7k + c$의 형태이다. 예를 들어, $7k + 1$에 속하는 모든 수는 1과 '모듈 7로 합동'인 관계에 있다.

임의의 수 b를 7로 나눴을 때 몫을 q, 나머지를 r라 하면

$$b = 7q + r$$

의 관계가 성립한다. 즉, b는 r와 모듈 7로 합동이다. 그런데 r는 0~6 사이의 값만 가질 수 있으므로 모든 정수는 0, 1, 2, 3, 4, 5, 6 중 하나와 모듈 7로 합동이다.

그림 18의 나선에서 첫 번째 날 0(일요일) 위에 놓인 7, 14, 21, 28……은 $7n$으로 쓸 수 있다. 즉, 7, 14, 21, 28……은 모듈 7로 0과 합동이다. 마찬가지로 1 위에 놓인 수들은 1과 합동이며, 2 위에 있는 수들은 2와 합동이고…… 일반적으로 d 위에 놓인 수들은 d와 합동이다.

합동성은 숫자처럼 더하거나 곱할 수 있다. 이들의 관계를 수식으로 표현하면 다음과 같다.

$$a \equiv a' \ (\mathrm{mod}\ m),\, b \equiv b' \ (\mathrm{mod}\ m)$$

이면

$$a + b \equiv a' + b' \ (\mathrm{mod}\ m),\, ab \equiv a'b' \ (\mathrm{mod}\ m)$$

이다.

이 내용은 간단한 대수학으로 증명할 수 있다. a와 a', b와 b'이 각각 합동이므로

$$
\begin{aligned}
a &= mj + a' \\
b &= mk + b'
\end{aligned}
\qquad (\dagger)
$$

으로 쓸 수 있다. 이제 $a + b$와 $a' + b'$이 모듈 m으로 합동이 되려면

$$(a + b) - (a' + b')$$

이 m으로 나누어떨어져야 한다. 위의 식에 식 (†)를 대입하면

$$m(j - k)$$

가 되는데 j, k, m은 모두 정수이므로 이 값은 m의 배수이다. 즉, $(a + b) - (a' + b')$은 m으로 나누어떨어진다. 곱셈의 경우도 이와 비슷한 방법으로 증명할 수 있다. ab와 $a'b'$이 합동이 되려면 이들의 차이인

$$ab - a'b'$$

이 m의 배수가 되어야 하는데, 여기에 식 (†)를 대입하면

$$m(ka + jb - jkm)$$

이 되고, 이 값은 당연히 m의 배수이다.

예를 들어, $1 \equiv 8$이고 $3 \equiv 10 \pmod 7$이므로 $1 + 3 = 4$는 $8 + 10 = 18$과 합동이며, $1 \times 3 = 3$은 $8 \times 10 = 80$과 합동이다. [확인: $(a' + b') - (a + b)$에 해당하는 14와 $a'b' - ab$에 해당하는 77은 모두 7로 나누어떨어진다.]

앞에서 요일을 계산할 때 $4 + 5 = 2$라고 했던 것도 다음과 같이 형식을 갖춰 쓸 수 있다.

$$4 + 5 \equiv 2 \quad (\text{mod } 7)$$

보통 사람을 위한 현대 수학

앞에서 만들었던 덧셈표(57쪽)와 곱셈표(59쪽)는 등식에 관한 표가 아니라 합동식에 관한 표이다. 즉, $4 \times 5 = 6$은 '4와 합동인 수에 5와 합동인 수를 곱하면 6과 합동인 수가 된다'는 뜻이다. 모듈 7로 합동인 수를 대상으로 연산을 수행할 때는 7의 배수를 떼어내도 무방하다. 예를 들어, 60×15는 (60에서 7의 배수 56을 떼어낸 4) × (15에서 7의 배수 14를 떼어낸 1)과 같다. 즉, $60 \times 15 = 4 \times 1 = 4$이다.

모듈 10으로 합동인 수를 이용하면 모든 제곱수(자기 자신을 두 번 곱한 수)가 0, 1, 4, 5, 6, 9로 끝나는 이유를 알 수 있다. 모든 정수는 0~9 중 하나와 모듈 10으로 합동이므로, 모든 완전제곱수는 0, 1, 2, 3, 4, 5, 6, 7, 8, 9의 제곱 중 하나와 합동이다. 그런데 이들을 제곱하면 0, 1, 4, 9, 6, 5, 6, 9, 4, 1이 되고 정수를 10으로 나눈 나머지는 1의 자릿수와 일치하므로, 1의 자리가 2, 3, 7, 8로 끝나는 제곱수는 존재하지 않는다.

그 외에 다른 연산의 특성도 이와 비슷한 방법으로 설명할 수 있다.

나눗셈

모듈 n으로 분류된 정수들은 일상적인 연산처럼 더하거나 곱할 수 있다. 물론 뺄셈도 가능하다. 단, 나눗셈은 사용하는 모듈(n)에 따라 결과가 다르기 때문에 약간의 주의가 필요하다.

예를 들어, '$4/3 \pmod 7$'은 아무런 의미도 없다. 자연수로 표기하면 4/3, 11/10, 18/17, 25/24…… 등이 모두 가능한데, 답이 모두 다르기 때문에 나눗셈 자체가 무의미하다. 그렇다고 포기할 필요는 없다. '의미가 없다'는 것은 곧 '우리가 마음대로 의미를 부여할 수 있다'는 뜻이기도 하다. 가장 자연스러운 정의는 $4/3 = x$라 한 후

$$3x \equiv 4 \quad (\text{mod } 7)$$

의 관계를 만족하는 x를 4/3의 의미로 해석하는 것이다. 앞에서 작성한 곱셈표에 따르면 이 관계를 만족하는 x는 6밖에 없으므로

$$4/3 = 6$$

으로 정의할 수 있다. 이 논리를 일반화해서 p와 q가 0~6 사이의 정수일 때 p/q는 다음의 관계를 만족하는 y로 정의된다.

$$qy \equiv p \quad (\text{mod } 7)$$

qy의 q는 곱셈표에서 q+1번째 가로줄에 해당하고(첫 번째 가로줄은 항상 0이므로), y는 y+1번째 세로줄에 해당한다. 그러므로 위의 합동방정식이 y라는 해를 가지려면 p는 q에 해당하는 가로줄 어딘가에 있어야 한다. 그리고 해가 하나밖에 없으려면 p는 q에 해당하는 가로줄에서 단 한 번만 등장해야 한다(두 번 이상 등장하면 p/q의 값이 하나로 정의되지 않는다.).

다행히도 모듈 7의 곱셈표에는 첫 번째 가로줄을 제외하고 두 개 이상의 숫자가 중복된 가로줄이 존재하지 않으므로, q가 0이 아닌 경우에 한하여 $qy \equiv p$의 유일해(y)를 구할 수 있다. 즉, $q \neq 0$인 경우에 한하여 p/q를 안전하게 정의할 수 있다는 뜻이다. 일상적인 나눗셈에서도 0으로 나누는 것은 허용되지 않으므로 $q \neq 0$이라는 조건은 그다지 큰 제한이 아니다.

모듈 6의 경우에는 무엇이 어떻게 달라질까? 일단 곱셈표부터 만들어보자.

보통 사람을 위한 현대 수학

×	0	1	2	3	4	5
0	0	0	0	0	0	0
1	0	1	2	3	4	5
2	0	2	4	0	2	4
3	0	3	0	3	0	3
4	0	4	2	0	4	2
5	0	5	4	3	2	1

보다시피 모듈 7의 곱셈표와 많이 다르다. 0~5 사이의 숫자가 모두 등장하는 경우는 두 번째와 여섯 번째 가로줄뿐이고, 세 번째 가로줄에는 0, 2, 4가 두 번씩 등장한다. 또 네 번째 줄에는 0과 3밖에 없고 다섯 번째 가로줄은 세 번째 가로줄처럼 0, 2, 4가 두 번씩 등장한다. 그러므로 모듈 6에서 나눗셈에서 분모에 '안전하게' 들어갈 수 있는 수는 1과 5뿐이며, 1/2나 3/4는 정의 자체가 불가능하다. 단, 4/2는 답이 두 개고(2와 5), 3/3은 답이 세 개다(1, 3, 5). 이 정도면 나눗셈이 아니라 거의 난장판 수준이다. 모듈 7과 달라도 너무 다르다!

이 난처한 상황을 타개할 방법은 없다. 그냥 '모듈 6의 나눗셈은 항상 가능하지 않다.'는 것을 기정사실로 받아들여야 한다. 일상적인 정수의 나눗셈과 비교하면 매우 실망스러운 결과이다. 정수를 정수로 나누면 정수가 아닌 답이 나올 수도 있지만, 정수를 유리수로 확장하여 나눗셈을 실행하면 유리수의 범위를 벗어나지 않는다. 게다가 확장된 유리수 체계는 정수가 만족했던 연산법칙($a + b = b + a$ 등)을 모두 만족한다.

모듈 6 연산 체계를 이런 식으로 확장하면 나눗셈이 가능해지지 않을까? 아쉽게도 답은 'No'다. 모듈 6의 정수 체계는 연산법칙을 여전히 만족하는 더 큰 체계로 확장하는 것이 불가능하다(연산법칙에 대해서는 6장에서 자세히 다룰 예정이다.). 여기서 수 체계를 '확장한다'는 말은 '새로운 수를 추가한다'는 뜻이다. 그런데 모듈 6의 수 체계에 새로운 수를 추가하면 덧셈표와 곱셈표가 달라지면서 확장은커녕 수 체계가 완전히 붕괴된다.

왜 그럴까? 가장 큰 이유는 곱셈표에 '0'이 너무 많기 때문이다. 즉, 0이 아닌 두 수를 곱했을 때 0이 되는 경우가 너무 많다. 예들 들면 다음과 같은 경우이다.

$$2 \times 3 \equiv 0 \quad (\text{mod } 6)$$

모듈 6의 수 체계를 $1/2 = a$로 정의할 수 있는 수 체계로 확장시켰다고 가정해보자. 그러면 대수법칙에 의해

$$3 \equiv 1 \times 3 \equiv (a \times 2) \times 3 \equiv a \times (2 \times 3) \equiv a \times 0 \equiv 0 \quad (\text{mod } 6)$$

이 되어 $3 \equiv 0 (\text{mod } 6)$이라는 황당한 결과가 얻어진다. 수 체계를 확장했는데 대수법칙이 성립하질 않으니 아무런 의미가 없는 것이다.

임의의 모듈 m에서 0이 아닌 두 수를 곱했을 때 0이 되는 경우가 있으면 위와 같은 문제가 항상 발생한다.

모듈 2에서 출발하여 곱셈표를 순차적으로 만들어 나가다보면 나눗셈이 항상 가능한 모듈은 2, 3, 5, 7, 11, 13, 17, ……이고, 나눗셈이 불가능한 경우가 존재하는 모듈은 4, 6, 8, 9, 10, 12, 14, 15, 16, ……임을 알 수 있다. 규칙이 눈에 보이는가? 그렇다. 나눗셈이 항상 가능하려면 모듈이 소수(1과 자기 자신 외에 약수가 없는 수)여야 한다. 나눗셈이 불가능한 경우는 모듈이 합성수(자기 자신보다 작은 두 개 이상의 소수의 곱으로 표현 가능한 수)일 경우이다.

모듈이 합성수일 때 나눗셈이 불가능한 이유는 쉽게 증명될 수 있다. 모듈 m이 $m = a \times b$로 표현된다고 가정해보자(a와 b는 m보다 작은 정수이다.). a와 b는 0과 합동이 아니지만(mod m), $a \times b$는 0과 합동이다. 이것은 앞서 확인했던 $2 \times 3 \equiv 0$(mod 6)을 일반화한 것으로, 거기서 $1/2$을 정의할 수 없었던 것처럼 $1/a$(또는 $1/b$)도 정의할 수 없다.

그러므로 모듈이 합성수인 경우는 논의 대상에서 제외된다. 소수인 경우는 안전할까? 아직 장담하긴 이르다. 나눗셈이 불가능한 소수모듈이 존재할 수도 있다. 2부터 시작해서 처음 등장하는 몇 개의 소수들은 아무 문제가 없지만, 아주 큰 소수로 가면 의외의 결과가 초래될 수도 있다(소수가 크면 곱셈표를 만들기도 쉽지 않다.).

임의의 모듈 p에서 0과 합동이 아닌 임의의 수를 t라 하자. 곱셈표의 t에 해당하는 가로줄에 0~p-1 사이의 수들이 단 한 번씩만 등장하면 모든 수를 t로 나눌 수 있다(mod p). 이제 p가 소수이면 t의 가로줄에 하나의 수가 두 번 나타나지 않는다는 것을 증명해보자. 만일 t에 해당하는 가로줄에 같은 수가 두 번 등장한다면, 모듈 p에서 서로 다른 두 개의 수 u, v가 다음의 조건을 만족하게 된다.

$$tu \equiv tv \quad (\text{mod } p)$$

$$t(u - v) \equiv 0 \quad (\text{mod } p)$$

따라서 $t(u-v)$는 p로 나누어떨어진다(모듈 p에서 0이라는 것은 p의 배수라는 뜻이다.). 그런데 두 수의 곱이 소수 p로 나누어떨어지려면 적어도 둘 중 하나는 p의 배수여야 한다. 만일 t가 p의 배수라면 $t \equiv 0$이어야 하는데, 이것은 우리의 가정에 위배된다(t는 0과 합동이 아닌 임의의 수였다.).

그리고 $(u-v)$가 p의 배수라면 $u \equiv v \pmod{p}$여야 하는데, 이것도 'u, v는 모듈 p에서 서로 다른 임의의 수'라는 가정에 위배된다. 즉, t에 해당하는 가로줄에 같은 수가 두 번 등장한다는 가정이 틀렸다는 뜻이다. 그러므로 t에 해당하는 가로줄($t+1$번째 가로줄)에는 하나의 수가 두 번 나타나지 않는다.

t에 해당하는 가로줄에는 p개의 칸이 있고, 각 칸에 들어갈 수 있는 수의 종류도 p개이다($0, 1, 2, \cdots, p-2, p-1$). 그런데 여기에 어떤 수도 두 번 나타나지 않으려면 각 칸에 각기 다른 수를 할당하는 수밖에 없다(이것을 '비둘기집 원리pigeon-hole principle'라 한다.). 따라서 t에 해당하는 가로줄에는 모든 수가 단 한 번만 등장한다. 즉, 임의의 소수모듈 p 체계에서는 나눗셈을 안전하게 정의할 수 있다.

모듈연산의 흥미로운 적용사례로 '페르마의 수Fermat's number'라는 것이 있다. 1640년에 프랑스의 수학자 피에르 드 페르마Pierre de Fermat는 엄밀한 증명 없이 다음과 같은 형태로 표현되는 수들이 모두 소수라고 주장했다.[5]

$$2^{2^n} + 1$$

처음 몇 개를 나열해보면 3, 5, 17, 257, 65537······ 등 모두 소수이다. 그런데 1732년에 오일러가 틀린 사례를 찾아냈다. $n=5$일 때 페르마의 수는 $2^{32}+1$이 되는데, 이 수는 641로 나누어떨어진다. 오일러는 이 사실을 일일이 손으로 계산하여 알아냈지만, 모듈연산을 이용하면 훨씬 쉽게 증명할 수 있다(사실은 증명이 아니라 반증이다.).

641은 소수이며, $641 = 2^4 + 5^4 = 1 + 5 \times 2^7$으로 쓸 수 있다. 여기에 '모듈 641' 연산을 적용하면

보통 사람을 위한 현대 수학

$$2^7 \equiv -1/5 \quad (\text{mod } 641)$$

이므로

$$2^8 \equiv -2/5 \quad (\text{mod } 641)$$

가 되고, 따라서

$$
\begin{aligned}
2^{32} &\equiv (-2/5)^4 \\
&\equiv 2^4/5^4 \\
&\equiv -1 \quad (\text{mod } 641)
\end{aligned}
$$

이다(여기서 $641 = 2^4 + 5^4$을 이용했다.). 따라서 $2^{32}+1$은 641로 나누어 떨어진다.●

두 개의 유명한 정리

합동의 개념은 숫자계산 이외의 다른 분야에도 활용될 수 있으며, 특히 정수론에서 매우 중요한 역할을 한다. 이 점을 강조하기 위해, 지금부터 두 개의 유명한 정리를 증명할 참이다. 사실 정리 자체는 별로 어렵지 않다. 그러나 이 시점에서 우리는 영국의 수학자 에릭 템플 벨Eric Temple

● 위에서 생략된 증명과정은 다음과 같다.
$2^{32} \equiv 2^4/5^4$이므로 $2^{32} \times 5^4 \equiv 2^4$이고, 양변에 5^4을 더하면 $(2^{32}+1)5^4 = 2^4 + 5^4 = 641 \equiv 0$이다(mod 641). 그런데 $5^4 \neq 0$이므로 $2^{32}+1 \equiv 0$이어야 하고, 따라서 $2^{32} \equiv -1$이다.

Bell이 남긴 말을 마음속에 새겨둘 필요가 있다. "모든 세대에 걸쳐 정상적 지능을 보유한 사람 100만 명 중 기초적인 수학 지식만으로 이 증명을 적절한 시간(예를 들어, 1년) 안에 완수할 수 있는 사람은 열 명도 안 될 것이다."[6]

거듭제곱수를 모듈 7 연산에 적용하면 뚜렷한 패턴이 나타난다. 예를 들어, 2의 거듭제곱수를 순차적으로 나열하면

$$2^0 \equiv 1 \qquad 2^3 \equiv 1 \qquad 2^6 \equiv 1$$
$$2^1 \equiv 2 \qquad 2^4 \equiv 2 \qquad 2^7 \equiv 2$$
$$2^2 \equiv 4 \qquad 2^5 \equiv 4 \qquad 2^8 \equiv 4 \cdots \quad (\mathrm{mod}\ 7)$$

와 같이 1, 2, 4, 1, 2, 4, 1, 2, 4, ……가 끝없이 반복된다. 3의 거듭제곱을 같은 식으로 나열하면 1, 3, 2, 6, 4, 5가 반복되고, 다른 수의 거듭제곱도 일정한 패턴이 반복된다.

어떤 거듭제곱수가 1과 합동이면 그 후의 거듭제곱은 일정한 패턴이 반복되는데, 이는 비교적 쉽게 증명될 수 있다. 예를 들어 $3^6 \equiv 1$이므로 $(\mathrm{mod}\ 7)$, $3^7 \equiv 3^1$, $3^8 \equiv 3^2$ 등이다. 그리고 모듈 7에서 0이 아닌 모든 x는

$$x^6 \equiv 1 \quad (\mathrm{mod}\ 7)$$

을 만족한다.

모듈 5에서는 0이 아닌 모든 x에 대하여

$$x^4 \equiv 1 \quad (\mathrm{mod}\ 5)$$

이고, 모듈 11에서는

$$x^{10} \equiv 1 \quad (\mathrm{mod}\ 11)$$

이며, 모듈 13에서는

$$x^{12} \equiv 1 \quad (\mathrm{mod}\ 13)$$

이다. 소수모듈만 언급한 이유는 모듈이 소수일 때 반복패턴이 훨씬 쉽게 눈에 띄기 때문이다. 위에 언급된 내용으로 미루어볼 때, 임의의 소수모듈 p에서 0과 합동이 아닌 모든 x에 대하여

$$x^{p-1} \equiv 1 \quad (\mathrm{mod}\ p)$$

이 성립할 것 같다.

$p = 7$인 경우에 한하여 이 추측이 사실임을 증명해보자. 모듈 7에서 0이 아닌 수는

$$1 \quad 2 \quad 3 \quad 4 \quad 5 \quad 6$$

이다. 모든 수에 일괄적으로 2를 곱하면

$$2 \quad 4 \quad 6 \quad 1 \quad 3 \quad 5$$

가 되는데, 보다시피 원래의 수와 항목은 같고 위치만 달라진다. 그러므

로 이들을 연달아 곱한

$$1 \times 2 \times 3 \times 4 \times 5 \times 6$$

과

$$2 \times 4 \times 6 \times 1 \times 3 \times 5$$

는 모듈 7에서 서로 합동이다. 그런데 두 번째 곱은

$$(1 \times 2) \times (2 \times 2) \times (3 \times 2) \times (4 \times 2) \times (5 \times 2) \times (6 \times 2) \quad (\mathrm{mod}\ 7)$$

와 합동이며, 이것은

$$2^6 \times (1 \times 2 \times 3 \times 4 \times 5 \times 6) \quad (\mathrm{mod}\ 7)$$

로 쓸 수 있으므로

$$1 \times 2 \times 3 \times 4 \times 5 \times 6 \equiv 2^6 \times (1 \times 2 \times 3 \times 4 \times 5 \times 6) \quad (\mathrm{mod}\ 7)$$

이고, 양변을 $1 \times 2 \times 3 \times 4 \times 5 \times 6$으로 나누면

$$1 \equiv 2^6 \quad (\mathrm{mod}\ 7)$$

임이 증명된다.

보통 사람을 위한 현대 수학

처음에 2 대신 3을 일괄적으로 곱하면

$$3\ \ 6\ \ 2\ \ 5\ \ 1\ \ 4$$

가 되는데, 여기에 비슷한 논리를 적용하면

$$1 \equiv 3^6 \pmod 7$$

도 증명할 수 있다.

이제 일반적인 소수모듈 p에 대하여 증명해보자. p가 소수이면 곱셈표의 모든 가로줄에는 1, 2, ⋯, p-1이 단 한번씩만 등장한다. 따라서

$$(1 \times x),\ (2 \times x),\ \cdots,\ ((p-1) \times x)$$

는 1, 2, ⋯, p - 1과 순서만 다를 뿐, 항목은 동일하다. 따라서 이들을 모두 곱하면

$$x^{p-1}(1 \times 2 \cdots (p-1)) \equiv 1 \times 2 \cdots (p-1) \pmod p$$

가 되고, 양변을 1×2⋯ (p-1)로 나누면

$$x^{p-1} \equiv 1 \pmod p$$

임이 증명된다.

이 정리를 이용하면 아무런 계산을 하지 않고서도

$$7^{18} - 1 = 1{,}628{,}413{,}597{,}910{,}448$$

이 19의 배수임을 한눈에 알 수 있다. 이것은 정수론에서 매우 중요한 정리로,[7] 흔히 '페르마의 정리Fermat's theorem'로 알려져 있다(페르마의 마지막 정리Fermat's last theorem와는 다른 정리이다![8]).

우리가 증명할 두 번째 정리는 페르마의 정리를 증명할 때 등장했던 연속곱

$$1 \times 2 \cdots (p-1)$$

과 관련되어 있다. 일반적인 소수모듈 p에서 이 값을 계산할 수 있을까?

$p = 7$일 때 이 값은

$$1 \times 2 \times 3 \times 4 \times 5 \times 6$$

이며,

$$1 \times (2 \times 4) \times (3 \times 5) \times 6$$

으로 묶어서 곱하면

$$1 \times 1 \times 1 \times (-1)$$

이므로 결국 −1임을 알 수 있다. 괄호 안의 두 수를 곱해서 1(mod 7)이 된 것이 과연 우연일까?

보통 사람을 위한 현대 수학

같은 계산을 모듈 11인 경우에 수행해보자.

$$1 \times 2 \times 3 \times 4 \times 5 \times 6 \times 7 \times 8 \times 9 \times 10$$
$$= 1 \times (2 \times 6) \times (3 \times 4) \times (5 \times 9) \times (7 \times 8) \times 10$$
$$= 1 \times 1 \times 1 \times 1 \times 1 \times (-1)$$
$$= -1$$

모듈 13인 경우에는 다음과 같다.

$$1 \times 2 \times 3 \times 4 \times 5 \times 6 \times 7 \times 8 \times 9 \times 10 \times 11 \times 12$$
$$= 1 \times (2 \times 7) \times (3 \times 9) \times (4 \times 10) \times (5 \times 8) \times (6 \times 11) \times 12$$
$$= 1 \times 1 \times 1 \times 1 \times 1 \times 1 \times (-1)$$
$$= -1$$

괄호로 묶은 수들은 서로 역逆, reciprocal의 관계에 있다. 예를 들어, 모듈 13의 경우 2와 7, 3과 9, 4와 10, 5와 8, 6과 11은 모두 상대방의 역수이다. 일반적으로 모듈 p인 경우 $1 \times 2 \cdots (p-1)$은 '스스로 자기 자신의 역수인 수'만 빼고 역수 쌍끼리 묶을 수 있다.

자기 자신의 역수인 수를 x라 하면 이들은

$$x \equiv 1/x \pmod{p}$$

또는

$$x^2 \equiv 1 \pmod{p}$$

을 만족한다. 따라서

$$x^2 - 1 \equiv 0 \pmod{p}$$

이며, 인수분해하면

$$(x - 1)(x + 1) = 0 \pmod{p}$$

이므로 $x \equiv 1$ 또는 $x \equiv -1$이다. 따라서

$$1 \times 2 \cdots (p-1) \equiv 1 \times (? \times ?) \cdots (? \times ?) \times (-1)$$
$$\equiv -1$$

임을 알 수 있다. 그러므로 임의의 소수 p에 대하여

$$1 \times 2 \cdots (p-1) \equiv -1 \pmod{p}$$

이다. 이것은 윌슨의 정리Wilson's theorem로 알려져 있다.

윌슨의 정리는 p가 소수인 경우에만 성립하고, 임의의 합성수 m에 대해서는 성립하지 않는다. m이 합성수라는 것은 $d \leq m-1$인 약수 d가 반드시 존재한다는 뜻이다. 따라서 $1 \times 2 \cdots (m-1)$은 d로 나누어떨어지고, $1 \times 2 \cdots (m-1) + 1$을 d로 나누면 나머지 1이 남는다. 이는 곧 $1 \times 2 \cdots (m-1) + 1$이 m으로 나누어떨어지지 않는다는 뜻이기도 하다.

임의의 수 q가 소수인지 합성수인지 쉽게 판별하는 방법이 있다.

보통 사람을 위한 현대 수학

$$1 \times 2 \cdots (q-1) + 1$$

이 q로 나눠서 떨어지면 q는 소수이고, 그렇지 않으면 합성수이다. 예를 들어,

$$1 \times 2 \times 3 \times 4 \times 5 \times 6 + 1 = 721$$

은 7로 나누어떨어지므로 7은 소수이다. 그러나

$$1 \times 2 \times 3 \times 4 \times 5 + 1 = 121$$

은 6으로 나누어떨어지지 않으므로 6은 소수가 아니다.

그러나 숫자가 커지면 이 방법은 별로 실용적이지 않다. 예를 들어, 17이 소수인지 확인하려면 $1 \times 2 \cdots 16 + 1 = 20,922,789,888,001$을 17로 나눠야 하는데, 대형 컴퓨터로 계산해도 꽤 오랜 시간이 걸린다.

그래도 주어진 수를 자신보다 작은 모든 수(소수)로 일일이 나눠보지 않아도 소수 여부를 판별할 수 있으니, 이론적으로는 커다란 진전인 셈이다.

4장

집합의 언어

"여기서 E'은 임의의 도집합이다(Where E' is any dashed(i.e. derived) set)."라
고 큰 소리로 읽을 때에는 강세에 특별히 신경 써야 한다.

- 잉글랜드의 수학자 존 이든저 리틀우드

대부분의 현대 수학 교과서는 집합set을 설명하는 데 상당 부분을 할애
하고 있으며, 그 부분을 펼치면 ∈, ⊆, ∪, ∩, ∅ 등 낯선 기호로 가득
차 있다. 물론 이 책도 예외가 아니지만, 독자들의 안녕을 위해 기호 사
용을 최대한 자제할 것이다. 현대 수학이 집합에 집착하는 데에는 그럴
만한 이유가 있다. 집합론은 수학 이론이기 전에 하나의 '언어'이기 때
문이다. 집합론이 없으면 현대 수학이 불가능할 뿐만 아니라, 지금 하고
있는 이야기도 할 수 없다. 마치 프랑스어를 모르면서 프랑스 문학을 공
부하는 것과 비슷하다. 이 장은 물론이고 그 뒤로 이어지는 장에서는 집
합론의 언어가 빈번하게 사용될 것이다.

일반적으로 집합이란 영국 주州의 집합이나 모든 서사시의 집합 또
는 머리카락이 붉은 모든 아일랜드인의 집합 등 '공통점을 가진 객체
의 집합'을 의미하며, 집합에 속한 객체를 집합의 '원소(element 또는
member)'라 한다. 밀턴의 《실낙원Paradise Lost》은 서사시 집합의 한 원소
이고, 켄트Kent 주는 영국의 주로 이루어진 집합의 원소이다. 집합론을
설명할 때는 구체적인 물체로 이루어진 집합을 예로 드는 것이 여러모
로 편리하지만, 수학적 집합은 '모든 원의 집합'이나 '구면 위 점들의 집

합' 또는 '모든 수의 집합'처럼 대부분 추상적인 수학적 객체로 이루어져 있다.

집합론에 등장하는 개념은 대부분 연필, 지우개, 연필깎이, 구슬, 슈거마우스sugar mouse● 등 간단한 물건을 통해 시각화할 수 있다. 각 물체(또는 여러 물체)는 집합의 원소이며, 집합 자체는 '가방 안에 들어 있는' 선택된 물체로 이루어진다(가방은 '집합에 속한 원소'와 '집합에 속하지 않은 원소'를 구별하는 경계선 역할을 한다.). 특정 물체가 집합의 원소인지 아닌지를 확인하려면 가방의 내부를 들여다봐야 하는데, 폴리에틸렌처럼 투명한 재질로 만들어진 가방이라면 굳이 열어보지 않아도 내용물을 확인할 수 있기 때문에 여러모로 편리하다!

지금부터 집합의 대수 체계를 구축해보자. 일상적인 대수학에서 그랬던 것처럼, 집합과 원소는 문자로 표기할 것이다. 혼란을 피하기 위해 원소는 소문자로, 집합은 대문자로 표기하는 것이 원칙이지만, 하나의 집합이 다른 집합의 원소인 경우도 있기 때문에(작은 가방을 큰 가방에 넣을 수도 있다!) 이 원칙을 엄밀하게 지키기는 어려울 것이다. 모든 서사시의 집합을 S라 하고 밀턴의 《실낙원》을 x라 하면 x는 S의 원소이다. 집합을 논하다보면 "~는 ~의 원소이다."라는 문장이 매우 자주 등장하기 때문에 간단하게 줄일 필요가 있다. 그래서 도입된 기호가 바로 '∈'이다.[1] 예를 들어,

$$x \in S$$

는 'x는 S의 원소이다.'라는 뜻이다.

● 설탕으로 만든 쥐 모양의 과자.

집합의 원소를 모두 알고 있거나 이론 안에서 어떻게든 알아낼 수 있을 때, 그 집합은 '알려진 집합known set'으로 간주된다. 집합을 정의하는 방법은 여러 가지가 있는데, 가장 간단한 사례로는 '모든 수의 집합'을 들 수 있다. 선거 때마다 등장하는 '선거인명부'도 해당 지역에 거주하는 유권자의 집합이다. 집합의 원소를 나열할 때는 중괄호 '{ }'를 사용한다. 예를 들어, {1, 2, 3, 4}는 숫자 1, 2, 3, 4로 이루어진 집합이고 {봄, 여름, 가을, 겨울}은 사계절로 이루어진 집합을 의미한다. 그림 19는

{연필, 구슬, 슈거마우스}

로 이루어진 집합을 그림으로 나타낸 것이다. 그러니까 중괄호는 원소가 들어 있는 투명한 가방의 역할을 하는 셈이다.

그림 19

두 집합 *A*, *B*가 같은 원소로 이루어져 있을 때, *A*와 *B*는 동일한 집합으로 간주된다(*A* = *B*). 그림 19의 가방에 연필 한 개를 추가로 넣으면 어떻게 될까? 직관적으로 생각하면 다른 집합이 될 것 같다. 새로 추가된 연필은 원래 가방 속에 들어 있던 연필과 같을 수가 없기 때문이

보통 사람을 위한 현대 수학

다. 그러나 '{ }' 표기법은 이와 같은 물리적 차이를 구별하지 않는다. 따라서 {1, 2, 3, 4, 4, 4}는 {1, 2, 3, 4}와 같은 집합이다. 앨런 밀른Alan. A. Milne의 동화 《곰돌이 푸Winnie the Pooh》에서 토끼가 숲에 사는 동물을 세고 있을 때 곰돌이 푸가 "아차, 이요Eeyore(당나귀)를 세는 걸 까먹었어!"라고 여러 번 상기시키지만 토끼는 이요를 목록에 한 번 올리고 더 이상 개의치 않는다. 숲에 사는 당나귀는 이요 하나뿐이기 때문이다.[2] 이와 마찬가지로 하나의 집합에 4가 아무리 많이 들어 있어도 공식적으로는 '하나'로 간주된다.

가방 속에 든 내용물에는 특별한 순서가 없다. 중괄호 속 숫자의 순서는 '왼쪽에서 오른쪽으로 읽는' 관습에 따라 편의상 나열한 것뿐이다. 따라서 {1, 2, 3, 4}는 {4, 3, 2, 1}과 완전히 동일한 집합이다.

군이 연필 '두 개'를 집합의 원소로 만들고 싶다면 어떻게 해야 할까? 두 연필이 완전히 같지 않다면 아무 문제없다. 그냥 가방에 넣으면 된다. 예를 들어, 연필 a에는 지우개가 달려 있고 연필 b에는 지우개가 달려 있지 않다면 a와 b는 별개의 원소가 될 수 있다. 또는 색이 다르거나 크기가 달라도 된다. 어떻게든 두 연필을 구별할 수 있다면 가방에는 '동일한 원소 두 개'가 들어 있지 않으므로 문제될 것이 없다. 그러나 완전히 똑같은 연필을 추가한다면 두 연필은 하나의 원소로 취급된다.

여기에는 그럴 만한 이유가 있다. 예를 들어, 선거인명부에 당신의 이름이 두 번 올라와 있다면, 당신에게 투표권이 두 개 있다는 뜻인가? 또는 선거인명부의 앞쪽에 오른 사람이 뒤에 오른 사람보다 더 많은 권리를 갖고 있는가? 전혀 그렇지 않다. 순서에 상관없이 모든 사람의 권리는 똑같고, 당신의 이름이 두 번 오른 것은 서류상의 착오일 뿐이다.

좀 더 일반적으로

$$\{\text{모든 서사시}\}$$

는 모든 서사시로 이루어진 집합을 의미한다. 이런 경우에

$$\{x \mid x\text{는 모든 서사시}\}$$

로 쓸 수도 있다. 여기서 세로줄 '|'은 '~와 같은such that'의 뜻이다. 즉, 위의 표기를 일상적인 언어로 풀어쓰면 "x를 서사시라 했을 때, 모든 x의 집합"이며, 이것은 "모든 서사시의 집합"과 동일하다. 따라서 집합

$$\{n \mid n\text{은 } 1 \leq n \leq 4\text{인 정수}\}$$

는

$$\{1, 2, 3, 4\}$$

와 동일한 집합이다. 이와 같이 원소를 일일이 나열하지 않고 원소의 특성을 명시함으로써 집합을 정의하는 방법도 있다. 원소를 정확하게 정의할 수만 있다면 이 방법이 훨씬 편리하다. 예를 들어, {모든 정수의 집합}은 원소가 무한개이기 때문에 원소나열법으로 표기할 수 없다. 원소의 수가 유한한 경우에도 {10^{10}보다 작은 정수의 집합}처럼 원소의 수가 많을 때에는 원소를 일일이 나열하는 것보다 특성을 정의하는 것이 훨씬 편리하다.

'모음collection'이라는 단어도 무언가로 이루어진 집단을 의미하지만, 집합과 달리 복수複數(여러 개)라는 뉘앙스가 강하다. 수학적 집합은 원

소가 단 한 개일 수도 있고 아예 없을 수도 있지만, '모음'이라고 하면 여러 개의 원소로 이루어진 집합을 연상시킨다. 누군가가 당신에게 자신이 수집한 우표를 보여주겠다면서 달랑 우표 한 장을 내민다면 그다지 깊은 인상을 받지 못할 것이다(마젠타색 바탕에 검정색 잉크로 인쇄된 액면가 1센트짜리 영국-기아나 우표라면 이야기가 달라진다. 1856년 발행된 이 우표는 전 세계에 단 한 장밖에 없으며, 950만 달러라는 어마어마한 가격에 거래되고 있다.). 원소의 특성을 명시하는 식으로 집합을 정의하면 나중에 그 특성을 만족하는 원소가 단 하나밖에 없거나 아예 존재하지 않는 상황이 초래될 수도 있다. 그러나 집합을 정의하는 초기 단계에 이런 상황을 예측하는 것은 결코 쉽지 않으며, 굳이 그럴 필요도 없다. 예를 들어, $\{n$ $\mid n$은 방정식 $x^n + y^n = z^n$의 0이 아닌 정수해 x, y, z가 존재하는 2 이상의 정수$\}$로 정의된 집합은 $n = 2$라는 확실한 원소를 갖고 있다. 그러나 $n = 3, 4, 5, \cdots\cdots$일 때 정수해 (x, y, z)의 존재 여부는 쉽게 판단할 수 없다. 이것은 너무나도 어려운 문제여서 처음 제기된 후 거의 300년 동안 해결되지 않은 채 남아 있었다.[3] 하지만 명확한 수학적 언어를 사용하여 집합을 정의한 이상, 방정식의 결과에 따라 집합이 아닌 것으로 판명되는 경우는 없어야 한다. 위에 예시한 집합은 '2'라는 원소 하나밖에 없는 것으로 판명되었지만, 만일 더 많은 n이 위의 조건을 만족한다 해도 집합의 정의 자체는 달라지지 않는다.

'원소가 하나뿐인 집합'과 '하나의 원소'는 분명히 다른 개념이다. 다시 말해서, $\{x\}$와 x는 같지 않다. 이들을 그림으로 표현하면 차이가 확연하게 드러난다. 그림 20에서 보다시피 $\{x\}$는 'x를 원소로 갖는 집합'이고 x는 주어진 조건(방정식)에 따라 어떤 값도 될 수 있는 임의의 수이다.

그림 20

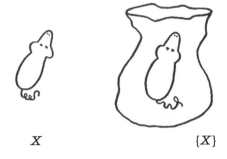

$$X \qquad\qquad \{X\}$$

공집합

원소가 하나뿐인 집합을 집합으로 허용했으므로, 원소가 없는 집합도 집합으로 허용해야 한다. 예를 들어, '벡스힐Bexhill●에 서식하는 모든 유니콘의 집합'은 엄연한 집합이다. 벡스힐에 유니콘이 전혀 없다 해도 집합이라는 사실에는 변함이 없다.

원소가 하나도 없는 집합을 '공집합empty set'이라고 한다(속이 텅 빈 투명한 가방을 떠올리면 된다.).

공집합과 관련해서 한 가지 놀라운 사실이 있다. 공집합은 한 종류밖에 없으므로, 모든 공집합은 수학적으로 동일한 집합이어야 한다. 공집합의 세계야말로 민주주의가 가장 이상적으로 구현된 세계이다. 앞서 말한 대로 두 개의 집합이 같으려면 구성 원소가 같아야 한다. 따라서 두 집합이 다르다는 것은 구성 원소가 다르다는 뜻이고, 구성 원소가 다르다는 것은 하나의 집합에 속하면서 다른 집합에 속하지 않는 원소가

● 영국 동부에 있는 소도시.

적어도 한 개 이상 존재한다는 뜻이다. 그리고 이런 경우가 발생하려면 두 집합 중 하나는 적어도 한 개 이상의 원소를 갖고 있어야 한다. 그런데 두 집합이 모두 공집합이면 이 조건을 만족하지 않으므로 같을 수밖에 없다.

선뜻 납득이 가지 않는 독자들도 있을 것이다. 수학에서는 아주 단순한 개념조차 난해한 경우가 종종 있다. 이러한 상황은 법정에서도 흔히 볼 수 있다. 어떤 사람이 범죄 피의자로 재판을 받고 있는데, 심증적으로는 범인처럼 보인다 해도 범죄를 저질렀다는 증거가 없으면 무죄로 풀려나게 된다. 이와 마찬가지로 두 개의 집합이 심증적으로 다르게 보인다 해도, 다르다는 증거가 없다면 동일한 집합으로 간주하는 수밖에 없다.

슈거마우스는 원소가 없다. 그렇다면 슈거마우스도 공집합으로 간주해야 하는 걸까?

아니다. 위의 논리는 '두 개의 집합'이 있어야 적용할 수 있다. 그러므로 내가 할 수 있는 최선의 설명은 '만일 슈거마우스가 하나의 집합이면서 원소가 하나도 없다면 공집합과 동일하다.'는 것이다.

모든 공집합은 동일한 집합이므로, 공집합은 단 한 종류밖에 없다. 집합론에서는 이것을

$$\varnothing$$

로 표기한다. 이 기호는 그리스 알파벳 ϕ(파이)가 아니라, 숫자 '0'에 '/'를 첨가한 것이다. 공집합은 '무無'와는 다른 개념으로 분명히 '존재하는' 집합이며, '0'과도 다르다. 0은 숫자지만 $\varnothing$는 집합이다.[4]

$\varnothing$는 집합론에서 매우 유용한 집합으로, '절대로 일어날 수 없는 사

건'을 표현할 때 주로 사용된다. 예를 들어, 벡스힐에 존재하는 유니콘의 집합을 U라 했을 때

$$U = \emptyset$$

는 '벡스힐에는 유니콘이 존재하지 않는다.'라는 뜻이다.

부분집합

하나의 집합이 다른 집합의 일부인 경우가 종종 있다. 예를 들어, '모든 여성의 집합'은 '모든 인간의 집합'의 일부이며, '모든 짝수의 집합'은 '모든 정수의 집합'의 일부이다. 그런데 '일부'라는 말은 다소 모호한 구석이 있기 때문에, 수학자들은 집합의 일부를 뜻하는 새로운 용어를 만들어 사용하고 있다.

집합 S의 모든 원소가 집합 T의 원소일 때, 'S는 T의 부분집합subset'이라고 한다. '모든 여성의 집합 W'에 속하는 모든 원소는 '모든 인간의 집합 H'의 원소이므로 W는 H의 부분집합이며, 기호로는

$$W \subseteq H$$

로 표기하고,[5] 읽을 때는 'W는 H의 부분집합이다.'라고 읽는다. 또는 'W는 H에 속한다.'라고 읽어도 된다.

그림으로 표현하면 부분집합의 개념이 더욱 분명하게 드러난다. 연필과 지우개로 이루어진 집합을 S라 하고, 연필과 지우개, 그리고 세 개의

구슬로 이루어진 집합을 T라 했을 때. S와 T의 관계는 그림 21과 같다.
그림에서 보다시피 집합 T의 원소는

(ⅰ) 세 개의 구슬과
(ⅱ) 연필과 지우개로 이루어진 집합 S이다.

그림21

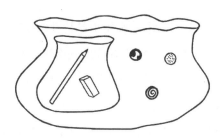

그림 22처럼 S에 해당하는 가방이 '관통 가능한 재질'로 되어 있다면
이해가 좀 더 쉬울 것이다(점선은 관통이 가능하다는 뜻이다.).

그림22

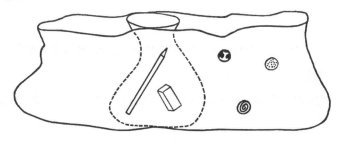

부분집합의 정의로부터 곧바로 유도되는 결론이 몇 개 있다. (1) 모
든 집합은 자기 자신의 부분집합이다. 임의의 집합의 모든 원소는 (너

무도 당연하게) 자신의 원소이기 때문이다. (2) 공집합 ∅는 모든 집합의 부분집합이다. [증명] ∅가 집합 S의 부분집합이 아니라면 ∅에 속한 원소 중 S에 속하지 않는 것이 적어도 한 개 이상 있어야 한다. 그런데 ∅에는 원소라는 것이 아예 존재하지 않기 때문에 이 조건을 만족하지 못한다. 따라서 ∅는 S의 부분집합이다(바로 이런 이유 때문에 '일부'라는 용어를 쓰지 않은 것이다. 아무것도 없는 것을 '일부'라고 부르기에는 뭔가 좀 어색하지 않은가?).

부분집합의 부분집합은 원래 집합의 부분집합이다. 말로 써놓고 보니 무슨 간장 공장 공장장 같은 소리지만, 사실이 그렇다. $A \subseteq B$이고 $B \subseteq C$이면 $A \subseteq C$이다. 집합 A의 모든 원소가 집합 B의 원소이고 B의 모든 원소가 집합 C의 원소이면, A의 모든 원소는 C의 원소가 된다.

3장에서 다뤘던 수 체계도 집합과 부분집합으로 표현할 수 있다. 이 책에서는 편의를 위해 수의 집합을 다음과 같이 표기할 것이다.[6]

N : 0과 모든 자연수의 집합 (0, 1, 2, 3, …)

Z : 모든 정수의 집합 (…, -2, -1, 0, 1, 2, …)

Q : 모든 유리수[유리수 p, q를 이용하여 p/q로 표현이 가능한 수(단, $q \neq 0$)]의 집합

R : 모든 실수(3, -5/13, $\sqrt{2}$, π 등 유한 또는 무한소수로 표현 가능한 수)의 집합

C : 모든 복소수(자주 사용되진 않지만 일단 언급해둘 가치가 있음)의 집합

이 모든 집합은 앞에서 말했던 수 체계의 일부(또는 전부)이며, 포함관계는 다음과 같다.

$$\mathbf{N} \subseteq \mathbf{Z} \subseteq \mathbf{Q} \subseteq \mathbf{R} \subseteq \mathbf{C}$$

이 관계로부터 $\mathbf{N} \subseteq \mathbf{Q}$ 또는 $\mathbf{Z} \subseteq \mathbf{R}$와 같은 관계가 자연스럽게 유도된다.

여기서 $\subseteq$와 $\in$를 혼동하지 않도록 주의해야 한다. {1, 2, 3}의 부분집합은 $\varnothing$, {1}, {2}, {3}, {1, 2}, {1, 3}, {2, 3}, {1, 2, 3}이지만, {1, 2, 3}의 원소는 1, 2, 3이다. 또한 $A \in B$이고 $B \in C$라고 해서 반드시 $A \in C$라는 보장은 없다.[7]

합집합과 교집합

두 개의 집합을 결합하여 다른 집합을 만들 수도 있다. 결합하는 방법은 무한히 많지만, 그중에서 실제로 유용한 결합은 몇 개 되지 않는다. 집합론에서 가장 빈번하게 사용되는 결합 방식은 '합집합union'과 '교집합intersection'이다.

두 집합 S와 T의 합집합은 S와 T의 모든 원소를 원소로 갖는 집합으로, 기호로는

$$S \cup T$$

로 표기한다. 예를 들어, S = {1, 3, 2, 9}이고 T = {1, 7, 5, 2}이면

$$S \cup T = \{1, 3, 2, 9, 7, 5\}$$

이다. 또한

$$P = \{35세\ 이하의\ 모든\ 여성\}$$

$$Q = \{모든\ 버스\ 차장\}$$

이면, $P \cup Q$는 35세 이하의 모든 여성과 모든 버스 차장으로 이루어진 집합이 된다(두 조건을 모두 만족하는 사람, 즉 '35세 이하의 여성 버스 차장'도 $P \cup Q$에 포함된다.).

집합 S와 T의 교집합은 'S와 T에 동시에 속하는 원소들의 집합'이며, 기호로는

$$S \cap T$$

로 표기한다. 위의 사례에서

$$S \cap T = \{1, 2\}$$

$$P \cap Q = \{35세\ 이하의\ 여성\ 버스\ 차장\}$$

임을 알 수 있다.

두 집합 S와 T가 그림 23과 같은 투명한 가방으로 표현된다면

그림 23

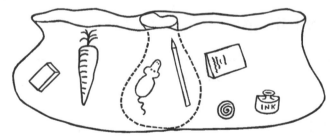

보통 사람을 위한 현대 수학

$S \cup T$는 그림 24와 같이 모든 물체를 하나의 가방에 담은 경우와 같고

$S \cap T$는 두 가방에 '동시에' 들어 있는 물체의 집합이므로 아래의 그림 25와 같다.

가방을 위에서 내려다본다면 그림 26과 같을 것이다. 이 경우 $S \cup T$와 $S \cap T$는 그림 27과 같이 자주색 영역으로 나타낼 수 있다.

그림 26

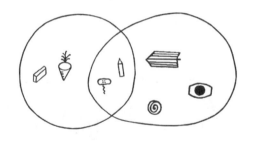

그림 27

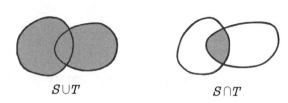

$$S \cup T \qquad\qquad S \cap T$$

이제 가방 안에 들어 있던 것을 모두 잊어버리고, 임의의 집합 S, T에 대하여 $S \cup T$와 $S \cap T$를 자주색 영역으로 나타내면 그림 28과 같다.

그림 28

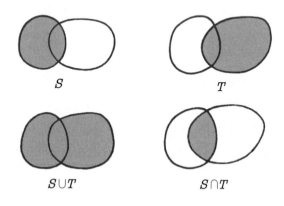

$$S \qquad\qquad T$$

$$S \cup T \qquad\qquad S \cap T$$

투명 가방(집합)을 원으로 대치하고 관련된 집합을 자주색 영역으로 표현한 그림을 '벤다이어그램Venn diagram'이라 한다(이 표기법을 처음으로 개발한 영국의 논리학자 존 벤John Venn의 이름에서 따온 용어이다.).

기호 '∪'와 '∩'는 수의 덧셈과 곱셈처럼 특정한 규칙을 따른다.[8] 예를 들어, 임의의 집합 A, B는 ∪와 ∩에 대하여 교환법칙을 만족한다. 즉,

$$A \cup B = B \cup A$$
$$A \cap B = B \cap A$$

이다. $A \cup B$는 'A의 모든 원소와 B의 모든 원소로 이루어진 집합'인데, 이 문장에서 A와 B의 순서를 바꿔도 달라지는 것이 없으므로 당연히 $B \cup A$와 같아야 한다. 벤다이어그램에서 $A \cup B$를 표현할 때에는 A와 B에 해당하는 원을 모두 자주색으로 칠하면 된다(겹친 부분을 다른 색으로 칠할 필요는 없다.). 반면에 $A \cap B$는 A와 B가 겹치는 부분에 해당한다.

한편, 임의의 세 집합 A, B, C는 다음의 관계를 만족한다.

$$(A \cup B) \cup C = A \cup (B \cup C)$$
$$(A \cap B) \cap C = A \cap (B \cap C)$$

첫 번째 줄은 '세 집합의 원소를 결합할 때에는 결합하는 순서에 상관없다.'는 뜻이고, 두 번째 줄은 '세 집합의 공통원소를 취할 때에도 취하는 순서에 상관없다.'는 뜻이다. 이 관계를 벤다이어그램으로 표현할 때에는 세 개의 원을 그려야 하는데, 옆에 펜과 종이가 있다면 한번 시도해보기 바란다.

임의의 세 집합 A, B, C에 대하여 ∪와 ∩가 섞인 집합연산

$$(A \cup B) \cap C = (A \cap C) \cup (B \cap C)$$
$$(A \cap B) \cup C = (A \cup C) \cap (B \cup C)$$

을 벤다이어그램으로 증명해보자. 첫 번째 줄의 증명은 그림 29와 같다.

그림 29

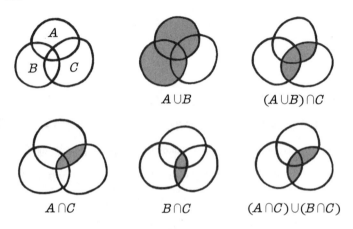

집합론의 법칙을 증명할 때 벤다이어그램 대신 원소표membership table
를 사용할 수도 있다.[9] S의 원소와 T의 원소 또는 S와 T에 모두 속한
원소는 $S \cup T$의 원소이며, S와 T에 모두 속한 원소는 $S \cap T$의 원소이다.
'있음in'을 'I'로, '없음out'을 'O'로 표기하면 방금 언급한 관계는 아래의
원소표로 요약된다.

S	T	$S \cup T$
I	I	I
I	O	I
O	I	I
O	O	O

S	T	$S \cap T$
I	I	I
I	O	O
O	I	O
O	O	O

보통 사람을 위한 현대 수학

(예를 들어, $S \cup T$의 두 번째 줄은 'S에 없으면서 T에 있는 원소는 $S \cup T$의 원소이다.'라는 뜻이다.)

원소표를 이용하여 두 번째 법칙 $(A \cap B) \cup C = (A \cup C) \cap (B \cup C)$을 증명해보자. 집합이 세 개이므로 하나의 원소가 이들에게 속하거나 속하지 않는 경우의 수는 $2^3 = 8$가지가 있으며, 각각의 경우에 이 원소가 $(A \cap B) \cup C$와 $(A \cup C) \cap (B \cup C)$에 속하는지의 여부를 정리하면 아래 원소표와 같다.

A	B	C	$A \cap B$	$(A \cap B) \cup C$
I	I	I	I	I
I	I	O	I	I
I	O	I	O	I
I	O	O	O	O
O	I	I	O	I
O	I	O	O	O
O	O	I	O	I
O	O	O	O	O

A	B	C	$(A \cup C)$	$(B \cup C)$	$(A \cup C) \cap (B \cup C)$
I	I	I	I	I	I
I	I	O	I	I	I
I	O	I	I	I	I
I	O	O	I	O	O
O	I	I	I	I	I
O	I	O	O	I	O
O	O	I	I	I	I
O	O	O	O	O	O

보다시피 두 원소표의 오른쪽 끝 세로줄이 완전히 같다. 즉, $(A \cap B) \cup C$

에 속한 원소는 $(A \cup C) \cap (B \cup C)$에도 속하고, $(A \cap B) \cup C$에 속하지 않는 원소는 $(A \cup C) \cap (B \cup C)$에도 속하지 않는다. 그러므로 $(A \cap B) \cup C$와 $(A \cup C) \cap (B \cup C)$는 완전히 같은 집합이다. 〔**증명 끝**〕

이 결과는 그림 29와 비슷한 방법으로 벤다이어그램을 이용하여 증명할 수도 있다.

여집합

두 집합 A, B로 만들 수 있는 또 하나의 조합은 둘 사이의 '차이'이다. 이것은 마이너스 기호(−)를 사용하여

$$A - B$$

로 표기하고, 'A에 속하면서 B에 속하지 않는 원소로 이루어진 집합'으로 해석한다. 벤다이어그램으로 표현하면 그림 30과 같다.

그림 30

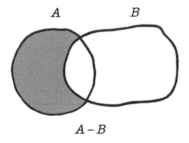

$A - B$

$A-B$도 하나의 집합이므로 이에 해당하는 원소표를 만들 수 있다.

보통 사람을 위한 현대 수학

A	B	$A-B$
I	I	O
I	O	I
O	I	O
O	O	O

S의 여집합complement S'은 'S에 속하지 않는 모든 원소로 이루어진 집합'으로 정의된다. 모든 가능한 원소(집합의 원소가 될 수 있는 모든 대상)의 집합을 V라 하면 $S' = V - S$, 그림 31의 자주색 영역에 해당한다.

그림 31

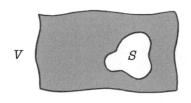

그런데 V라는 집합은 너무 많은 원소를 포함하고 있어서 머릿속에 떠올리기가 쉽지 않다. 숫자는 물론이고 개, 고양이, 사람, 책 등등…… 우주의 삼라만상과 이들로 이루어진 모든 집합이 V에 들어 있다. 한마디로 덩치가 커도 너무 크다! 개에 대하여 논하다가 '양치기 개가 아닌 개'를 떠올릴 때 낙타까지 떠올릴 필요는 없지 않은가?

집합과 관련된 문제를 생각할 때에는 적당한 크기의 '전체집합'을 고려하는 것으로 충분하다. 예를 들어, '개'와 관련된 문제를 풀 때는 '모든 개의 집합'을 전체집합으로 간주해도 아무런 문제가 없다. 또는 고려 대상에 따라 '모든 동물의 집합'을 전체집합으로 간주할 수도 있다. 전체집합을 선택하는 데 특별한 규칙 같은 것은 없지만, 일단 전체집합을 선택한 후에는 그것을 V로 간주하는 것이 여러모로 편리하다. 그러면 여집합 S'은 'S에 속하지 않으면서 전체집합에 속하는 원소의 집합'으로 간주할 수 있다. 즉, 우리가 고려하는 대상 중 S에 속하지 않는 모든 것이 S'에 들어 있다는 뜻이다. 전체집합이 명확하게 정의되어 있기만 하면 이런 식으로 범위를 좁혀도 아무런 문제가 되지 않는다.

여집합을 취하면 집합의 포함관계가 뒤집어진다. 즉, $S \subset T$이면 $T' \subset S'$이다. T의 원소가 S의 원소보다 많으면, T에 속하지 않는 원소는 S에 속하지 않는 원소보다 적기 때문이다. 이 관계를 벤다이어그램으로 표현하면 그림 32와 같다.

그림 32

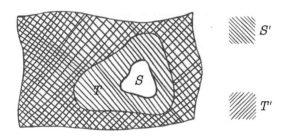

주어진 집합에 여집합을 취하는 것은 주어진 서술을 부정하는 것과 비슷하다. 이 점을 이용하면 집합론을 이용하여 논리문제를 풀 수 있다. 예를 들어, 다음과 같은 서술을 생각해보자.

(ⅰ) 해 질 무렵에 눈에 보이지 않는 동물은 회색이다.
(ⅱ) 한 동네에 사는 이웃들은 수면을 방해하는 모든 것을 싫어한다.
(ⅲ) 깊이 잠든 것들은 큰 소리로 코를 곤다.
(ⅳ) 한 동네에 사는 이웃들은 해 질 무렵에 눈에 보이는 동물을 좋아한다.

보통 사람을 위한 현대 수학

(ⅴ) 모든 코끼리는 숙면을 취한다.

(ⅵ) 큰 소리로 코를 고는 것은 이웃의 수면을 방해한다.

이 항목에 속하는 것들을 집합으로 정리하면 다음과 같다.

A = 이웃의 수면을 방해하는 모든 것의 집합

B = 숙면을 취하는 모든 것의 집합

C = 큰 소리로 코를 고는 모든 것의 집합

D = 해 질 무렵 눈에 보이는 동물의 집합

E = 코끼리의 집합

F = 이웃이 좋아하는 모든 것의 집합

G = 색상이 회색인 모든 것의 집합

(ⅰ)의 서술에 따르면 D에 속하지 않는 것은 G에 속한다. 즉,

$$(ⅰ) \quad D' \subseteq G$$

이다. 다른 서술도 이와 비슷하게 포함관계로 나타낼 수 있다.

$$(ⅱ) \quad A \subseteq F'$$
$$(ⅲ) \quad B \subseteq C$$
$$(ⅳ) \quad D \subseteq F$$
$$(ⅴ) \quad E \subseteq B$$
$$(ⅵ) \quad C \subseteq A$$

서술 (iv)에 따라 $D \sqsubseteq F$이므로 D와 F에 여집합을 취하면

$$F' \sqsubseteq D'$$

이다. 따라서 각 집합의 포함관계를 나열하면 다음과 같다.

$$E \sqsubseteq B \sqsubseteq C \sqsubseteq A \sqsubseteq F' \sqsubseteq D' \sqsubseteq G$$

그런데 부분집합의 부분집합도 부분집합이므로, 위의 관계에 따르면

$$E \sqsubseteq G$$

라는 결론이 내려진다. 즉, 모든 코끼리는 회색이다!

집합론과 논리학은 불가분의 관계에 있다. 이 개념을 처음 떠올린 영국의 수학자 조지 불George Boole의 이름을 따서, 논리대수를 이용한 연산을 '불 대수Boolean algebra'라 한다.[10]

여집합의 개념을 이용하면 집합론에 등장하는 법칙의 특이한 패턴을 설명할 수 있다. 앞에서 눈치챘겠지만, 집합론의 법칙은 항상 '쌍'으로 등장한다. ∪와 ∩가 섞여 있는 법칙에서 ∪를 ∩로, ∩를 ∪로 맞바꾸면 새로운 법칙이 된다. 그래서 '합집합과 교집합'에서 언급된 법칙은 모두 쌍으로 등장했다.

이것은 우연의 일치가 아니라 '드모르간의 법칙De Morgan's law'으로 불리는 두 항등식의 결과이다. 임의의 집합 A, B는

$$(A \cup B)' = A' \cap B'$$

보통 사람을 위한 현대 수학

$$(A \cap B)' = A' \cup B' \quad \text{(드모르간의 법칙)}$$

의 관계를 만족한다(이것도 한 쌍을 이룬다!). 그런데 'S에 속하지 않지 않은 원소'는 S의 원소이고 그 역도 마찬가지이므로 $S'' = S$이다. 따라서 드모르간의 법칙은 다음과 같이 쓸 수도 있다.

$$A \cup B = (A' \cap B')'$$
$$A \cap B = (A' \cup B')' \quad \text{(드모르간의 법칙 †)}$$

이제 앞에서 다뤘던 법칙

$$(A \cup B) \cap C = (A \cap C) \cup (B \cap C)$$

에서 모든 A, B, C를 여집합으로 바꾸면

$$(A' \cup B') \cap C' = (A' \cap C') \cup (B' \cap C')$$

이 된다. 위의 식은 항등식이므로 A, B, C가 어떤 집합이건 상관없이 성립한다. 양변에 여집합을 취하면

$$((A' \cup B') \cap C')' = ((A' \cap C') \cup (B' \cap C'))'$$

이 된다. 여기에 드모르간의 법칙(†)을 적용하면 좌변은

$$(A' \cup B')' \cup C$$

가 되고, 법칙 (†)를 다시 한 번 적용하면

$$(A \cap B) \cup C$$

가 된다($A'' = A$, $B'' = B$, $C'' = C$임을 기억하라.). 이와 비슷하게 우변은

$$(A' \cap C')' \cap (B' \cap C')'$$

또는

$$(A \cup C) \cap (B \cup C)$$

가 되어, 처음 출발했던 항등식의 다른 짝인

$$(A \cap B) \cup C = (A \cup C) \cap (B \cup C)$$

가 증명된다(처음 출발했던 식에서 $\cup$를 $\cap$로, $\cap$를 $\cup$로 바꾼 것과 같다!). $\cup$ 와 $\cap$로 이루어진 모든 식은 이와 같은 방법으로 증명될 수 있다.

그러므로 어떤 법칙이건 하나만 증명하면 나머지 하나($\cup$와 $\cap$를 맞바꾼 법칙)는 자동으로 증명되는 셈이다.

집합론의 기하학

유클리드는 '점'이나 '선'과 같은 기하학의 기초적 대상을 가능한 한 정

확하게 정의하려고 노력했다. 예를 들어, 점은 '크기는 없고 위치만 있는 기하학적 객체'이다. 여기서 다시 '위치'라는 개념을 분석하는 것은 점을 정의하는 것 못지않게 어려워서, 계속 파고들다보면 두 개념이 서로 꼬리를 문 채 쳇바퀴를 돌게 된다.

모든 정의에는 '출발점'이라는 것이 있다. 영어사전에서 'the'라는 단어를 찾아보면 'the definite article(정관사)'이라고 되어 있는데, 'the'의 뜻을 전혀 모르는 사람에게는 아무런 도움도 되지 않는다![11] 유클리드는 점과 선을 현실세계의 물체와 연관지으려 했으나, 그런 이상적이고 극단적인 도형은 현실세계에 존재하지 않는다. 심지어 원자 내부에 존재하는 기본 입자조차 일정한 크기를 갖고 있다(양자이론이 옳다면 미시세계에서는 크기라는 개념 자체가 불명확하여, 수조 분의 1cm 이하의 초미세거리는 측정할 수 없다. 미세 측정을 위해 투입된 다량의 에너지가 측정 대상을 망가뜨리기 때문이다.). 그래서 수학자들은 점과 선을 '무정의 술어undefined term'●로 간주하고 자신이 원하는 특성을 부여하는 식으로 문제를 피해갔다. 이것은 공리적 방법axiomatic method의 현대식으로, 8장에서 자세히 다루겠다.

평면을 '점의 집합'으로 정의하면 논리적으로 별 문제가 없다. 그러나 이미 알려진 수학적 객체를 이용하여 평면과 점을 정의할 수도 있다. 평면에 속하는 그 무엇도 물리적 관점으로 정의할 수는 없지만, 이상적인 유클리드 평면과 거동방식이 동일한 객체를 정의할 수는 있다.

2장에서 말한 바와 같이 좌표기하학을 이용하면 평면 위의 모든 점에 (x, y)라는 좌표를 할당할 수 있다. 이로써 우리는 '한 쌍의 실수'와 관련된 신비한 객체, 즉 '점'을 확보하게 되는 것이다. 이제 실수의 특성을

● 구체적인 정의를 내리지 않고 그 성질을 공리로 규정하는 수학적 개념.

잘 활용하면 '신비한 점'에 우리가 원하는 특성을 부여할 수 있다. 신비적 사고에 빠지는 것을 원치 않는다면 한 쌍의 실수 (x, y)를 그냥 하나의 점으로 간주하면 된다. 또한 (x, y)는 무한평면에서 어떤 값도 가질 수 있으므로, 우리는 무한평면을 '모든 실수 쌍의 집합'으로 정의할 수 있다.

그렇다면 선은 어떻게 되는가? 좌표기하학에서 직선에 속하는 모든 점 (x, y)은 다음의 방정식을 만족한다.

$$ax + by = c$$

여기서 a, b, c는 상수이다. 예를 들어, $1 \cdot x + (-1) \cdot y = 0$은 원점을 지나면서 왼쪽 아래에서 오른쪽 위로 진행하는 대각선을 나타낸다. 이 방정식을 만족하는 실수 쌍 (x, y)의 집합으로 직선을 정의할 수 있다. 또는 원 방정식●을 이용하여 원을 정의할 수도 있다.

집합론적 관점에서 볼 때 직선은 특수한 조건을 만족하는 점들의 집합이며, 직선 위의 점은 그 집합의 원소에 해당한다. 따라서 직선 L과 M에 '동시에' 놓여 있는 점은 집합 L의 원소이자 또 다른 집합 M의 원소이기도 하다. 다시 말해서, 이 점은 L과 M의 교집합인 $L \cap M$의 원소이다. 그러므로 집합론에서 말하는 '교집합'은 기하학적 '교점'에 해당한다.

좌표기하학을 도입하면 유클리드 기하학의 모든 내용은 집합론의 일부로 편입되고, 이로부터 기하학과 동일한 순수 수학적 이론 체계를 구축할 수 있다. 그러나 '진정한 기하학'에 대한 형이상학적 논의는 이 책

● $x^2 + y^2 = r^2$, 여기서 r는 원의 반지름을 나타낸다.

의 목적과 다소 거리가 있으니 논의에서 제외하고, 이 책을 읽는 동안은 '점'과 '선'을 다루는 수학 이론이 존재한다는 사실을 아는 것으로 충분하다. 현실세계에 존재하는 아주 작은 점(모래 알갱이나 먼지 한 톨 등)과 가느다란 선(머리카락이나 미세섬유 등)은 기하학적 점이나 선과 거동방식이 비슷할 것이다. 누군가가 모래알갱이와 머리카락으로 정밀한 실험을 수행하여 이론의 허점을 찾아냈다 해도, 그 이론은 여전히 쓸 만한 가치가 있다.

이제 '한 쌍의 실수'라는 개념을 일반화해보자. 여기서 말하는 '쌍'에는 명확한 순서가 있다. 즉, $(1, 3)$과 $(3, 1)$은 의미가 완전히 다르다(집합의 경우 {1, 3}과 {3, 1}은 완전히 같은 집합이다. 이것은 앞에서 이미 확인한 바가 있다.).

임의의 두 집합 A, B에서 $a \in A$이고 $b \in B$인 두 원소 a, b를 취하여 순서쌍 (a, b)를 정의할 수 있다.[12] 여기서 말하는 '순서쌍'이란 $a = c$이고 $b = d$일 때만

$$(a, b) = (c, d)$$

가 성립한다는 뜻이다. 그러므로 $a \in A$이고 $b \in B$인 모든 순서쌍(a, b)의 집합을 의미하는 데카르트 곱Cartesian product

$$A \times B$$

를 정의할 수 있다(데카르트 곱은 좌표기하학의 창시자인 르네 데카르트의 이름에서 따온 용어이다.).

예를 들어, A = {△, □, ○}이고, B = {£, $}일 때, $A \times B$는 그림 33과

같다.

그림 33

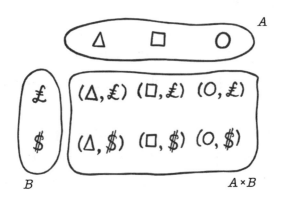

여기서 주의할 점은 $A \times B$와 $B \times A$가 다르다는 것이다. $(£, \triangle)$는 $B \times$ A의 원소지만 $A \times B$의 원소는 아니다.

앞에서 모든 실수의 집합을 $\mathbf{R}$로 정의했으므로, 위에서 정의한 평면은 $\mathbf{R} \times \mathbf{R}$에 해당한다. 또는 이것을 줄여서 $\mathbf{R}^2$으로 쓰는 경우도 있다. 따라서 유클리드 기하학은 '$\mathbf{R}^2$의 부분집합을 연구하는 분야'인 셈이다.

5장

함수란 무엇인가?

기초 수학 교과서에는 '함수function'라는 용어가 시도 때도 없이 등장한다. 대수함수, 로그함수, 삼각함수, 지수함수 등 종류도 다양하다. 이들의 공통점은 임의의 x에 대하여 $\log(x)$, $\sin(x)$, $\cos(x)$, $\tan(x)$, e^x 등 명확한 함숫값이 대응된다는 것이다.

그림 34는 x에 대한 각 함수의 값을 그래프로 나타낸 것이다.

그림 34

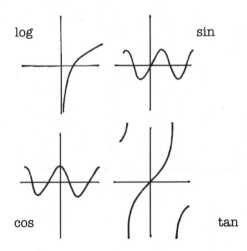

보통 사람을 위한 현대 수학

이런 경우에 x를 '변수variable'라 하고, x에 따라 달라지는 함수의 값을 y라 한다(별다른 뜻은 없고, 그냥 전통이다.). 그리고 x와 y의 대응관계는 함수function의 첫 글자인 'f'를 따서

$$y = f(x)$$

로 표기한다. f가 로그함수이면 $y = \log(x)$가 되고, 사인함수이면 $y = \sin(x)$가 되는 식이다.

x와 y는 함수가 아니다(사실 이들의 정체는 한마디로 규정하기 어렵다.). 그리고 $f(x)$는 '변수가 x일 때 함수의 값'을 의미하므로, 이것 역시 함수가 아니다. 함수의 본체는 바로 f이다. 변수 x와 함숫값 y는 f의 역할을 말해주기 위해 존재할 뿐이다. 예를 들어, '제곱' 함수는 임의의 변수 x에 x^2이라는 값이 대응되는 함수로서, 기호를 이용하면

$$y = x^2$$

으로 쓸 수 있다. 그러나 사전 설명 없이 위의 식만 보면 x와 y의 함수관계인지, 아니면 답을 구해야 할 방정식인지 알 길이 없다.

수식에 대하여

학교에서 배우는 대부분의 함수는 수식을 통해 정의된다. 개중에는 $y = x^2$, $y = \sqrt{x}$, $y = |x|$와 같이 간단한 것도 있고,

$$y = 7x^4 + \frac{\sin(x)}{1+x}$$

처럼 복잡한 것도 있다. 이런 함수를 자꾸 접하다보면 수식은 수학의 전부라는 편견에 빠지기 쉽다. 사람들은 수학자가 '가능한 한 복잡한 수식을 만들어내서 복잡한 계산을 수행하는 사람'이라고 생각하는 경향이 있는데, 사실은 전혀 그렇지 않다. 자신이 무슨 일을 하는지도 모르는 채 맹목적으로 계산에 매달린다면 바보 같은 실수만 남발할 뿐, 수학을 이해하는 데에는 전혀 도움이 되지 않는다.

한 가지 예를 들어보자. 나는 학생들에게 다음의 함수를 미분하라는 문제를 종종 내주곤 한다(미분과 친하지 않은 독자들은 눈요기만 해도 된다.).

$$y = \log(\log(\sin(x)))$$

이 함수를 규칙에 따라 미분하면

$$\frac{1}{\log(\sin(x))} \cdot \frac{1}{\sin(x)} \cdot \cos(x)$$

또는

$$\frac{\cot(x)}{\log(\sin(x))}$$

가 된다. 학생들은 대개 여기까지 계산해놓고 득의양양한 표정을 짓는다. 그러면 나는 '$\log(\log(\sin(x)))$의 그래프를 그려보라.'는 후속 문제를 내는데, 학생들은 그래프를 그리다가 외마디 비명을 지르게 된다. 원래 이 함수는 아무런 의미도 없는 가짜 함수이기 때문이다! $\sin(x)$는 x의

보통 사람을 위한 현대 수학

값에 상관없이 절대로 1보다 클 수 없으므로 $\log(\sin(x)) \leq 0$이다. 그런데 음수의 log는 정의 자체가 불가능하기 때문에 $\log(\log(\sin(x)))$는 애초부터 존재하지 않는 함수였다. 한마디로 학생들은 나의 사기극에 놀아난 것이다.

그러나 이 말도 안 되는 함수를 미분해서 얻은 $\cot(x)/\log(\sin(x))$는 $\sin(x) > 0$인 구간에서 명확한 값을 갖는다. 원래 함수가 존재하지 않는데, 도함수(미분한 함수)는 존재한다. 개중에는 존재하지 않는 함수를 미분하여 의미 있는 도함수를 끌어내는 것을 즐기는 수학자도 있지만, 나는 그런 부류의 사람이 아니다.

주어진 수식이 특정한 x에서 정의되지 않는 경우도 종종 있다. 예를 들어, $1/x$은 $x = 0$일 때 정의되지 않고, $\log(x)$는 $x \leq 0$인 구간에서 정의되지 않으며, $\tan(x)$는 x가 $90°$의 정수배일 때 정의되지 않는다. 좀 더 복잡한 사례로

$$\frac{\log(x^2 - 1)}{x^2 - 5x + 6}$$

은 $-1 \leq x \leq 1$이거나 $x = 2$ 또는 $x = 3$일 때 정의되지 않는다.

수식으로 쉽게 정의되지 않으면서 유용한 함수도 있다(여기서 다음과 같은 질문이 자연스럽게 떠오른다. '무슨 수식을 말하는가? 수식의 한계는 어디까지인가?' 사인함수는 'sin'이라는 기호를 쓰지 않으면 수식으로 정의할 수 없다.)*. 예를 들어, 수학에서는 다음과 같은 특수 함수가 자주 등장한다.

● '닫힌 형태closed form'의 수식으로는 정의할 수 없다는 뜻이다. 사인함수는 무한히 긴 다항식으로 정의할 수 있다.

$[x]$ = 가장 큰 정수 $\leq x$ (또는 x를 초과하지 않는 가장 큰 정수)

또는 아래와 같이 구간마다 다르게 정의된 함수도 있다(그림 35 참조).

$$f(x) = \begin{cases} (x+1)^2 & \text{단, } x < -1 \\ 0 & \text{단, } -1 \leq x \leq 1 \\ (x-1)^2 & \text{단, } 1 < x \end{cases}$$

그림 35

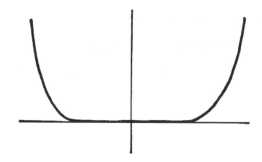

푸리에 해석Fourier analysis에는 다음과 같은 사각파동함수도 등장한다.

그림 36

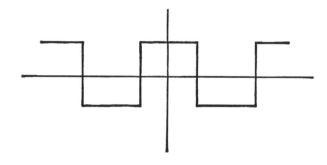

보통 사람을 위한 현대 수학

앞의 함수들은 과연 진정한 함수인가? 수학자들은 이 문제를 놓고 여러 해 동안 논쟁을 벌여왔지만 아직 의견을 통일하지 못했다. [x]나 사각파동함수는 평범한 수식으로 표현되는 일반적인 함수와 분명히 다르고, 하나의 수식으로 표현할 수도 없다. 푸리에의 무한급수로 가면 상황은 더욱 복잡해진다. 예를 들어,

$$\sin(x) + \frac{1}{3}\sin(3x) + \frac{1}{5}\sin(5x) + \cdots$$

를 모두 더하면 사각파동함수가 된다. 매끈한 삼각함수를 더하여 톱니같은 함수가 만들어지는 것이다!

함수와 관련된 논쟁은 100년 전부터 계속되어왔다. 그 와중에 "이것은 과연 함수인가?"라는 질문은 "무한급수란 무엇인가?"라는 질문과 뒤섞이면서 한층 더 혼란스러워졌으며, 수학자들은 저마다 함수에 대한 나름대로의 개념을 주장하는 바람에 의견의 일치를 보기가 더욱 어려워졌다.

더욱 일반적인 함수

앞에서 보았듯이, 함수 f는 모든 x에 대하여 정의될 필요가 없다. $f(x)$가 어떤 수식으로 주어졌을 때, 이 수식이 모든 x에 대하여 명확한 값을 가질 필요는 없다는 뜻이다.

함수가 정의된 x의 범위는 실수집합 $\mathbf{R}$의 부분집합에 해당하며, 이 집합을 'f의 정의역定義域, domain'이라 한다. 정의역은 함수 f가 적용될 수 있는 x의 값을 말해준다.

앞에서 언급한 모든 함수에는 중요한 공통점이 하나 있다. '모든 x에 대하여 $f(x)$는 오직 하나의 값으로 결정된다.'라는 공통점이 바로 그것이다.

정의역과 마찬가지로 함수 $f(x)$가 취할 수 있는 값도 $\mathbf{R}$의 부분집합을 이루며, 이 집합을 '치역値域, range'이라 한다. 치역은 정의역에 속한 모든 원소에 대응되는 함수의 값으로 이루어져 있다. 예를 들어, $\sin(x)$의 치역은 −1과 +1 사이에 있는 모든 실수이며, $\sqrt{x}$의 치역은 0 이상의 모든 실수이다.

간단한 형태의 함수도 치역은 얼마든지 복잡해질 수 있다. 계승 factorial의 제곱근으로 정의된 함수

$$f(x) = \sqrt{(x!)}$$

의 정의역은 모든 양의 정수지만, 치역은 '모든 계승의 제곱근'이다. 별로 마음에 들지 않겠지만, 이보다 구체적으로 표현할 방법이 없다!

이런 경우가 종종 있기 때문에, 치역을 구체적으로 표현하는 것보다 '모든 가능한 함숫값을 확실하게 포함하는 영역'을 명시하는 것이 더 유용하다. 함수 $f(x)$의 모든 가능한 값을 확실하게 포함하는 집합 T를 '공역共域, target'이라 하고, f는 '정의역 D에서 공역 T로 가는 함수'라고 말한다.

그러므로 함수의 요소는 다음 세 가지로 요약할 수 있다.

(1) 정의역 D

(2) 공역 T

(3) $x \in D$인 모든 x에 T의 원소 $f(x)$를 대응시키는 규칙

보통 사람을 위한 현대 수학

여기서 가장 중요한 요소는 (3)이다.

함수가 되려면 임의의 x에 대해 단 하나의 $f(x)$가 대응되어야 한다. 여러 개의 x가 하나의 $f(x)$에 대응되는 것은 상관없지만, 하나의 x가 여러 개의 $f(x)$에 대응되면 함수가 아니다. 예를 들어, 'x의 제곱근'을 함수의 규칙으로 정하려면 양의 제곱근과 음의 제곱근 중 하나를 선택해야 한다. 그렇지 않으면 하나의 x에 두 개의 $f(x)$에 대응되기 때문이다. 또한, 모든 x에 대응규칙을 안전하게 적용하려면 함수 f는 정의역에 있는 모든 x에 적용될 수 있어야 한다. 함수의 형태에 따라 치역의 정확한 범위를 알 수 없는 경우가 종종 있기 때문에, 치역 대신 공역을 사용하는 것이 바람직하다(안전을 위해 가능한 한 크게 잡는 것이 좋다.).

(3)에서 '규칙'이라는 말에는 약간의 추가 설명이 필요하다. 일단은 우리가 이 '규칙'을 알고 있다고 가정하자. 그것은 식재료 x를 음식 $f(x)$로 바꿔주는 일종의 레시피(조리법)에 해당한다. $f(x)$로부터 '원리적으로' x를 계산할 수 있으면 그것으로 충분하지만, 실제로는 계산이 너무 어렵거나 지나치게 오래 걸릴 수도 있다.

지금까지 우리는 정의역과 공역을 '실수의 집합'으로 한정해왔다. 그러나 항목 (1), (2), (3)에서 D와 T는 실수가 아니어도 '집합'의 속성만 갖고 있으면 된다. 이 점을 새기고 몇 가지 사례를 생각해보자.

(i) D가 모든 원의 집합이고 T는 양의 실수의 집합일 때, 임의의 x에 대하여 정의된 함수

$$f(x) = x의\ 반지름$$

(ⅱ) D가 양의 정수의 집합이고 T는 소수prime number의 집합일 때, $x∈D$인 모든 x에 대하여 정의된 함수

$$f(x) = x의 \ 소인수(소수인 \ 약수)의 \ 집합$$

(ⅲ) D가 평면의 부분집합이고 T는 평면 전체일 때($\mathbf{R}^2$으로 간주해도 된다.), $x∈D$인 모든 x에 대하여 정의된 함수

$$f(x) = x로부터 \ 오른쪽으로 \ 5cm \ 떨어진 \ 점$$

(ⅳ) D가 모든 함수의 집합이고 T는 모든 집합의 집합일 때, 임의의 x에 대하여 정의된 함수

$$f(x) = x의 \ 정의역$$

모든 경우에 $f(x)$를 정의하는 규칙에는 모호한 구석이 전혀 없다. 이 중 특별히 관심을 끄는 것은 (ⅲ)이다. 2장에서 우리는 다음과 같은 변환을 다룬 적이 있다.

$$T(x, y) = (x+5, y)$$

이것은 (ⅲ)의 f와 같은 변환이며, 원리적으로 T와 f 사이에는 아무런 차이가 없다.

현대적 의미의 함수는 위와 같은 사례에 알맞게 특화되어 있다. 그래서 지금부터는 '일반적인 집합 D와 T에 대하여 (1), (2), (3)의 조건을

만족하는 모든 규칙'을 함수로 간주할 것이다. 앞에서 다뤘던 함수들은 정의역과 공역이 '실수'로 한정된 특수한 경우였다.

함수 $f(x, y) = (x+5, y)$는 2변수함수(변수가 두 개인 함수)의 한 사례이다. 즉, 함수에 대한 우리의 일반적 정의에는 2변수함수도 포함되어 있다. 이 경우에 정의역은 실수쌍 (x, y)로, $\mathbf{R}^2$의 부분집합에 해당한다.

함수의 개념은 현대 수학의 가장 강력한 도구 중 하나로 자리 잡았다. 여기에는 여러 가지 이유가 있지만, 가장 큰 이유는 타의 추종을 불허할 정도로 적용범위가 넓다는 것이다. 앞으로 이 책을 읽다보면 다양한 형태로 변신한 함수를 수시로 접하게 될 것이다. 그때를 대비하여 몇 가지 일반 개념은 미리 알아둘 필요가 있다.

함수의 특성

정의역과 공역이 $\mathbf{R}$의 부분집합이 아니면 함수를 그래프로 표현할 수 없다. 사실 그래프는 일반적인 함수의 개념을 이해하는 데 별 도움이 되지 않는다. 그래프보다는 그림 37과 같은 그림이 훨씬 효과적이다.

그림 37

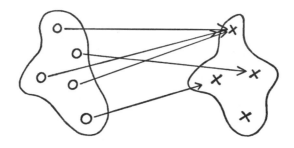

이 그림에서 화살표는 x를 $f(x)$에 대응시키는 '규칙'을 의미한다.

정의역 D에서 공역 T로 가는 함수 f의 표준 표기는 다음과 같다.

$$f : D \rightarrow T$$

이때 '→'는 그림 37의 화살표와 같은 뜻이다.

그림 37의 T에는 화살표가 하나도 도달하지 않은 원소도 있다. 앞에서도 말했지만 f의 치역은 일반적으로 공역 T와 같지 않다(단, 치역이 공역보다 클 수는 없다.). f의 치역이 공역 T와 일치하는 경우를 '전사함수全射函數, onto function'라 하며,[1] 영어권에서는 'surjection'으로 표기하는 경우도 있다(라틴어로 f는 D를 T로 '던진다'는 뜻이다.). 전사함수가 되려면 그림 38처럼 T의 모든 원소에 화살표가 도달해야 한다.

그림 38

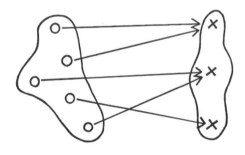

그림 37과 그림 38을 자세히 보면 T의 원소들 중 두 개 이상의 화살표가 도달한 원소가 있는데, 이것은 함수의 정의상 아무런 문제가 되지 않는다. T의 모든 원소에 화살표가 '적어도 한 개 이상' 도달하면 전사함수이다. 이와는 달리 그림 39처럼 공역에 속한 원소들 중 두 개 이상의 화살표가 도달한 원소가 하나도 없으면서 화살표가 도달하지 않은

보통 사람을 위한 현대 수학

원소가 존재하는 경우를 단사함수單射函數, injection라 한다. 단사함수는 반드시 전사함수일 필요가 없다.

그림 39

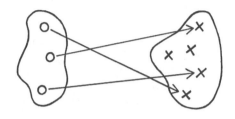

함수 $f : D \to T$가 단사함수면서 전사함수이면[•] 집합 D와 T의 원소들은 일대일로 대응된다. 단사함수면 D에 속한 두 개 이상의 원소가 T의 한 원소에 대응되는 경우는 하나도 없고, 함수의 정의에 따라 T에 속한 두 개 이상의 원소가 D의 한 원소에 대응되는 경우도 없다. 게다가 전사함수라면 T의 모든 원소에 화살표가 도달해야 하므로, D의 모든 원소는 T의 모든 원소와 정확하게 일대일로 대응된다. 표기상으로는 분명치 않지만, 이것은 완벽하게 대칭적인 상황이다. 이런 경우에 모든 화살표를 반대 방향으로 바꾸면 그림 40과 같이 새로운 함수가 얻어진다.

$$g : T \to D$$

물론 함수 g도 전단사함수이다.

전단사함수는 앞으로 이 책에서 중요한 역할을 하게 된다.

[•] 이런 경우를 전단사함수, 또는 일대일 대응함수라고 한다.

그림 40

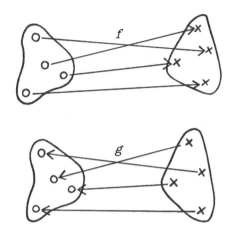

 f가 전단사함수가 아니어도 화살표의 방향을 일괄적으로 바꿀 수는 있지만, 이런 경우에는 함수관계가 성립하지 않는다. f가 단사함수가 아니면 화살표를 뒤집었을 때 다른 곳에서 출발한 화살표들이 한곳에 집중되기 때문에 함수의 정의에서 벗어나고, f가 전사함수가 아니면 화살표를 뒤집었을 때 정의역에 누락된 원소가 존재하기 때문에 역시 함수의 조건을 만족하지 못한다.

 2장에서 변환 E와 F를 결합해 새로운 변환 EF를 정의했다. 이 변환은 'F를 먼저 가한 후 E를 가한다.'는 뜻이다. 그런데 변환도 일종의 함수로, 두 개의 함수를 결합하여 새로운 함수를 만들 수 있을 것 같다.

 두 개의 함수 f, g로부터 새로운 함수 fg를 정의해보자. 변환연산자의 경우와 마찬가지로, 우리가 원하는 것은

$$fg(x) = f(g(x))$$

이다.

이 식이 의미를 가지려면 몇 가지 조건이 충족되어야 한다. 일단 $g(x)$가 정의되지 않으면 $f(g(x))$도 의미가 없으므로

(i) x는 g의 정의역에 속해야 한다.

그리고 $f(g(x))$가 분명한 값을 가지려면

(ii) $g(x)$는 f의 정의역에 속해야 한다.

두 함수를 $f:A{\rightarrow}B$, $g:C{\rightarrow}D$라 하면 조건 (i)에 따라 fg의 정의역은 C가 되어야 한다. 그리고 fg가 C의 모든 원소에 대하여 정의되려면 $x{\in}C$인 모든 x에 대하여 조건 (ii)가 충족되어야 한다. 다시 말해서, g의 치역이 f의 정의역에 속해야 한다는 뜻이다. 이 조건이 충족되면 fg는 그림 41과 같이 'C에서 B로 가는' 함수가 된다.

그림 41

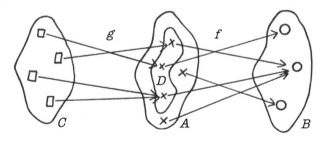

그러므로 함수 fg는 'g를 먼저 가하고 그 후에 f를 가한다.'는 취지에 들어맞는다. 함수가 세 개(f, g, h)인 경우에도 정의역과 치역이 맞아 들

어가면 h를 가하고 g를 가한 후 f를 가하는 식으로 fgh를 정의할 수 있다. 실제 계산에서는 h를 가한 후 fg를 가할 수도 있고, gh를 먼저 가한 후 f를 가할 수도 있다. 이 방법을 기호로 표현하면 다음과 같다.

$$(fg)h \qquad f(gh)$$

다행히도 두 과정은 동일한 결과를 낳는다. 'h를 먼저 실행한 후, 그 결과를 변수로 삼아 g를 가한 후 f를 가한 결과'와 'h와 g를 연달아 수행한 후 그 결과를 변수로 삼아 f를 실행한 결과'가 항상 같다는 뜻이다. 이 원리를 시각적으로 표현하면 그림 42와 같다.

그림 42

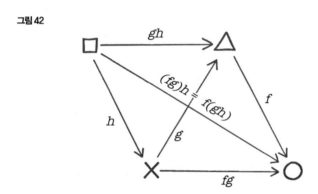

또는 다음과 같이 계산할 수도 있다.

$$(fg)h(x) = (fg)(h(x)) = f(g(h(x)))$$
$$f(gh)(x) = f(gh(x)) = f(g(h(x)))$$

어떤 방법을 사용하건

보통 사람을 위한 현대 수학

$$(fg)h = f(gh)$$

라는 사실에는 변함이 없다. 즉, 여러 개의 함수를 연달아 가할 때에는 결합법칙associative law이 성립한다.

방금 전에 나는 "f, g, h의 정의역과 치역이 맞아 들어가면 fgh를 정의할 수 있다."며 대충 넘어갔는데, 이제 독자들도 그 뜻을 이해할 수 있을 것이다. h의 치역이 g의 정의역의 부분집합이고, g의 치역이 f의 정의역의 부분집합이면 fgh가 명확하게 정의된다. 이 점을 확인하기 위해, 앞서 언급했던 가짜 함수를 떠올려보자,

$$\log(\log(\sin(x)))$$

이것은 sin함수에 log를 취하고, 그 결과에 다시 log를 취한 함수이다. $h = \sin$이고, $f = g = \log$라 하면, 위의 함수는 $\log(\log(\sin(x))) = fgh(x)$로 쓸 수 있다.

sin함수의 정의역은 모든 실수 **R**고, 치역은 −1과 1 사이의 실수이다. 그러나 log함수의 정의역은 양의 실수이고 치역은 모든 실수 **R**여서, 함수를 결합하는 데 필요한 조건이 전혀 충족되지 않았다. 일단 $\log(\sin(x))$가 정의되려면 sin함수의 치역이 log함수의 정의역을 벗어나지 않아야 하는데, $\sin(x)$는 음수도 될 수 있으므로 함수가 정의되지 않는 영역이 존재한다. 게다가 $\sin(x) > 0$인 영역에서도 $\log(\sin(x))$는 음수가 될 수 있으므로, 그 앞에 붙어 있는 log함수의 정의역을 벗어난다. 따라서 $\log(\log(\sin(x)))$는 애초부터 성립하지 않는 함수였다!

마지막으로 '화살표의 반전'에 대하여 좀 더 깊이 생각해보자.

임의의 집합 D가 주어졌을 때, 정의역과 치역이 모두 D이면서 $x \in D$

인 모든 x에 대하여 다음의 조건을 만족하는 항등함수identity function I_D가 존재한다.

$$I_D(x) = x$$

다시 말해서, 이 함수는 '아무것도 변화시키지 않는' 함수이다. 이런 썰렁한 함수를 대체 어디에 써먹겠냐고? 물론 어려운 함수는 아니지만, 두 개 이상의 함수가 결합하여 항등적 결과를 낳는 경우에는 꽤 유용하게 써먹을 수 있다.

앞에서 언급된 전단사함수 $f:D{\to}T$에서 화살표의 방향을 바꾸면 새로운 함수 $g:T{\to}D$가 얻어진다. 따라서 집합 T를 정의역으로 삼아 g를 가한 후 다시 f를 가하면 화살표의 방향이 두 번 바뀌면서 원래대로 돌아온다.

$$fg = I_T \quad (\dagger)$$

순서를 바꿔서 집합 D를 정의역으로 삼아 f를 가한 후 g를 가해도 원래대로 돌아온다.

$$gf = I_D \quad (\dagger)$$

식 ($\dagger$)는 'f와 g는 화살표의 방향을 바꾼 관계에 있다.'는 사실을 기호로 표현한 것이다. 이런 경우 f를 g의 '역함수reverse function'라 한다(또한 g는 f의 역함수이다.). 화살표의 방향을 바꾸는 방법은 하나밖에 없으므로, 역함수도 단 하나만 존재한다.

요약

이 장에서는 다소 기술적인 내용을 다루었다. 앞으로 이 책을 읽으면서 독자들이 기억해야 할 사항은 다음과 같다.

- 함수는 집합을 대상으로 정의된다.
- 일부 집합은 값을 가진다(즉, 숫자로 표현할 수 있다.).
- 함수가 정의되려면 주어진 원소를 변형하는 규칙이 정의되어야 하고, 이 규칙을 적용한 결과가 하나의 대상(또는 값)으로 유일하게 결정되어야 한다.
- 전단사함수(또는 일대일 대응함수)는 역함수를 가진다.

함수의 대응규칙에 대해서는 별다른 설명을 하지 않았는데, 자세한 내용을 알고 싶다면 책의 말미에 수록된 〈주註〉를 읽어보기 바란다.[2]

6장

추상대수학

대수학을 처음 배울 때에는 $2x + (y - x)$와 같은 수식을 간단하게 줄이는 문제를 주로 접하게 된다. 이런 문제에 익숙한 사람들은 굳이 연필을 들지 않아도 답이 $x + y$라는 것을 금방 알 수 있을 것이다.

특정 대상에 익숙해지면 그 대상을 무시하기 쉽다. 사실 이러한 문제를 풀려면 대수학의 수많은 법칙과 연산 과정을 알고 있어야 한다. 모든 과정을 일일이 써서 보여주면, 그때서야 얼마나 많은 과정을 거쳤는지 실감하게 된다.

$$2x + (y - x) = 2x + (y + (-x)) \qquad (1)$$
$$= 2x + ((-x) + y) \qquad (2)$$
$$= (2x + (-x)) + y \qquad (3)$$
$$= (2x + (-1)x) + y \qquad (4)$$
$$= (2 + (-1))x + y \qquad (5)$$
$$= 1 \cdot x + y \qquad (6)$$
$$= x + y \qquad (7)$$

(1)단계와 (4)단계는 $-x$와 $y-x$의 정의를 풀어쓴 것이기 때문에 비교적 간단한 단계에 속하고, (6)단계는 단순한 덧셈이다. 그러나 나머지 단계에는 중요한 연산법칙이 적용되었다(대수법칙이라고 부르는 것이 더 나을지도 모르겠다.). (2)단계에서는 $a + b = b + a$를 가정했고, (3)단계에서는 $a + (b + c) = (a + b) + c$가 적용되었으며, (5)단계에서는 $ax + bx = (a + b)x$가 적용되었다. 그리고 (7)단계에서는 $1 \cdot x = x$라는 법칙이 적용되었다.

나눗셈은 나중에 따로 다루기로 하고, 덧셈 및 곱셈과 관련된 법칙은 다음 여덟 가지 항목으로 요약할 수 있다.*

(1) 덧셈의 결합법칙:

$(a + b) + c = a + (b + c)$

(2) 덧셈의 교환법칙:

$a + b = b + a$

(3) 0의 존재(덧셈의 항등원):

임의의 수 a에 대하여 $a + 0 = a = 0 + a$인 0이 존재한다.

(4) 덧셈의 역원:

임의의 수 a에 대하여 $a + (-a) = 0 = (-a) + a$를 만족하는 $-a$가 존재한다.

(5) 곱셈의 결합법칙:

$(ab)c = a(bc)$

(6) 곱셈의 교환법칙:

$ab = ba$

● 곱셈의 역원은 나눗셈과 관련되어 있어서 누락되었다.

(7) 1의 존재(곱셈의 항등원):

임의의 수 a에 대하여 $1 \cdot a = a \cdot 1 = a$인 1이 존재한다.

(8) 곱셈의 분배법칙:

$$a(b + c) = ab + ac$$

$$(a + b)c = ac + bc$$

막상 나열해보니 의외로 많다. 그러나 대수법칙이 아무리 많아도 법칙 때문에 대수가 복잡해지지는 않는다. 대수법칙은 주로 수식을 단순화하는 쪽으로 적용되기 때문에, 법칙이 많을수록 계산은 간단해진다.

심지어 우리가 일상적으로 사용하는 표기법 중 상당수에도 법칙이 반영되어 있다. 예를 들어,

$$a + b + c$$

는 어떻게 계산해야 하는가? a와 b를 먼저 더한 후 c를 더한다는 뜻인가? 아니면 b와 c를 더한 후 a를 더한다는 뜻인가? 사실은 무엇을 먼저 더해도 상관없다. 대수법칙 (1)에 의해 덧셈은 결합법칙을 만족하기 때문이다. 그래서 굳이 괄호를 명시하지 않고 위와 같이 적어놓아도 문제가 발생하지 않는다.

기초 대수학의 대부분은 위의 법칙을 이용하여 특정 공식을 증명하는 내용으로 가득 차 있다. 예를 들어,

$$(x + y)^2 = x^2 + 2xy + y^2$$

을 증명하는 과정은 다음과 같다. 가장 먼저 $a^2 = a \cdot a$이고 $2a = a + a$

라는 사실을 떠올려야 한다. 그다음으로 $a + b + c$는 $(a + b) + c$를 줄여서 쓴 것임을 기억해야 한다. 준비되었는가? 자, 그럼 시작해보자!

$$
\begin{aligned}
(x + y)^2 &= (x + y)(x + y) && \text{(표기법)}\\
&= (x(x + y)) + (y(x + y)) && \text{(법칙 8)}\\
&= (xx + xy) + (yx + yy) && \text{(법칙 8)}\\
&= (x^2 + xy) + (yx + y^2) && \text{(표기법)}\\
&= (x^2 + xy) + xy + y^2 && \text{(법칙 6)}\\
&= ((x^2 + xy) + xy) + y^2 && \text{(법칙 1)}\\
&= (x^2 + (xy + xy)) + y^2 && \text{(법칙 1)}\\
&= (x^2 + 2xy) + y^2 && \text{(법칙 1)}\\
&= x^2 + 2xy + y^2 && \text{(표기법)}
\end{aligned}
$$

대수법칙 (1)~(8)만 있으면 $(x+y)^3$과 $(x+y)^4$도 전개할 수 있고, 이항정리二項定理, binomial theorem● 까지 증명할 수 있다.

환과 체

대수법칙 (1)~(8)을 만족하는 것은 수 체계($\mathbf{Z}, \mathbf{Q}, \mathbf{R}$ 등)만이 아니다. 예를 들어, '모듈 6의 정수 집합'도 모든 대수법칙을 만족한다. 자세한 증명은 생략하고, 몇 가지 사례만 확인해보자.

● $(x + y)^n$의 전개식. 단, n은 정수이다.

$$(1 + 4) + 3 = 5 + 3 = 2 = 1 + 7 = 1 + (4 + 3)$$
$$2 \cdot 5 = 4 = 5 \cdot 2$$
$$1 \cdot 4 = 4 = 4 \cdot 1$$
$$3(2 + 5) = 3 \cdot 1 = 3 = 0 + 3 = (3 \cdot 2) + (3 \cdot 5)$$

그러므로 $(x + y)^2 = x^2 + 2xy + y^2$은 모듈 6의 정수 체계에도 똑같이 성립한다. 증명과정에 사용된 법칙이라고 해봐야 앞서 나열한 $(1) \sim (8)$이 전부이기 때문이다.

'6'은 전혀 특별한 숫자가 아니다. 따라서 위의 전개식은 모듈 2, 3, 4, 5, 6, 7, ……에서도 똑같이 성립한다. 또한 '모듈 n 정수 체계'도 대수법칙 $(1) \sim (8)$을 만족하므로, 위와 유사한 전개공식을 안심하고 적용할 수 있다(증명과정도 거의 동일하다.).

수학자들은 뼛속까지 게으른 사람들이다. 모듈 2, 모듈 3, 모듈 4, 모듈 5……에서 공식이 성립한다는 것을 일일이 증명하기 싫다면, 위의 증명이 $(1) \sim (8)$을 만족하는 임의의 체계에 적용된다는 사실에 동의라도 해야 하지 않겠는가? 아니, 최소한 $(1) \sim (8)$ 법칙에 이름이라도 붙여놓는다면 매번 8개의 법칙을 일일이 나열하는 수고라도 덜 수 있지 않겠는가?(일반적으로 모듈 n의 정수 체계가 환을 이룬다는 증명은 잠시 후에 할 예정이다.)

요즘 수학계에는 '항등원을 갖는 가환환'이라는 용어가 크게 유행하고 있다. 이름은 거창하지만 알고 보면 별 거 아니다. 집합 S의 원소를 대상으로 더하기(+)와 곱하기($\cdot$ 또는 $\times$)라는 두 가지 연산이 정의되어 있고, S에 속한 임의의 원소 s, t에 대하여 $s + t$와 $s \cdot t$가 여전히 S의 원소이면서 연산법칙 $(1) \sim (5)$와 (8)을 만족할 때, 집합 S를 '환ring'이라 한다. 또한 S가 (6)을 만족하면 '가환환cummutative ring'이고, (7)을 만

　　　　　　　　　　　　　　　　보통 사람을 위한 현대 수학

족하면 '항등원을 갖는 환'이다. 이름 앞에 수식어가 하나도 붙지 않은 '환'은 수학에서 가장 흔히 접하는 환이고, 수식어가 많이 붙을수록 까다로운 조건을 만족하는 환이 된다. 그러나 이 책에서는 모든 사례를 일일이 들 수 없기 때문에, 책을 끝까지 읽어도 비가환환non-commutative ring은 한 번도 볼 수 없을 것이다.

덧셈을 $x+y$로, 곱셈을 xy로 표기하는 것은 단순한 관례일 뿐이다(사실 편리하긴 하다!). 덧셈 기호를 □로, 곱셈 기호를 △로 표기한다면 대수법칙 (8)은 다음과 같이 바뀌어야 한다.

$$a \triangle (b \square c) = (a \triangle b) \square (a \triangle c)$$
$$(a \square b) \triangle c = (a \triangle c) \square (b \triangle c)$$

환의 기초를 이루는 집합 S가 반드시 수의 집합일 필요는 없다. $S = \{1, 2, 3, 4, 5, 6, 0\}$인 모듈 7의 정수집합만 해도, 각 원소는 진정한 '수'가 아니다. 3장에서 만들었던 덧셈표와 곱셈표를 적용할 수만 있다면 원소는 어떤 종류여도 상관없다.

임의의 집합 T에 대하여

$$S = \{T의 \ 모든 \ 부분집합\}$$

이라 하고, 임의의 $a, b \in S$에 대하여 덧셈과 곱셈을 다음과 같이 정의해 보자.

$$a + b = (a \cup b) - (a \cap b)$$
$$ab = a \cap b$$

그림 43

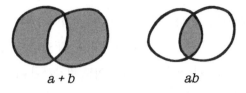

$a + b$ ab

이 새로운 체계는 대수법칙 (1)∼(8)을 모두 만족한다(집합론의 좋은 연습문제다. 시간이 있다면 한번 시도해보기 바란다.). 공집합 ∅는 법칙 (3)의 '0' 역할을 하고, T는 법칙 (7)의 항등원 1의 역할을 한다. 법칙 (1)의 양변을 벤다이어그램으로 표현하면 그림 44와 같다.

그림 44

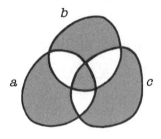

이 '환'에서 x^2은 어떻게 될까? x^2은 xx의 간단한 표기임을 상기하자. $ab = a \cap b$이므로, xx는 첫 번째 x에 속하면서 두 번째 x에도 속한다(간단히 말해서, x에 속한다.). 따라서 $xx = x$이다. 즉, 위에서 정의한 환은 모든 원소에 대하여 $x^2 = x$라는 희한한 특성을 갖고 있다! T의 원소가 n개이면 S의 원소는 2^n개이고, 다음의 2차방정식

$$x^2 - x = 0$$

에는 2^n개의 해가 존재한다. T가 무한집합*이면 이 방정식의 해는 무한 개이다!

앞서 말한 대로 모든 환은 임의의 원소 x, y에 대하여 $(x+y)^2 = x^2 + 2xy + y^2$의 관계를 만족한다. 그런데 $x^2 = x$이면 이 식은

$$x + y = x + 2xy + y$$

가 되고, 여기에 법칙 (4), (1), (3)을 적용하면

$$2xy = 0$$

이 된다. 이뿐만이 아니다. S에 속한 임의의 원소 x에 대하여

$$2x = x + x = (x \cup x) - (x \cap x) = x - x = \varnothing = 0$$

으로부터 $2xy = 0$임을 다시 한 번 확인할 수 있다. 환은 몇 가지 이상한 특성을 가지고 있지만, $(x+y)^2$의 전개공식은 어떤 모순도 초래하지 않는다.

수학의 한 지류인 환론ring theory은 대수법칙 (1)~(5)와 (8)을 이용한 추론과 정리로 이루어져 있으며, 거기 등장하는 정리는 모든 환에 대해 성립한다. 만일 수학자가 연구 도중에 이 모든 법칙을 만족하는 체계를 발견한다면, 그는 '아하! 이것도 환이네?' 하면서 쾌재를 부를 것이다. 일단 환으로 확인되면 이미 알려진 환의 특성을 고스란히 적용할 수 있

● 원소의 수가 무한대인 집합

기 때문이다(하지만 연구를 마무리하는 데에는 별 도움이 되지 않는다.).

이제 나눗셈을 고려할 때가 되었다. 덧셈과 곱셈에 나눗셈을 추가하면 두 개의 중요한 법칙이 모습을 드러낸다.

(9) 곱셈의 역원:

$a \neq 0$이면, $aa^{-1} = 1 = a^{-1}a$를 만족하는 역원 a^{-1}이 존재한다.

(10) $0 \neq 1$ (이 조건을 부과하면 (1)~(9)를 만족하면서 별 도움이 되지 않는 사소한 체계를 제외시킬 수 있다.)

덧셈과 곱셈이 정의되어 있으면서 법칙 (1)~(10)을 모두 만족하는 집합 S를 체體, field라 한다.[●] 3장에서 다뤘던 '역수'의 개념을 이용하면 '모듈 n(n은 소수)의 정수 체계는 체를 형성한다.'는 사실을 증명할 수 있다. 이는 곧 체가 아닌 환[모듈 n($n \neq$소수)의 정수 체계]이 무수히 많이 존재한다는 뜻이다.

역사적으로 '환'과 '체'의 개념은 대수적 수algebraic number를 연구하던 와중에 탄생했다. 대수적 수란 $x^2 - 2 = 0$이나, $17x^{23} - 5x^5 + 439 = 0$처럼 '유리수를 계수로 갖는 대수방정식의 해가 될 수 있는 수'를 의미한다. 첫 번째 방정식의 해는 $\pm\sqrt{2}$인데(두 번째 방정식의 해는 나도 모르겠다.), 환론에서는 이 수를 $a + b\sqrt{2}$(a, b는 임의의 정수)의 특별한 형태로 간주한다. 왜냐하면

$$(a + b\sqrt{2})(c + d\sqrt{2}) = (ac + 2bd) + (ad + bc)\sqrt{2}$$

● 물리학에서는 field를 장場이라고 한다. scalar field나 vector field처럼 수학과 물리학에 모두 사용되는 용어는 '~장'으로 통일되어 있다.

이고, 이들이 환을 이루기 때문이다.

a와 b(정수 부분과 $\sqrt{2}$ 앞에 붙은 계수)를 유리수로 확장하면 $a + b\sqrt{2}$의 역수를 구할 수 있다.

$$(a + b\sqrt{2})^{-1} = \left(\frac{a}{a^2 - 2b^2} \right) + \left(\frac{-b}{a^2 - 2b^2} \right)\sqrt{2}$$

이로써 (9)와 (10)이 충족되었으므로, $a + b\sqrt{2}$는 체를 이룬다. 대수적 수의 심오한 특성은 대부분 환론과 체론field theory을 통해 밝혀졌다. 특히 체론은 근호radical로 풀 수 없는 5차방정식을 다룰 때 중요한 역할을 한다.[1]

기하학에서의 응용

5차방정식은 이 장의 주제와 다소 동떨어진 감이 있지만, 일부 아이디어는 한번쯤 짚고 넘어갈 만하다.

길이가 1인 직선이 주어졌을 때, 이로부터 자와 컴퍼스만으로 길이가 $\sqrt[3]{2}$인 직선을 작도할 수 있을까? 이것은 그리스 기하학에서 유명한 문제 중 하나였는데('델로스의 신탁oracle at Delos'이라는 이야기를 통해 후대에 전승되었다.[2]), 그리스인들은 끝내 해답을 찾지 못했다(작도에는 성공했지만, 직선이 아닌 원추곡선을 이용했기 때문에 정답으로 인정받지 못했다.).

지금부터 위의 문제에 답이 존재하지 않는다는 것을 증명할 참이다.

길이가 각각 r, s인 직선 두 개가 주어지면 그림 45와 같은 방법으로 길이가 $r+s$, $r-s$, rs, r/s인 직선을 작도할 수 있다(길이를 확인하기 위해, 길이가 1인 직선은 기본으로 주어졌다고 가정한다.).

그림 45

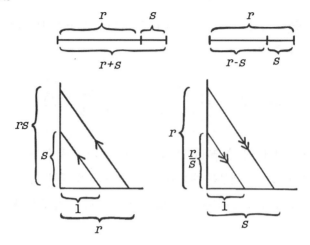

이런 조건에서 작도 가능한 길이의 집합 **K**는 실수의 집합 **R**의 부분 집합이다. 그러면 **K**의 원소들은 더하고, 빼고, 곱하고, 나눌 수 있으므로 집합 **K**는 체field를 형성한다. 간단히 말해서 **K**는 **R**의 부분체subfield 이다.

K의 원소를 이용하면 임의의 길이의 제곱근도 작도할 수 있다(그림 46 참조).● 길이가 1인 직선에서 출발하여 그림 45의 작도법을 적용하면 2, 3, 4, …, 1/2, 1/3, 2/3, … 등 길이가 유리수인 모든 직선을 작도할 수 있고, 여기에 그림 46을 적용하면 길이가 $\sqrt{r}$(r는 유리수)인 직선까지 작도 가능하다. 따라서 우리가 작도할 수 있는 직선의 길이는 일반적으로 다음과 같이 표현된다.

● 반원의 원주각이 90°임을 이용하여 비례식을 세우면 된다.

그림 46

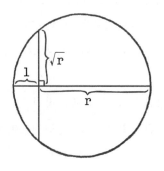

$$p + q\sqrt{r} \quad (p, q, r\text{는 유리수})$$

이런 수의 집합으로 이루어진 체를 F_1이라 하자. 체를 이루려면 곱셈의 역원이 존재해야 하는데, $p + q\sqrt{r}$의 역원은 다음과 같다.

$$(p + q\sqrt{r})^{-1} = \left(\frac{p}{p^2 - rq^2} \right) + \left(\frac{-q}{p^2 - rq^2} \right)\sqrt{r}$$

다시 처음부터 시작해보자. F_1에서 임의의 원소 s를 취하여 $p + q\sqrt{s}$의 형태로 표현되는 모든 가능한 길이를 작도한다(p, q도 F_1의 원소이다.). 이렇게 만들어진 '직선 길이의 집합' F_2는 F_1보다 큰 체를 형성한다. 이제 F_2에서 출발하여 이전과 동일한 과정을 반복하면 $F_3, F_4, F_5, \cdots\cdots$가 순차적으로 만들어질 텐데, 이들의 포함관계는 다음과 같다.

$$\mathbf{Q} \subseteq F_1 \subseteq F_2 \subseteq F_3 \subseteq \cdots \subseteq F_k \subseteq F_{k+1} \subseteq \cdots$$

물론 우리는 임의의 F_i에 속하는 어떤 길이도 작도할 수 있다.

그 외에 다른 길이도 작도할 수 있을까? 물론 $r, s, \cdots\cdots$ 등 다른 원소를 골라서 제곱근을 취할 수도 있지만, 이들은 비슷한 계열의 체에 속한다. 서술한 방법 외에 다른 방법으로 직선을 작도할 수는 없을까?

모든 기하학적 작도법은 다음 3단계를 통해 이루어진다.

(i) 양끝점이 주어진 두 선분의 교점 찾기

(ii) 양끝점이 주어진 선분과 중심 및 반지름이 주어진 원의 교점(들) 찾기(반지름이 주어졌다는 것은 원의 반지름과 길이가 같은 선분이 이미 작도되어 있음을 의미한다.)

(iii) 중심과 반지름이 주어진 두 원의 교점 찾기

여기에 좌표기하학을 적용하면 다음의 사실을 알 수 있다. (i) 단계에서 알아낼 수 있는 것은 이미 일고 있는 길이의 합과 차이, 그리고 곱과 몫뿐이다. (ii), (iii) 단계에서는 이미 알고 있는 길이의 제곱근을 작도할 수 있지만, 그 이상은 불가능하다. 그러므로 우리가 작도할 수 있는 '모든' 길이는 F_i에 속해 있다(제곱근을 취할 때는 적절한 $r, s, \cdots\cdots$를 선택해야 한다.).

이제 $\sqrt[3]{2}$를 작도하는 문제로 돌아가보자. 이것이 가능하려면 $\sqrt[3]{2}$는 F_i 중 하나에 속해야 한다. 언뜻 보기에 $\sqrt[3]{2}$는 제곱근($\sqrt{\cdots}$)으로 표현할 수 없을 것 같지만, 느낌만으로 결론을 내릴 수는 없다. 예를 들어,

$$3 + \frac{2}{7}\sqrt{(5+6\sqrt{7})} - \sqrt{13}$$

이 절대로 $\sqrt[3]{2}$가 아니라고 확신할 수 있을까?

장담은 할 수 없지만, 왠지 둘은 다를 것 같다. 한쪽은 제곱근이고, 다른 쪽은 세제곱근이기 때문이다. 제곱근과 세제곱근은 완전히 다른 종

보통 사람을 위한 현대 수학

족이어서 같아질 가능성이 거의 없다.

우선 $\sqrt[3]{2}$가 무리수임을 증명해보자. 이 증명은 $\sqrt{2}$가 무리수임을 보였던 유클리드의 증명과 비슷하다. 일단은 $\sqrt[3]{2}$가 유리수라고 가정하자. 그렇다면 정수 c, d를 이용하여

$$\sqrt[3]{2} = c/d$$

로 쓸 수 있다. 그런데 c와 d는 공약수를 가질 수도 있으므로, 이들을 약분한 최종 결과를 e/f라 하면

$$\sqrt[3]{2} = e/f$$

이고, e와 f는 서로소이다(즉, 1 이외의 공약수가 없다.). 양변을 세제곱한 후 f^3을 이항하면

$$2f^3 = e^3$$

이므로, e^3은 짝수이다. 그런데 홀수의 세제곱은 항상 홀수이므로 e는 절대로 홀수가 될 수 없다. 즉, e는 짝수이다. 그러므로

$$e = 2g$$

로 쓸 수 있는 정수 g가 반드시 존재하며, 이 관계를 위의 식에 대입하면

$$2f^3 = e^3 = (2g)^3 = 8g^3$$

이므로

$$f^3 = 4g^3$$

이 된다. 따라서 f^3은 짝수이며, 위와 비슷한 논리에 의해 f도 짝수여야 한다. 즉,

$$f = 2h$$

로 쓸 수 있는 정수 h가 존재한다. 자, 지금부터가 핵심이다. 앞에서 우리는 c/d를 약분하여 '서로소'인 e와 f를 얻었다. 그런데 논리를 계속 펼치다 보니 $e = 2g$이고 $f = 2h$가 되어, e와 f가 공약수 '2'를 갖는다는 결론에 도달했다.

처음에 가정한 e와 f가 존재하는 한, 이 모순을 피할 길이 없다. 모순을 피하는 유일한 길은 e와 f가 존재하지 않는 것뿐이다. 따라서 c와 d도 존재할 수 없으며, 이는 곧 $\sqrt[3]{2}$가 유리수가 아님을 의미한다. (**증명 끝**)

그다음으로, 길이가 $\sqrt[3]{2}$인 직선을 작도할 수 있다고 가정해보자. 방금 증명한 바와 같이 $\sqrt[3]{2}$는 유리수가 아니므로, $r, s, \cdots\cdots$가 적절하게 선택된 F_k 중 어딘가에 속해야 한다. 이 조건을 만족하는 k는 여러 개가 가능한데, 그중 가장 작은 값을 k라 하자.

$x = \sqrt[3]{2}$라 하면 $x \in F_k$이므로

$$x = p + q\sqrt{t} \qquad (\dagger)$$

로 쓸 수 있다. 여기서 p, q, t는 F_{k-1}에 속하지만, $\sqrt{t}$는 F_k에 속하지 않

는다($\sqrt{t}$가 F_{k-1}에 속하면 $x \in F_{k-1}$이 되는데, 이것은 k가 가장 작은 값이라는 가정에 위배된다.). x가 만족하는 방정식

$$x^3 - 2 = 0$$

에 식 (✝)를 대입하면

$$a + b\sqrt{t} = 0 \quad (✝)$$

이 얻어진다. 여기서

$$a = p^3 + 3pq^2t - 2, \qquad b = 3p^2q + q^3t$$

이다. 그런데 식 (✝)가 만족되려면 a와 b는 둘 다 0이 되는 수밖에 없다. 만일 $b \neq 0$이면

$$\sqrt{t} = -a/b$$

가 되어 F_{k-1}에 속하게 되고, 이것은 k가 가장 작은 값이라는 가정에 또다시 위배되기 때문이다. 따라서 $b = 0$이고, 그 결과로 $a = 0$이다.

이제 다음과 같은 수를 생각해보자.

$$y = p - q\sqrt{t}$$

양변을 세제곱하면

$$y^3 - 2 = a - b\sqrt{t}$$

가 되는데(a와 b는 앞서 정의된 값과 같다.), $a = b = 0$이므로

$$y^3 - 2 = 0$$

이 되어야 한다. 즉, y도 2의 세제곱근이라는 뜻이다. 이상하지 않은가? 2의 실수 세제곱근은 단 하나뿐인데, x와 y는 둘 다 실수이면서 2의 세제곱근이라는 결론에 도달했다. 이 모순적인 상황을 피하는 유일한 길은 $x = y$가 되는 것뿐이다. 즉,

$$p + q\sqrt{t} = p - q\sqrt{t}$$

가 되어야 하고, 따라서 $q = 0$이어야 한다. 그러면 식 (†)에 의해 $x = p$가 되는데, p는 앞서 말한 대로 F_{k-1}에 속해 있으므로 x도 F_{k-1}에 속한다. 자, 또다시 모순이 초래되었다. 'k는 x가 속하는 F_k 중 가장 작은 값'이라고 가정했는데, 이 가정이 또다시 위배된 것이다. 그렇다면 모순의 시발점은 어디일까? 지금까지 펼친 논리를 거꾸로 되짚어보면 $x = \sqrt[3]{2}$라는 가정이 바로 그 시발점이었다. 따라서 우리가 모순을 피하려면 이 가정을 철회하는 수밖에 없다. 즉, '$\sqrt[3]{2}$는 기하학적 방법으로 작도할 수 없다.' 〔증명 끝〕

다른 기하학적 작도문제도 이와 비슷한 방법으로 해결할 수 있다. 예를 들어, $60°$를 3등분하는 문제는

$$x^3 - 3x = 1$$

을 만족하는 x를 작도하는 문제로 귀결되는데, 위와 비슷한 논리를 거치면 불가능하다는 것을 증명할 수 있다. 또한 주어진 원과 면적이 동일한 정사각형을 작도하는 '원적문제squaring the circle'는 $x = \pi$를 작도하는 문제로 귀결된다. 그런데 F_i에 속한 수들은 오직 제곱근을 취함으로써 구할 수 있는 수이기 때문에, 다음과 같은 형태의 다항방정식을 만족해야 한다.

$$a_n x^n + a_{n-1} x^{n-1} + \cdots + a_1 x + a_0 = 0$$

여기서 모든 계수(a_n, a_{n-1}, $\cdots$, a_1, a_0)는 유리수이다. 독일의 수학자 페르디난트 폰 린데만Ferdinand von Lindemann은 길고 난해한 정리를 통해 원주율 π가 다항방정식의 해가 될 수 없음을 증명했다.[3] 따라서 주어진 원과 면적이 같은 정사각형을 작도하는 것은 불가능하다.

이왕 여기까지 온 김에 '정다각형 작도문제'도 생각해보자. 정n각형을 작도하는 문제는 다음 방정식과 밀접하게 관련되어 있다.

$$x^{n-1} + x^{n-2} + \cdots + x + 1 = 0$$

여기서 다소 복잡한 분석과정을 거치면 다음과 같은 결과가 얻어진다. 정n각형이 작도 가능하려면 n은 아래의 조건을 만족해야 한다.

$$n = 2^a \cdot p_1 \cdot \cdots \cdot p_b$$

여기서 p_1, p_2, $\cdots$ p_n은 각기 다른 소수로, 다음과 같은 형태로 표현된다.

$$2^{2^{c}} + 1$$

지금까지 알려진 바에 따르면, 이 조건을 만족하는 소수는 $c = 0, 1, 2, 3,$ 4일 때뿐이며, 각 경우에 해당하는 소수의 값은 3, 5, 17, 257, 65537이다. 즉, 자와 컴퍼스로 작도할 수 있는 정다각형은 정3각형과 정5각형, 정17각형, 정257각형, 그리고 정65537각형이다!

이들은 "이론적으로 완벽하게 작도할 수 있는" 정다각형이다. 그러나 현실적으로 정다각형이 필요할 때에는 충분히 작은 n에 대한 근사적 작도만으로 충분하다(n이 너무 크면 한 변의 길이가 너무 짧아서 육안으로 식별하기 어렵다!).

합동

앞에서 나는 독자들에게 "모듈 n의 정수 체계는 환을 형성한다."는 것을 증명하겠다고 약속했다.

그런데 증명을 시작하기 전에 해결해야 할 문제가 하나 있다. 환이 만족하는 법칙은 등식으로 표현되는데, 모듈 n의 정수 체계에서는 등식이 아닌 '합동congruence'의 개념을 사용해야 하기 때문에 약간의 준비 과정이 필요하다. 이 문제를 해결한 후 모듈 n의 정수 체계가 대수법칙 (1)~(8)을 만족한다는 것을 증명하면 된다.

일단 '모듈 7'을 예로 들어보자. 3장에서 우리는 정수의 집합 $\mathbf{Z}$가 요일에 따라 일곱 종류로 나뉜다는 사실을 확인한 바 있다. 예를 들어, 수요일에 해당하는 정수의 집합은 {…, -11, -4, 3, 10, 17, …}이며, 이들은 $7n+3$ (n = …, -2, -1, 0, 1, 2, …)의 형태로 쓸 수 있다.

이 수들은 모듈 7에서 3과 합동이다. x와 합동인 수의 집합을 $[x]$로 표기하면 각 요일에 대응되는 날짜는 [0], [1], [2], [3], [4], [5], [6]으로 분류된다. 이와 같은 집합 $[x]$를 '합동류congruence class'라 한다. 또한 0과 합동인 수는 7과도 합동이므로 [7]=[0], [8]=[1], [9]=[2]이다.

3장에서 우리는 7 = 0이나 8 = 1, 9 = 2와 같은 '등식'을 사용했는데, 이때 사용된 등호(=)는 같다는 뜻이 아니었다. 그러나 [7]=[0]의 등호는 정말로 같다는 뜻이다. 즉, 집합 [7]과 집합 [0]은 완전히 동일한 집합이다. 그러므로 합동관계를 나타내는 식에 적절한 대괄호([ ])를 삽입하면 합동을 등식으로 바꿀 수 있다.

이 작업을 성공적으로 수행하려면 합동류의 덧셈과 곱셈을 정의해야 한다. 쉬운 일은 아니지만, 이 장의 서두에서 환 S를 "임의의 집합 T의 부분집합으로 이루어진 집합"으로 정의한 적이 있으므로, 집합의 덧셈과 곱셈은 생소한 개념이 아니다.

모듈 7의 덧셈표와 곱셈표를 이용하여 합동류의 연산을 정의해보자. 방법은 간단하다. 그냥 모든 숫자를 대괄호로 에워싸면 된다.

$$[4] + [5] = [2]$$
$$[3] + [1] = [4]$$
$$[5] \times [2] = [3]$$

이 정도면 출발은 그런 대로 괜찮은 것 같다. 그러나 여기에는 중요한 정보가 숨어 있다. [2]는 [9]와 같으므로 [4]+[5] = [9]이며, [3] = [10]이므로 [5]×[2] = [10]이다. 즉, 일상적인 수의 연산과 완전히 똑같다. 일반적으로는 다음과 같이 쓸 수 있다.

$$[a] + [b] = [a + b]$$
$$[a] \times [b] = [ab] \qquad (*)$$

이들이 이전과 동일한 덧셈표와 곱셈표를 만족하는지 직접 증명해보기 바란다. 증명에 성공했다면 대괄호가 있는 연산과 없는 연산이 기본적으로 동일하다는 사실을 알게 될 것이다.

그렇다면 지금까지 머리를 굴려가며 어렵게 해온 연산이 일상적인 연산과 같다는 말인가? 다행히도 그렇지는 않다. 덧셈과 곱셈은 일상적인 연산과 같지만 [7] = [0]처럼 유별난 특성은 여전히 존재한다. 그러니까 일상적 연산에 '7의 배수를 0으로 취급한다.'는 조항이 추가된 셈이다. 이것은 앞에서 다뤘던 '모듈 7 연산'과 완전히 똑같다.

이제 모듈 7 정수 체계의 연산법칙이 일상적인 연산법칙과 동일하다는 사실을 알았으므로, 이들이 환을 이룬다는 것도 그리 놀라운 일은 아닐 것이다. 예를 들어, 법칙 (8)의 증명과정은 다음과 같다.

$$\begin{aligned}
[a] \cdot ([b]+[c]) &= [a] \cdot ([b + c]) &&\text{(덧셈의 정의)}\\
&= [a(b + c)] &&\text{(곱셈의 정의)}\\
&= [ab + ac] &&\text{(일상적인 수의 대수법칙 (8))}\\
&= [ab] + [ac] &&\text{(덧셈의 정의)}\\
&= ([a] \cdot [b]) + ([a] \cdot [c]) &&\text{(곱셈의 정의)}
\end{aligned}$$

그 외의 법칙들도 이와 비슷한 방식으로 증명할 수 있다. 해보면 알겠지만, 모든 연산은 일상적인 정수의 연산으로 귀결된다.

임의의 모듈 n의 경우도 증명 방법은 거의 비슷하다. 가장 먼저 합동류 $[x]$를 정의하고 식 (*)를 이용하여 덧셈과 곱셈을 정의한 후, 대수법

보통 사람을 위한 현대 수학

칙 (1)~(8)을 증명하면 된다.

식 (∗)는 겉으로 보이는 것보다 훨씬 심오한 내용을 담고 있다. 이 규칙에 따르면 [1]+[3]=[4]이면서 [8]+[10]=[18]이다. 그런데 [1]=[8]이고 [3]=[10]이므로 언뜻 보면 같은 수를 더했는데 결과가 다른 것 같다. 그러나 [4]=[18]이므로 결국은 동일한 답을 주고 있다.

지금까지는 운이 좋았지만, 항상 그런 것은 아니다. 정수의 집합 **Z**를 두 개의 부분집합

$$P = \{정수 \le 0\}$$
$$Q = \{정수 > 0\}$$

로 쪼개고, P와 Q 중 x가 속한 집합을 $[x]$라 하면(x가 속한 합동류를 $[x]$로 표기한 것과 비슷하다.) 당장 문제가 발생한다. 식 (∗)를 이용하여 $P+Q$를 정의하면

$$P + Q = [-5] + [1] = [-5 + 1] = [-4] = P$$
$$P + Q = [-3] + [6] = [-3 + 6] = [3] = Q$$

가 되어, 하나의 연산($P+Q$)이 두 개의 서로 다른 결과를 낳게 된다. 즉, 위에서 정의한 P와 Q에 관한 한, 식 (∗)의 정의를 적용할 수 없다. 사실 이 경우에 (∗)는 정의라고 할 수도 없다.

그러나 합동류의 경우 (∗)는 모호한 구석이 전혀 없고 증명하기도 쉽다. $[a]=[a']$이고 $[b]=[b']$이면 $a-a'=jn$이고 $b-b'=kn$이다(j와 k는 정수이고 n은 모듈이다.). 따라서 $(a+b)-(a'+b')=(j+k)n$이므로 $[a+b]=[a'+b']$이 되어 모든 것이 정상이다. 합동류의 +와 ∙ 연산은 식

(*)를 통해 명확하게 정의된다.

복소수

복소수는 방정식 $x^2+1=0$의 해를 구할 때 마주치게 된다.[4] 이 방정식이 만족되려면 자기 자신을 제곱하여 -1이 되는 수가 존재해야 하는데, 우리가 아는 수 중에 이런 수는 없다. 그래서 지금부터 $i^2=-1$인 새로운 수 i를 도입하고자 한다. 이 수를 마음 놓고 더하거나 곱하려면 $a+bi$의 형태로 표현되는 새로운 수 체계를 정의한 후(a와 b는 실수이다.) 대수법칙이 제대로 적용되는지 확인해야 한다. 모든 것이 정상적으로 작동하면 나눗셈도 마음 놓고 할 수 있다.

이 정도면 대충 된 것 같은데, 왠지 마음 한구석이 찜찜하다. 새로 도입한 수 i의 정체가 여전히 오리무중이기 때문이다. 사실 i는 현실세계에 존재하는 수가 아니다. 그래서 실수를 'real number'라 하고, i를 '허수 imaginary number(상상의 수)'라 부르는 것이다.

복소수는 '모듈 n의 정수'와 비슷한 방법으로 도입할 수 있다.● 모듈 7 정수 체계에서는 7 = 0이므로, 모든 정수는 모듈 7짜리 합동류 중 하나에 포함된다. 이와 비슷하게 $x^2+1=0$을 요구하면 모듈 x^2+1짜리 합동류를 만들 수 있다. 물론 이것은 일반적인 이야기고, 가장 시급한 일은 복소수의 소재를 확인하는 것이다.

x는 어딘가에 분명히 존재한다. 우리가 원하는 것은 현실적인 결과이므로, 일단은 $x+x$나 xxx, $xxxx+7x-3$과 같은 현실적인 연산에서

● a, b가 실수일 때 $a+bi$의 형태로 표현되는 수를 '복소수complex number'라 하고, a를 실수부real part, b를 허수부imaginary part라 한다. 허수는 $a=0$인 수를 통칭하는 용어이다.

시작해보자. 이들은 실수계수를 갖는 x의 다항식처럼 보인다(사실이 그렇다.). 다항식을 더하고 빼고 곱하는 방법은 이미 알고 있고, 연산법칙이 성립한다는 사실도 알려져 있다(원한다면 직접 증명할 수도 있다.). 이는 곧 다항식이 환을 형성한다는 뜻이다. 이 환을 $\mathbf{R}[x]$라 하자. 여기서 $\mathbf{R}$는 다항식의 계수가 실수라는 뜻이고 x는 다항식의 변수이며, 대괄호는 어떤 합동류여도 상관없다는 뜻이다.

우리는 $\mathbf{R}[x]$에서 모듈 x^2+1인 합동류를 취할 수 있다. 두 다항식의 차이가 x^2+1로 나누어떨어질 때, 이들은 합동으로 간주된다. 예를 들어,

$$x^3 + x^2 - 2x + 3 = (x^2 + 1)(x + 1) + (-3x + 2)$$

이므로

$$x^3 + x^2 - 2x + 3 \equiv -3x + 2 \quad (\bmod\ x^2 + 1)$$

이다. 실제로 임의의 다항식에서 x^2+1의 배수만큼 빼나가면 최종적으로 남는 것은 항상 $ax+b$의 형태이므로(a, b는 실수), 모든 다항식은 $ax+b$와 합동이다.

상수다항식은 실수와 같다. 여기에 모듈 x^2+1을 취해도 마찬가지다. 모듈 x^2+1의 다항식은

$$x^2 \equiv -1 \quad (\bmod\ x^2 + 1)$$

을 만족하므로, 거동방식이 허수 i와 비슷하다. 따라서 다항식 $ax + b$는 복소수 $ai + b$와 비슷한 특성을 갖고 있다.

모듈 n의 정수 체계와 마찬가지로 모듈 x^2+1의 합동류는 연산법칙 (1)~(8)을 만족한다. 다른 점이라곤 이들이 일반적인 환 $[x]$ 대신 다항식환 $\mathbf{R}[x]$를 형성한다는 것뿐이다.

마지막으로 또 한 가지 짚고 넘어갈 것이 있다.

$$(ax + b)(-ax + b) \equiv -a^2x^2 + b^2$$
$$\equiv a^2 + b^2$$

이므로, $ax + b$의 곱셈에 대한 역원은

$$\left(\frac{-a}{a^2 + b^2}\right)x + \left(\frac{b}{a^2 + b^2}\right)$$

이다(단, $ax + b \neq 0$). 이것으로 체field가 완성되었다.

처음 시작했던 $\mathbf{R}[x]$는 체가 아니었으므로, 이것은 일종의 보너스라 할 수 있다. 그러나 모듈 n의 정수 체계에서도 동일한 현상이 나타난다. 처음 출발한 정수의 집합 $\mathbf{Z}$는 체가 아니지만, n이 소수일 때 모듈 n 정수 체계는 체를 형성한다. 지금의 경우도 마찬가지다. 다항식 x^2+1은 더 이상 인수분해될 수 없으므로 다항식환의 '소수'에 해당한다.

지금까지 언급된 내용만 알고 있으면, 이로부터 복소수의 모든 특성을 유도할 수 있다.

사실 이것이 복소수를 도입하는 최선의 방법은 아니다. 그러나 학생들이 모듈 n 연산에 익숙하고 복소수 연산에 약간의 경험이 있다면 이런 식으로 도입해도 많은 도움이 될 것이다. 심지어는 복소수를 '모듈 x^2+1 다항식의 합동류'로 정의할 수도 있다. 색다른 정의지만 신비로운 구석은 전혀 없다.

간단한 응용

환이론과 체이론은 추상대수학과 무관한 분야에서도 유용하게 써먹을 수 있다.

솔리테어 게임solitaire game은 그림과 같이 구멍 33개에 핀을 꽂은 상태에서 시작된다(가운데 구멍은 핀을 꽂지 않고 비워둔다.).

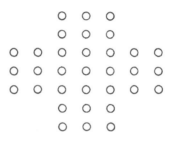

참가자는 핀을 이동할 때 이웃한 핀을 가로 방향이나 세로 방향으로 뛰어넘어야 하고, 한번 뛰어넘은 핀은 게임판에서 제거된다.● 게임의 목적은 핀을 하나만 남기고 모두 제거하는 것이다. 그런데 게임을 계속하다보면 마지막 핀은 대체로 게임판의 중앙에 놓인 채로 끝난다. 이 게임을 많이 해본 사람은 마지막 핀이 중앙에 놓이지 않을 수도 있지만 아무 위치에서나 끝나지 않는다는 것을 경험을 통해 알고 있을 것이다. 마지막 핀이 놓일 수 있는 위치에 어떤 제한 조건이 있는 것 같다.

질문: 마지막 핀이 놓일 수 있는 위치는 어디인가? 네덜란드의 수학자 더브라윈de Bruijn은 네 개의 원소로 이루어진 체를 이용하여 답을 찾아냈다.[5] 체의 원소는 $0, 1, p, q$이며, 이들의 덧셈표와 곱셈표는 다음과 같다.

● 단, 핀은 한 번에 한 개만 뛰어넘을 수 있고, 뛰어넘은 후 도달할 자리에 다른 핀이 없어야 한다. 적절한 배열에서는 징검다리를 건너듯 여러 번 이동하여 한 번에 여러 개의 핀을 제거할 수 있다.

+	0	1	p	q
0	0	1	p	q
1	1	0	q	p
p	p	q	0	1
q	q	p	1	0

×	0	1	p	q
0	0	0	0	0
1	0	1	p	q
p	0	p	q	1
q	0	q	1	p

$\{0, 1, p, q\}$가 체를 형성한다는 것을 어렵지 않게 증명할 수 있다(직접 해 볼 것을 권한다.).

위의 표에 따르면 p는 다음 방정식을 만족한다.

$$p^2 + p + 1 = 0 \qquad (\S)$$

(이것은 매우 중요한 특성이다. 바로 이 방정식을 만족시키기 위해 위와 같은 체를 선택한 것이다.) 그 이유는 다음과 같다.

$$p^2 + p + 1 = q + p + 1$$
$$= 1 + 1$$
$$= 0$$

이제 게임판의 각 구멍에 다음과 같은 좌표를 할당한다.

$$(-1, 3) \quad (0, 3) \quad (1, 3)$$
$$(-1, 2) \quad (0, 2) \quad (1, 2)$$
$$(-3, 1) \quad (-2, 1) \quad (-1, 1) \quad (0, 1) \quad (1, 1) \quad (2, 1) \quad (3, 1)$$
$$(-3, 0) \quad (-2, 0) \quad (-1, 0) \quad (0, 0) \quad (1, 0) \quad (2, 0) \quad (3, 0)$$

$$(-3, -1) \quad (-2, -1) \quad (-1, -1) \quad (0, -1) \quad (1, -1) \quad (2, -1) \quad (3, -1)$$
$$(-1, -2) \quad (0, -2) \quad (1, -2)$$
$$(-1, -3) \quad (0, -3) \quad (1, -3)$$

게임판에 핀이 꽂혀 있는 상태를 나타내려면 새로운 함수가 필요하다. 각 핀의 좌표로 이루어진 집합을 S라 하고 게임판에 남아 있는 핀의 좌표를 (k, l)이라 했을 때, 상태함수는 다음과 같이 정의된다.

$$A(S) = \Sigma p^{k+l}$$

Σ는 '모든 핀에 대하여 더한다.'는 뜻이다(A의 정의역은 핀이 꽂혀 있는 좌표의 집합이고, 공역은 네 개의 원소 $\{0, 1, p, q\}$이다.). 예를 들어, 핀의 상태가 아래 그림과 같을 때(검은색 동그라미는 핀이 꽂혀 있는 곳이다.)

S는 $\{(-2, -1), (-1, 0), (0, 0), (0, -1), (2, 0), (1, 2)\}$이다. 그리고 상태함수는

$$A(S) = p^{-2-1} + p^{-1+0} + p^{0+0} + p^{0-1} + p^{2+0} + p^{1+2}$$
$$= p^{-3} + p^{-1} + p^0 + p^{-1} + p^2 + p^3$$

$$= 1 + q + 1 + q + q + 1$$
$$= 1 + q$$
$$= p$$

가 된다. 함수 A는 매우 바람직한 성질을 갖고 있다. 핀 하나를 규칙에 따라 옮겨서 상태 S가 T로 바뀌었다면, $A(S) = A(T)$이다. 즉, 핀을 규칙에 따라 옮기는 한 상태함수는 게임 내내 변하지 않는다.

과연 그런지 확인해보자. 두 개의 핀이 (k, l)과 $(k-1, l)$에 놓여 있는데, 오른쪽에 있는 핀이 왼쪽 핀을 뛰어넘었다. 그러면 $(k-1, l)$에 있던 핀은 게임판에서 제거되고 $(k-2, l)$에 하나의 핀만 남게 된다. 따라서 상태함수의 차이는 다음과 같다.

$$
\begin{aligned}
A(\text{이동 후}) - A(\text{이동 전}) &= p^{k-2+l} - p^{k-1+l} + p^{k+l} \\
&= p^{k+l}(p^{-2} - p^{-1} - 1) \\
&= p^{k+l}(p + p^2 + 1) \\
&= 0 \qquad \text{[식 (§)에 따라]}
\end{aligned}
$$

오른쪽, 위, 아래로 이동한 경우도 이와 비슷하게 증명할 수 있다.

아래와 같이 정의된 함수 $B(S)$도 $A(S)$와 비슷한 성질을 갖는다.

$$B(S) = \Sigma p^{k-l}$$

(이 경우에도 Σ는 모든 $(k, l) \in S$에 대하여 수행한다.) 따라서 모든 상태에

$$(A(S), B(S))$$

를 대응시킬 수 있다. 그 외에 만들 수 있는 가능한 쌍은 총 16가지이며, 이들 모두는 게임 규칙을 준수하면서 형성된 상태 S의 함수이다.

게임의 초기 상태에 $A(S) = B(S) = 1$이다. 앞에서 증명한 대로, 도중에 규칙을 어기지 않는 한 이 값은 게임이 끝날 때까지 변하지 않는다. 마지막 하나 남은 핀의 위치가 (k, l)이라면 $A(S)$와 $B(S)$는 정의에 따라

$$A(S) = p^{k+l}$$
$$B(S) = p^{k-l}$$

이고, 이 값은 k와 l에 상관없이

$$p^{k+l} = p^{k-l} = 1$$

이어야 한다. 그런데 p의 거듭제곱 중 1이 될 수 있는 것은 p^{-6}, p^{-3}, p^{0}, p^{3}, ……이며, 일반적으로 p^{3n}이다. 따라서 $k+l$과 $k-l$은 3의 배수가 되어야 하고, 이 조건을 만족시키려면 k와 l은 3의 배수여야 한다. 그러므로 최후의 핀이 놓일 수 있는 위치는 (-3, 0), (0, 3) (3, 0), (0, -3), 그리고 (0, 0)이다.

지금까지 펼친 논리만으로는 방금 나열한 위치(좌표)들이 실제로 가능하다는 것을 입증할 수 없지만, 불가능한 위치를 걸러낼 수는 있다. 이 논리에 따라 불가능한 것을 걸러내다보면 위와 같은 결론에 도달하게 된다.

이 논리는 게임판의 형태를 바꿔도 똑같이 적용될 수 있다(단, 게임판의 구멍은 가로줄과 세로줄을 따라 나 있어야 하고, 동일한 규칙이 적용되어야 한다.). 게임판을 3차원으로 확장하면 이동 가능한 방향이 동서남북 외에

상하까지 추가되어 엄청나게 복잡해지지만, 우리의 논리는 그대로 적용된다.

7장

대칭과 군

> "이 문제는 수학을 전혀 모르는 사람도 답을 구할 수 있습니다.
> 군론을 이용하면 됩니다!"
>
> – 케임브리지대학교의 한 교수

인간은 오래전부터 자연에서 다양한 대칭을 발견해왔다. 우리의 몸도 세로축(정확하게는 세로면)을 중심으로 거의 대칭형이어서, 거울을 통해 좌우가 바뀌어도 별로 어색하지 않다. 이런 종류의 대칭을 좌우대칭bilateral symmetry이라 한다.

영국 맨섬Isle of Man●의 상징인 '달리는 다리'와 불교나 절을 상징하는 '만'자는 회전대칭rotational symmetry을 취하고 있다.

그림 47

● 잉글랜드와 북아일랜드 사이의 아일랜드해 중앙에 있는 섬

개중에는 여러 개의 선에 대하여 대칭인 도형도 있고, 좌우대칭과 회전대칭이 동시에 존재하는 경우도 있다. 정사각형은 대각선에 대하여 좌우대칭이며, 중심을 지나면서 각 변과 평행한 선에 대해서도 좌우대칭이다. 또한 가운데를 중심으로 $90°$ 돌아가는 회전에 대해서는 회전대칭을 취하고 있다.

벽지의 무늬는 시선을 다양한 방향으로 이동해도 달라지지 않는다. 이와 같이 특정 방향으로 이동해도 외형이 달라지지 않는 대칭을 병진대칭translational symmetry이라 한다.

대칭은 수학적으로 막강한 위력을 갖고 있다. 임의의 물체에 존재하는 대칭은 그 물체를 수학적으로 서술하는 데 엄청난 도움이 된다. 2장에서 이등변삼각형의 두 밑각이 같다는 것을 증명할 때에도 결국은 이등변삼각형이 좌우대칭임을 증명하는 것으로 귀결되었다. 물리학에 등장하는 에너지 보존법칙도 우주가 갖고 있는(정확하게는 갖고 있을 것으로 추정되는) 어떤 대칭성에서 유도된 결과이다. 대칭의 근본적 특성은 수학적 분석을 통해 알아낼 수 있다. 물론 가장 먼저 할 일은 대칭을 수학적으로 정의하는 것이다. 대칭을 정확하게 정의하지 않으면 '대칭'과 '아름다움', 그리고 '복잡함'을 혼동하기 쉽다.

대칭의 핵심은 '움직여도 변하지 않는 외형'이다. 그러나 물체(또는 도형)를 이동시키면 물체를 이루는 각각의 점은 더 이상 원래의 위치에 있지 않다. 예를 들어, 그림 48과 같이 정사각형 $ABCD$를 시계 방향으로 $90°$ 회전시키면 A는 B로, B는 C로, C는 D로, D는 A로 이동한다.

그러므로 중요한 것은 점이 아니라 도형을 이동시키는 방식이다. '$90°$ 회전'이나 '세로축에 대한 반전'은 정사각형의 대칭을 말해준다. 이것이 바로 2장에서 말했던 '강체운동rigid motion'으로, $\mathbf{R}^2$ 평면을 정의역과 공역으로 갖는 함수로 나타낼 수 있다.

그림 48

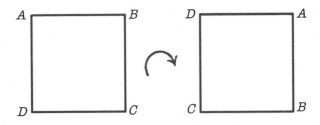

그러므로 $\mathbf{R}^2$의 부분집합 S에 존재하는 대칭은 $f: \mathbf{R}^2 \rightarrow \mathbf{R}^2$이라는 강체운동으로 정의할 수 있다. 즉, x가 S에 속한 원소이면 x에 함수를 적용하여 얻은 $f(x)$도 S에 속한다. 이 조건은 간단하게 $f(S)=S$로 쓸 수도 있다(S는 원소가 아니라 집합이다!). 기하학적으로 말하면 S의 대칭이란 S를 같은 평면에 묶어두는 강체이동에 해당한다(물론 S에 속한 개개의 점들은 이동할 수 있다.).

대칭을 2차원 평면에 한정지을 필요는 없다. 3차원 공간에서도 대칭변환은 얼마든지 가능하다.

그림 47에 소개했던 '달리는 다리'는 명백한 대칭을 갖고 있다. 그림 전체를 (예를 들어, 시계 방향으로) 120°만큼 회전시켜도 전체적인 형태는 변하지 않는다. 이 변환에 대응되는 함수(또는 강체운동)를 w라 하고, 240° 회전시키는 함수를 v라 하자. '달리는 다리'의 대칭은 이것이 전부인 것 같지만, 항상 그렇듯이 수학 공부를 하다보면 사소한 것을 놓치기 쉽다. '아무런 변환도 가하지 않는 함수', 즉 항등함수도 대칭 목록에 포함시켜야 한다.

항등함수는 원래 그림을 있는 그대로 보존하는 함수이므로 변환 후에도 모든 점이 그 자리에 있다. 이것은 정의에 의해 '원본을 그대로 보존하는 변환'에 속하므로 당연히 대칭에 포함되어야 한다.* 이 변환을

보통 사람을 위한 현대 수학

I라 하면 '달리는 다리'의 대칭집합은 $\{w, v, I\}$로 요약된다.

시계 방향으로 $240°$ 회전변환은 $120°$ 회전변환을 두 번 연달아 가한 것과 같다. 즉, $ww = v$이다(함수의 곱셈은 5장에서 정의했다.). ww를 w^2으로, www를 w^3으로 표기하면, $w^2 = v$로 쓸 수 있다. 또한 $240°$ 회전변환을 두 번 연달아 가하면 원본은 $480°$ 돌아가는데, 한 바퀴는 $360°$ 이므로 $480-360=120°$ 돌아간 것과 같다. 따라서 $v^2 = w$이다. I, w, v를 이리저리 곱해보면 다음과 같은 곱셈표를 얻을 수 있다.

$$
\begin{array}{c|ccc}
\times & I & w & v \\
\hline
I & I & w & v \\
w & w & v & I \\
v & v & I & w
\end{array}
$$

(곱하는 순서는 세로줄×가로줄이다.)

이 표로부터 $w^3 = I$임을 확인할 수 있다. $120°$ 회전을 세 번 가하면 처음 위치로 돌아오므로, 이것은 당연한 결과이다.

위에서 보다시피 I, w, v 중 두 개를 임의로 골라서 곱하면 I, w, v 중 하나가 된다. 이런 경우에 대칭의 집합이 곱셈에 대하여 '닫혀 있다 closed'고 말한다. I를 대칭변환에 포함시키지 않았다면 대칭의 집합은 곱셈에 대하여 열려 있을 것이고, 이것은 일상적인 숫자연산에서 두 수를 더한 결과가 원래의 수집합에 속하지 않는 것과 비슷하다.[◆] I가 없어도 어떻게든 논리를 펼칠 수 있지만, 편할 길을 놔두고 일부러 가시밭 길을 갈 필요는 없다.

● '달리는 다리'뿐만 아니라 모든 물체는 항등변환에 대하여 대칭이다.
◆ 실수집합에서 0을 제외시키면 두 개의 수를 더할 때 이런 일이 발생한다.

대칭의 집합과 이들 사이의 곱셈연산은 '군群, group'이라는 수학적 구조의 한 사례다. 군의 정확한 정의는 잠시 후에 내릴 예정이니, 지금 당장은 이름만 기억하면 된다. 지금 우리는 '달리는 다리'의 대칭군 symmetry group을 찾아냈다.

모든 도형은 대칭군을 갖고 있다. 사람의 몸은 항등변환 I와 좌우반전변환 r에 대하여 대칭이며, 이들의 곱셈표는 다음과 같다.

$\times$	I	r
I	I	r
r	r	I

보다시피 I와 r로 이루어진 대칭의 집합도 곱셈에 대하여 닫혀 있다. 이번에는 좀 더 복잡한 사례를 들어보자. 그림 49와 같은 정삼각형은 여섯 가지 대칭을 갖고 있다,

그림 49

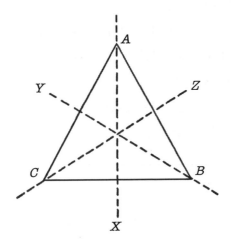

보통 사람을 위한 현대 수학

정삼각형의 대칭목록은 항등변환 I와 시계 방향으로 120° 회전 w, 240° 회전 v, 그리고 직선 X, Y, Z에 대한 반전변환 x, y, z이다(삼각형이 움직여도 직선 X, Y, Z는 움직이지 않는 것으로 간주한다.). '달리는 다리'의 경우 좌우 반전변환을 했을 때 발의 방향이 바뀌기 때문에 반전대칭이 존재하지 않았다.

대칭의 집합 $K = \{I, w, v, x, y, z\}$는 곱셈에 대하여 닫혀 있으며, 이들의 곱셈표는 다음과 같다.

×	I	w	v	x	y	z
I	I	w	v	x	y	z
w	w	v	I	z	x	y
v	v	I	w	y	z	x
x	x	y	z	I	w	v
y	y	z	x	v	I	w
z	z	x	y	w	v	I

예를 들어, wx는 'x를 먼저 적용한 후 w를 적용한다.'는 뜻이다. 즉, 정삼각형

$$A$$
$$C \quad B$$

에 반전변환 x를 가하면

$$A$$
$$B \quad C$$

가 되고, 여기에 w 변환을 가하면(시계 방향으로 $120°$ 회전)

$$B$$
$$C \quad A$$

가 된다. 그런데 이 결과는 초기 상태에 반전변환 z를 가한 결과와 같으므로 $wx = z$이다.

하나만 더 확인해보자. 초기 상태에 반전변환 z를 가하면

$$B$$
$$C \quad A$$

가 되고, 여기에 반전변환 y를 가하면

$$C$$
$$B \quad A$$

가 된다(다시 한 번 강조하지만, 반전변환의 중심축 X, Y, Z는 고정되어 있다.). 이 결과는 초기 상태에 w를 가한 결과와 같다. 따라서 $yz = w$이다.

앞의 곱셈표는 한번쯤 확인할 필요가 있다. 가장 쉬운 방법은 종이로 정삼각형을 오려서 앞뒷면에 A, B, C와 X, Y, Z를 연필로 표시해놓고 곱셈표에 따라 일일이 변환을 시도해보는 것이다.

일반적으로 도형의 대칭군을 찾아내려면

(i) 모든 대칭변환을 찾은 후

(ii) 이들로 이루어진 곱셈표를 작성해야 한다.

어떤 경우에도 대칭군의 원소들은 곱셈에 대하여 닫혀 있다. 다행이긴 한데, 이것은 결코 우연이 아니다. f와 g가 강체변환이면 fg도 강체변환이다. f와 g에 대하여 S가 불변이면 $fg(S)=f(g(S))=f(S)=S$이므로 fg 변환에 대해서도 S는 불변이다. 그러므로 f와 g가 원형을 바꾸지 않는다면, 이들을 연달아 가해도 변하지 않아야 한다.

3차원 입체도형에도 이와 동일한 논리를 적용할 수 있다. 예를 들어, 정6면체는 24개의 회전대칭을 갖고 있으며, 반전대칭까지 합하면 총 48개이다. 정12면체는 60개의 회전대칭을 포함하여 총 120개의 대칭을 갖고 있다. 그러나 굳이 이런 대칭군을 대상으로 곱셈표를 만드느라 고생할 필요는 없다! 모든 가능한 곱을 나열하지 않고서도 대칭 사이의 관계를 서술하는 방법이 있긴 있는데, 갈 길이 바쁜 관계로 자세한 설명은 생략한다.[1]

군의 개념

앞의 사례에서 보았듯이, '군'은 산술이론에서 탄생한 '환環, ring' 못지않게 다분히 추상적인 개념이다. 손에 잡히지 않는 개념을 다룰 때에는 일단 수학적 정의부터 내리는 것이 상책이다. 구체적인 성질은 그 뒤에 논해도 늦지 않다.

군은 다음과 같은 요소로 이루어져 있다.

(1) 집합 G

(2) G의 속한 임의의 원소 x, y로 실행 가능한 연산 '$*$'(단, $x*y$도 G에 속해야 한다.).

(3) 결합법칙 G에 속한 임의의 x, y, z는 다음 조건을 만족해야 한다.

$$x*(y*z) = (x*y)*z$$

(4) 항등원 - 집합 G에는 $x \in G$인 임의의 x에 대하여 다음의 조건을 만족하는 항등원 I가 존재해야 한다.

$$I*x = x = x*I$$

(5) 역원: 집합 G에는 $x \in G$인 임의의 x에 대하여 다음의 조건을 만족하는 역원 x'이 존재해야 한다.

$$x*x' = I = x'*x$$

군은 다양한 상황에서 나타날 수 있는데, 대표적 사례는 다음과 같다.

(i) 그림 47의 '달리는 다리'에서 G는 대칭의 집합 $\{I, w, v\}$이고 연산 $*$는 대칭의 곱(연속적인 대칭변환)이며, 이들의 곱셈표는 165쪽과 같다. 이들이 위에 열거된 군의 요소를 제대로 갖췄는지 확인해보자. 일단 집합 G가 정의되었으니 (1)은 명백한 사실이고, 연산 $*$가 닫혀 있으므로 (2)도 만족된다. 또한 이 성질은 함수에 대해서도 성립하므로 조건 (3)도 만족되고, I는 항등변환이므로 (4)도 만족된다. 마지막으로 $I'=I$, $w'=v$, $v'=w$이므로 (5)도 만족된다.

(ii) G를 정수의 집합 $\mathbf{Z}$로 잡으면($G=\mathbf{Z}$) 조건 (1)이 만족되고, 연산 $*$를 $+$로 잡으면 (2)도 만족된다(두 정수 a와 b를 더한 결과도 역시 정수이다.). 또한 (3)은 6장 서두에서 언급했던 대수법칙 (1)번이므로 역시 만족되고, (4)는 대수법칙 (3)번과 같다(0이 I의 역할을 한다.). 마지막으로 (5)는

보통 사람을 위한 현대 수학

대수법칙 (4)에 의해 만족된다.

(ⅲ) $G = \mathbf{R}$(실수의 집합)이라 하고 *를 +로 잡으면 (ⅱ)와 같은 이유로 군을 형성한다.

(ⅳ) G를 '0이 아닌 유리수'라 하고 *를 ×로 잡으면 G는 집합이 분명하고, 0이 아닌 두 개의 유리수를 곱한 결과는 역시 0이 아닌 유리수이므로 조건 (1)과 (2)가 만족된다. 조건 (3)은 대수법칙 (5)번과 같고, 조건 (4)는 대수법칙 (7)번과 같다(1이 I의 역할을 한다.). 그리고 유리수는 체를 형성하므로, 조건 (5)는 임의의 체가 만족하는 대수법칙 (9)에 의해 자동으로 만족된다.

(ⅴ) 평면에서 취한 임의의 부분집합 S에 존재하는 대칭의 집합을 G라 하고 *를 함수의 곱으로 잡으면 사례 (ⅰ)에 따라 군을 형성한다.

앞에서 열거한 다섯 가지 조건 중 하나라도 충족되지 않는다면 군이 아니다.

예를 들어, −10과 10 사이에 있는 정수의 집합을 G라 하고 *를 덧셈 (+)으로 잡으면 조건 (2)가 충족되지 않으므로(예: 6+6=12) G는 군이 될 수 없다. 또한 1보다 큰 정수의 집합은 덧셈의 항등원이 존재하지 않으므로 조건 (4)에 의해 군이 될 수 없다.

전체 정수의 집합 $\mathbf{Z}$는 뺄셈(−)에 대하여

$$(2 - 3) - 5 = -6 \neq 4 = 2 - (3 - 5)$$

가 되어, 조건 (3)을 만족하지 않으므로 군이 아니다.

모든 유리수의 집합 $\mathbf{Q}$는 곱셈에 대하여 군을 형성하지 못한다. 이 집합에서 곱셈의 항등원은 1인데, $0'0 = 1$을 만족하는 $0'$이 존재하지 않기

때문이다. 임의의 유리수 r에 대하여 $r \times 0 = 0$이므로 $0'0 = 0$이다. 즉, 유리수의 집합은 조건 (5)를 만족하지 못하기 때문에 군이 될 수 없다.

연산 *에 대하여 몇 가지 짚고 넘어갈 것이 있다. 군 G에 속하는 임의의 원소 쌍 (x, y)에 대해 $x*y$도 G의 원소이며, 단 하나의 값으로 결정된다. 이는 곧 정의역이 $G \times G$이고 공역(사실은 치역)이 G인 함수가 *를 통해 정의된다는 뜻이다. $x*y$가 $*(x, y)$의 약식표현이라면, 이 함수는 다음과 같이 쓸 수 있다.

$$*: G \times G \to G$$

그러므로 연산 *가 '$G \times G$에서 G로 가는 함수'임이 분명치 않은 경우를 제외하고, 모든 경우에 조건 (2)를 생략해도 상관없다.

기본 개념을 이해했다면, 편의를 위해 표기를 단순화하는 것이 바람직하다. $x*y$를 xy로 쓰고(일상적인 곱셈과는 분명히 다르다!), x'을 x^{-1}로 쓰는 식이다. 단, 정수로 이루어진 군의 덧셈에서 xy는 $x+y$라는 뜻이고 x^{-1}은 $-x$임을 잊지 말아야 한다. 자칫 잘못하면 큰 혼란에 빠지는 수가 있다!

부분군

정삼각형의 여섯 가지 대칭 중 I, w, v는 독립적으로 작은 군을 형성한다. 이것은 곱셈표를 통해 증명할 수도 있고, 기하학적으로 증명할 수도

보통 사람을 위한 현대 수학

있다. I는 항등변환이므로 군이라면 당연히 갖춰야 할 기본 조건이고, w와 v는 회전변환이어서 삼각형을 뒤집지 않는다(w와 v를 연달아 적용한 결과도 마찬가지다.).

이런 식으로 큰 군 안에 포함되어 있는 작은 군을 부분군subgroup이라 한다. 연산 *에 대한 군 G의 부분집합 H가 동일한 연산 *에 대하여 군의 조건을 만족할 때, H는 G의 부분군이 된다.

부분집합이라고 해서 모두 부분군이 되는 것은 아니다. 정삼각형의 경우 부분집합을 $H = \{x, y, z\}$로 잡으면 $xy = w$가 되어 닫힘조건을 만족하지 않으므로 군이 될 수 없다. 부분군 H는 그 안에 속한 임의의 원소 h, k가

(ⅰ) $h * k \in H$

(ⅱ) $h^{-1} \in H$

를 만족한다. 그리고 H가 공집합이 아닌 한 위의 조건으로부터

(ⅲ) $I = h * h^{-1} \in H$

가 자동으로 만족된다. 역으로, 조건 (ⅰ), (ⅱ)가 만족되면 공집합이 아닌 부분집합 H는 부분군이 된다. 결합법칙은 $H \subset G$라는 조건으로부터 이미 보장되어 있기 때문이다.

부분군의 사례는 도처에서 흔히 찾아볼 수 있다. 일단 모든 군 G는 자기 자신의 부분군이며, 덧셈으로 정의된 정수군은 짝수, 3의 배수, 4의 배수, 5의 배수, ⋯⋯라는 부분군을 갖고 있다. 또한 단 하나의 원소 I로 이루어진 부분집합도 엄연한 부분군으로, 곱셈표도 가장 간단하다.

$$\begin{array}{c|c} \times & I \\ \hline I & I \end{array}$$

정삼각형의 대칭군은 다음과 같이 여섯 개의 부분군을 갖고 있다.

$$\{I, w, v, x, y, z\}$$
$$\{I, w, v\}$$
$$\{I, x\}$$
$$\{I, y\}$$
$$\{I, z\}$$
$$\{I\}$$

군에 속한 원소의 수를 군의 '차수order(또는 위수)'라 한다. 정삼각형의 경우 대칭군의 차수는 6이며, 부분군의 차수는 1, 2, 3, 6이다. 눈치 빠른 독자들은 알아챘겠지만, 이들은 모두 6의 약수이다. 혹시 군의 차수는 값에 상관없이 항상 부분군의 차수로 나누어떨어지지 않을까?

답은 "Yes."다. 이 사실을 처음으로 증명한 사람은 프랑스의 수학자 조제프루이 라그랑주Joseph-Louis Lagrange였는데, 놀랍게도 당시는 군의 개념이 확립되기 전이었다!

집합 K = {I, w, v, x, y, z}와 부분집합 J = {I, x}를 생각해보자. 임의의 원소 $a{\in}K$에 대하여 '잉여류剩餘類, coset' $J*a$를 다음과 같이 정의할 수 있다.

$$\{I*a, x*a\}$$

집합(K)에 속한 임의의 원소를 부분군(J)의 원소에 일괄적으로 곱하여(즉, 연산 *를 적용하여) 만들어진 집합을 잉여류라 한다. 부분군 J로 만들 수 있는 잉여류는 다음과 같다.

$$J*I = \{I, x\} \qquad J*x = \{I, x\}$$
$$J*v = \{v, z\} \qquad J*z = \{v, z\}$$
$$J*w = \{w, y\} \qquad J*y = \{w, y\}$$

이로부터 다음의 사실을 알 수 있다.

(i) 잉여류는 모두 세 가지이다.

(ii) 잉여류 중 하나는 J와 같다.

(iii) 서로 다른 잉여류는 같은 원소를 공유하지 않는다.

(iv) K의 모든 원소는 잉여류 중 어딘가에 포함되어 있다.

(v) 모든 잉여류는 원소의 수가 같다.

(ii)와 (v)로부터 부분군 J로 만들어진 모든 잉여류는 원소가 두 개임을 알 수 있으며, (i)과 (iii)으로부터 모든 잉여류의 원소를 합하면 $2 \cdot 3 = 6$, 여섯 개임을 알 수 있다. (iv)에 따르면 K의 원소는 여섯 개다. 따라서 K의 차수는 J의 차수로 나누어떨어지고, 그 몫은 잉여류의 개수와 같다.

라그랑주 정리를 증명하는 과정도 이와 비슷하다. 우선 임의의 군 K와 그 부분군 J에 대하여 위에 열거한 (i)~(v) 항목이 성립한다는 것을 증명한다(단, 항목 (i)에서 잉여류의 개수를 미리 알 수는 없으므로 일단 c라고 하자). 그러면 J의 차수가 j이고 K의 차수가 k일 때 $k = jc$의 관계가 성립한다는 것을 증명할 수 있다. 항목 (ⅱ)~(ⅴ)는 군의 공리로부터 자연스럽게 유도된다.

이것은 정말로 놀라운 정리다. 라그랑주 정리 덕분에 우리는 '군'과 '부분군'이라는 추상적 개념으로부터(물론 더할 나위 없이 정확한 개념이긴 하지만) 이들의 관계를 구체적인 숫자로 나타낼 수 있게 되었다. 예를 들어, 차수가 615인 군이 주어졌다면, 곱셈표를 모르는 상태에서도 부분군의 차수가 1, 3, 5, 15, 41, 123, 205, 615 외의 다른 값을 가질 수 없다는 것을 알 수 있다.

그렇다면 방금 나열한 차수의 부분군이 모두 존재할 것인가? 정12면체의 회전대칭군은 차수가 60인데, 약수 중에 15가 있음에도 불구하고 차수가 15인 부분군은 존재하지 않는다. 이 문제에 관하여 최선의 정보를 알려주는 것이 바로 실로우의 정리Sylow's theorem이다. "h가 소수의 거듭제곱이면서($h = p^n$, p는 소수, $n = 1, 2, 3, \cdots$) 군 G의 차수의 약수일 때, G는 차수가 h인 부분군을 가진다." 따라서 차수가 60인 군은 차수가 2, 3, 4, 5인 부분군을 가질 수 있다. 그리고 차수가 615인 경우 가능한 부분군의 차수는 3, 5, 41이다.

동형

원소가 여섯 개인 군은 다양한 방법으로 만들 수 있다. 집합 $S = \{a, b, c\}$가 주어졌을 때, 'S에서 S로 가는 전단사함수'는 총 몇 개일까? 이것은 a, b, c를 일렬로 나열하는 방법의 수와 같으므로 전단사함수는 총 $3! = 6$개가 가능하다. 이 함수를 각각 p, q, r, s, t, u라 하면 다음과 같은 대응표가 만들어진다.

	p	q	r	s	t	u
a	a	a	b	b	c	c
b	b	c	a	c	a	b
c	c	b	c	a	b	a

예를 들어, b에서 함수 s의 값, 즉 $s(b)$는 b의 가로줄과 s의 세로줄의 교점에 해당하는 c이다.

임의의 집합을 자기 자신으로 투영하는 전단사함수는 주어진 집합의 '순열permutation'로 알려져 있다.

이 여섯 개의 전단사함수는 군을 형성하며, 곱셈표는 다음과 같다.

$\times$	p	q	r	s	t	u
p	p	q	r	s	t	u
q	q	p	t	u	r	s
r	r	s	p	q	u	t
s	s	r	u	t	p	q
t	t	u	q	p	s	r
u	u	t	s	r	q	p

예를 들어, rs는 다음과 같이 계산된다.

$$rs(a) = r(s(a)) = r(b) = a$$
$$rs(b) = r(s(b)) = r(c) = c$$
$$rs(c) = r(s(c)) = r(a) = b$$

그런데 $q(a) = a$, $q(b) = c$, $q(c) = b$이므로 $rs = q$이다.

이 군은 정삼각형의 대칭군과 원소 자체가 다르기 때문에 곱셈표도 다르다. 그러나 두 개의 군은 원소가 여섯 개라는 것 외에도 공통점이 많다.

삼각형의 세 꼭짓점 A, B, C가 변하는 방식은 다음과 같다.

	I	w	v	x	y	z
A	A	B	C	A	C	B
B	B	C	A	C	B	A
C	C	A	B	B	A	C

여기서 A, B, C를 a, b, c로 바꾸고 위에 제시한 대응표와 비교하면 두 군 사이에 다음과 같은 대응관계가 성립함을 알 수 있다.

$$\begin{matrix} p & q & r & s & t & u \\ \updownarrow & \updownarrow & \updownarrow & \updownarrow & \updownarrow & \updownarrow \\ I & x & z & w & v & y \end{matrix}$$

이제 원소의 순서를 위의 대응관계와 일치하도록 재배열하여 곱셈표를 다시 만들어보자.

$\times$	I	w	v	x	y	z
I	I	w	v	x	y	z
w	w	v	I	z	x	y
v	v	I	w	y	z	x
x	x	y	z	I	w	v
y	y	z	x	v	I	w
z	z	x	y	w	v	I

$\times$	p	s	t	q	u	r
p	p	s	t	q	u	r
s	s	t	p	r	q	u
t	t	p	s	u	r	q
q	q	u	r	p	s	t
u	u	r	q	t	p	s
r	r	q	u	s	t	p

보다시피 두 곱셈표는 각 원소의 이름만 다를 뿐, 배열상태는 완전히 똑같다. 예를 들어, I와 p의 위치는

```
          *
             *
           *
              *
                *
                 *
                   *
```

로 같고, x와 q의 위치도

```
              *
                *
                 *
         *
            *
           *
```

로 똑같다. 사실 이것은 그다지 놀라운 일이 아니다. 순열의 곱과 대칭의 곱은 서로 밀접하게 연관되어 있기 때문이다. 앞선 곱셈표에 따르면 두 개의 군은 서로 같지 않으면서 동일한 구조를 갖고 있다. 둘 사이의 차이점이라곤 각 원소의 이름뿐이다.

이 개념을 응용 가능한 수준으로 구체화하기 위해 $f(I)=p$, $f(x)=q$, ……와 같이 두 군의 원소를 대응시키는 함수 f를 생각해보자. f의 정의역은 첫 번째 군이고, 치역은 두 번째 군이다. 첫 번째 군의 곱셈표에서 α가 속한 가로줄과 β가 속한 세로줄의 교점에는 $\alpha*\beta$의 값이 제시되어 있고, 두 번째 곱셈표에서 $f(\alpha)$가 속한 가로줄과 $f(\beta)$가 속한 세로줄의 교점에는 $f(\alpha)*f(\beta)$가 있다. 그런데 두 군의 대응관계에 따르면 $\alpha*\beta$는 $f(\alpha*\beta)$에 대응된다. 따라서 모든 대응원소가 그에 대응하는 위치에 배열되려면, 첫 번째 군의 모든 α, β에 대해 다음 조건이 만족되어야 한다.

$$f(\alpha * \beta) = f(\alpha) * f(\beta) \qquad (\dagger)$$

식 (†)의 장점은 곱셈표의 기하학적 특성에 상관없이 항상 성립한다는 것이다. 임의의 두 군 G, H 사이에 모든 α, $\beta \in G$에 대하여 전단사함수 $f : G \to H$가 존재할 때, G와 H를 '동형isomorphic'이라 한다. 동형군(서로 동형관계에 있는 군)은 추상적 구조가 동일하고 원소만 다르다. 그런데 군의 특성을 좌우하는 것은 결국 곱셈표이므로, 대부분의 경우 동형군은 동일한 군으로 취급된다.

앞에서 다뤘던 동형군의 첫 번째 군은 여섯 개의 부분군을 갖고 있으므로, 두 번째 군의 부분군도 여섯 개다. 예를 들어, 첫 번째 군의 부분군 $\{I, w, v\}$에 대응되는 두 번째 군의 부분군은 $\{p, s, t\}$이다.

두 군의 차수가 같다고 해서 반드시 동형이라는 보장은 없다. 0부터 5 사이의 정수와 덧셈연산으로 정의된 모듈 6짜리 군은 차수가 6이고, 곱셈표는 다음과 같다.●

+	0	1	2	3	4	5
0	0	1	2	3	4	5
1	1	2	3	4	5	0
2	2	3	4	5	0	1
3	3	4	5	0	1	2
4	4	5	0	1	2	3
5	5	0	1	2	3	4

● 이름은 '곱셈표'지만, 사실은 덧셈이다.

보통 사람을 위한 현대 수학

이 군을 M이라고 하자. 그렇다면 M은 정삼각형의 대칭군 K와 동형일까?

확인하는 방법은 몇 가지가 있는데, 가장 확실한 방법은 M에서 K로 가는 모든 가능한 전단사함수에 대하여 식 (†)가 만족되는지 일일이 확인하는 것이다. 일단 전단사함수 f를 $f(0)=I$, $f(1)=w$, $f(2)=v$, $f(3)=x$, $f(4)=y$, $f(5)=z$로 정의하면

$$f(1+2) = f(3) = x$$
$$f(1)*f(2) = wv = I$$

가 되어 (†)를 만족하지 않는다. 가능한 전단사함수는 모두 720개인데, 마음만 독하게 먹으면 며칠 안에 확인할 수 있겠지만 별로 하고 싶지는 않다.

이런 중노동보다는 군 M에서 원소의 이름과 무관한 특성을 찾는 편이 더 효율적일 것 같다. 그중 하나가 바로 '부분군의 수'이다. 약간의 계산을 거치면 M의 부분군이 {0}, {0, 2, 4}, {0, 3}, 그리고 M 자신임을 알 수 있다. 그런데 K의 부분군은 여섯 개이므로 K와 M은 동형이 아니다.

이것은 720개의 전단사함수를 일일이 확인하는 것보다 훨씬 효율적이지만, 더 쉬운 방법도 있다. 다들 알다시피 모듈 6의 덧셈은 교환법칙을 만족한다. 즉, $\alpha+\beta = \beta+\alpha$이다. 만일 M과 K가 함수 $f: M \rightarrow K$를 통해 동형이라면

$$f(\alpha+\beta) = f(\beta+\alpha)$$

이고, 식 (†)에 의해

$$f(\alpha)f(\beta) = f(\beta)f(\alpha)$$

가 되어야 한다. 다시 말하자면, K도 교환법칙을 만족한다는 뜻이다(단, K의 연산은 더하기가 아니라 곱하기다!). 그러나 $vx = y$이고, $xv = z$이므로 K의 원소는 교환법칙을 만족하지 않는다. 따라서 K와 M은 동형이 아니다.

동형은 주어진 수학적 구조를 단순화하는 막강한 도구이다. 특히 외견상 완전히 달라 보이는 두 문제에서 동형구조를 찾아내면, 둘 중 간단한 문제를 해결함으로써 어려운 문제를 거뜬히 풀 수 있다.

앞의 사례에서 우리는 '정삼각형의 대칭'과 '원소 세 개의 순열' 사이의 연결관계를 이용하여 두 군이 동형임을 알아냈지만, 가끔은 다른 길을 통해 발견되기도 한다. 예를 들어, 5차방정식의 해 다섯 개로 이루어진 집합의 순열군과 정12면체의 회전대칭군은 원소가 똑같이 60개인데, 두 군은 동형으로 알려져 있다. 독일의 수학자 펠릭스 클라인Felix Klein은 이 사실에 착안하여 다음 세 개의 이론이 밀접하게 연결되어 있음을 알아냈다.[2]

5차방정식
회전군
복소수이론

이것은 앞에서 보았던 현상을 설명해준다. 5차방정식은 타원함수elliptic function로 알려진 특별한 복소함수를 이용하여 풀 수 있다. 그 전까지만

　　　　　　　　　　　　　　　　　　보통 사람을 위한 현대 수학

해도 수학자들은 이 사실을 뚜렷한 체계 없이 중구난방식 증명으로 이해하고 있었기에 단순한 우연의 일치라고 생각했으나, 클라인은 치밀한 분석을 통해 둘 사이의 관계가 필연적 결과임을 증명했다.

패턴(무늬) 분류

대칭이 있는 곳에는 예외 없이 군론이 있다. 일반적으로 대칭의 특성은 그 저변에 깔려 있는 군론을 통해 설명된다. 예를 들어, '정12면체 대칭'이란 '정12면체의 대칭과 동형인 대칭군'을 의미한다.

또한 군론을 이용하면 대칭을 체계적으로 분류할 수 있다. 어떤 특별한 상황에서는 유일하게 가능한 하나의 대칭을 예견할 수도 있다.

대부분의 벽지는 무늬가 대칭형으로 배열되어 있다. 벽지 무늬의 대칭군은 '특정한 강체이동군'이거나 '평면에 구현할 수 있는 모든 가능한 강체이동군 G의 부분군'이다. 여기서 진도를 더 나가려면 벽지의 무늬를 좀 더 정확하게 정의해야 한다. 벽지의 무늬는 무한정 반복될 수 있으며, 연속적으로 합쳐지지 않고 불연속적인 '덩어리'의 형태를 띠고 있다(물론 수학적 서술도 가능하다.). 강체이동군의 수학적 특성에 따라 벽지의 무늬를 분류해보면, 가능한 종류가 총 17가지라는 결론에 도달하게 된다(이 중 아홉 개는 진짜 벽지 무늬가 아니라 프리즈frieze● 이다.). 이 무늬는 그림 50~52에 제시되어 있다.

독자들은 수천 종의 벽지 샘플을 모아놓은 책을 보면서 분류가 가능하다는 생각을 미처 떠올리지 못했을 것이다. 사실 그런 생각을 떠올리

● 건물이나 방의 윗부분에 그림이나 조각으로 붙여 놓은 장식

그림 50

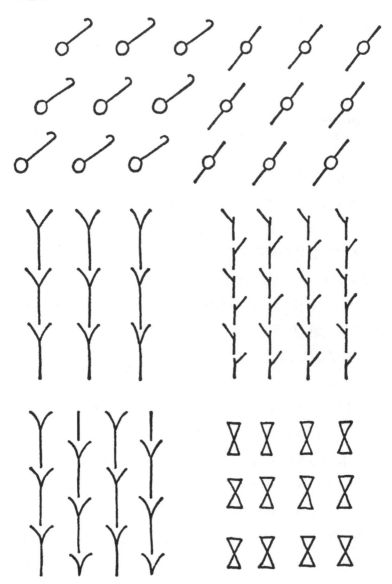

보통 사람을 위한 현대 수학

그림 51

그림 52

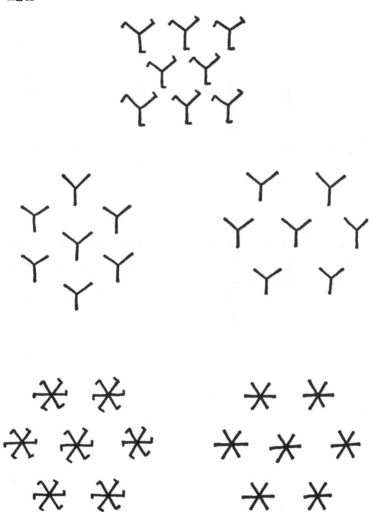

보통 사람을 위한 현대 수학

기에는 벽지의 종류가 너무 많다. 그러나 색상과 크기, 그리고 종이의 품질을 무시하고(물론 벽지의 가격은 이런 것들에 의해 좌우된다!) 무늬의 구조에 집중해서 바라보면 무늬의 종류가 기본적으로 17가지뿐임을 알 수 있다. 아랍에서 제작된 도기陶器의 무늬도 총 17가지로 알려져 있다. 요즘 제작된 벽지의 다양한 무늬가 17가지 기본 패턴 중 하나임을 확인하는 것도 좋은 연습문제가 될 것이다(사람에 따라 시간 낭비일 수도 있으니 무리하지 않기를 바란다.).

3차원 공간에는 총 230개의 대칭군이 존재한다.[3] 이들은 결정학結晶學, crystallography에서 결정의 분자 구조를 유추하는 데 핵심적인 역할을 했다.

8장

공리

"지구에서 70kg이 넘는 새끼를 낳는 동물은 코끼리와 고래밖에 없다.
그런데 대통령의 몸무게는 75kg이다.
따라서 대통령의 모친은 코끼리 아니면 고래임이 분명하다."

– 스테판 서머슨

수학은 실로 다양한 수준에 적용되는 학문이다. 어린 시절에는 특별한 숫자문제를 갖고 놀다가, 나이가 들면서 모든 수의 공통적 특성에 집중하게 된다. 관심의 대상이 '수'에서 '모든 수로 이루어진 환 Z'로 이동하는 것이다. 여기서 한 걸음 더 나아가 환을 연구할 때에는 특별한 환에 관심을 갖는 대신 모든 환이 갖고 있는 공통적 특성을 파고든다. 이런 식으로 가다보면 수학의 전 분야는 하나로 통합되고, 이것은 또 무수히 많은 분야 중 하나일 뿐이다.

이 장의 목적은 사고 패턴을 한 단계 업그레이드하여 환론과 체론, 군론, 기하학 등 수학 이론을 완벽한 형태로 구축하는 것이다.

'군'과 '환', 그리고 '체'에 대한 정의는 여러 가지 측면에서 비슷한 점이 많다. 가장 큰 공통점은 정확한 정의를 내리지 않은 채 기본 용어를 도입한 후, 이들이 만족해야 할 몇 가지 법칙을 나열했다는 것이다. 이 법칙을 공리公理, axiom라 한다. 그러니까 수학은 '공리에 기초한 체계'인 셈이다.

공리를 반드시 '믿을' 필요는 없다. 공리는 현실에 대응되는 사례가 없기 때문에 진실 여부를 따지는 것 자체가 무의미하다. 어떤 의미에서

보통 사람을 위한 현대 수학

보면 게임의 법칙과 비슷하다. 참가자들은 규칙에 따라 게임을 진행할 뿐, 규칙의 기원에는 별 관심이 없다. 그리고 규칙이 바뀌면 게임 자체가 달라지듯이, 공리는 수학이라는 게임의 특성을 좌우한다.

우리는 공리계axiom system에서 출발하여 논리적 추론을 내릴 수 있다. 모든 추론은 (겉으로 드러나건 함축적이건) '공리가 참이면 이러이러한 것도 참이다.'라는 식으로 전개된다. 그러나 공리의 진실여부는 논쟁의 대상이 아니다. 로마제국이 멸망했다는 사실은 '로마제국이 멸망하지 않았다면 어떻게 되었을까?'라는 질문과 아무런 관련도 없다. 우리가 문제삼을 수 있는 것은 추론 자체의 타당성뿐이다.

다른 특별한 경우에 공리의 응용 가능성을 놓고 논쟁을 벌일 수는 있다. 수학 이론을 현실세계에 적용할 때에는 '이 세계는 공리에서 말한 대로 작동하는가?'라는 질문을 당연히 제기해야 한다. 그러나 이런 질문은 이론의 일부가 아니어서, 실험을 통해 답을 찾는 수밖에 없다. 이와 마찬가지로 군론을 수학의 다른 분야에 적용하려면, 적용 대상이 군인지부터 확인해야 한다. 군이 아니라면 당연히 군론을 적용할 수 없다. 그러나 적용이 불가능하다고 해서 군론에 문제가 있는 것은 결코 아니다. '군론의 공리는 참인가?'라는 질문은 아무런 의미도 없다. 절대적인 기준에서 볼 때 공리는 참이 아니지만 적용 대상에 따라 참일 수도, 아닐 수도 있다.

공리의 장점은 최소한의 가정으로 커다란 이론 체계를 구축할 수 있다는 것이다. 무언가가 공리를 만족하면 그로부터 유도된 결론도 만족한다. 따라서 몇 가지 특성만 확인되면 이론 전체를 안심하고 응용할 수 있다. 응용할 때마다 이론의 타당성을 일일이 검증할 필요가 없다는 이야기다.

공리계의 개념이 현실과 멀어진 것은 비교적 최근의 일이다. 고대 그리스인들은 기하학의 공리가 자연을 이상화한 극단적 가정이긴 하지만, 물리적 진실과 크게 다르지 않다고 생각했다. 그들에게 공리는 '자명한 진리'였고, 요즘 출간되는 사전에도 그렇게 수록되어 있다. 그러나 현대 수학에서 공리는 사뭇 다른 의미로 통용되고 있다.

유클리드의 공리

유클리드가 제시한 주요 공리는 다음과 같다.

(1) 임의의 두 점은 하나의 직선 위에 놓여 있다.
(2) 두 개의 직선은 한 점에서 만난다.
(3) 길이가 유한한 임의의 직선은 원하는 만큼 길게 늘일 수 있다.
(4) 임의의 점을 중심으로 임의의 반지름을 갖는 원을 정의할 수 있다.
(5) 모든 직각은 동일하다.
(6) 하나의 직선과 그 위에 있지 않은 한 점이 주어졌을 때, 이 점을 지나면서 원래의 직선과 평행한 직선은 하나밖에 없다.

(유클리드의 서술을 현대식 수학 언어로 번역한 것이다.)

이 중 공리 (6)은 오랜 세월 동안 '전혀 자명하지 않은 진리'로 인식되어 왔으며, 수많은 수학자가 다른 공리로부터 이것을 증명하기 위해 무진 애를 썼으나 모두 실패하고 말았다.

공리 (6)이 다른 공리로부터 증명될 수 없다는 것은 이 장의 후반부에서 증명할 예정이다. 지금 우리에게 중요한 질문은 '공리는 현실세계에서 진리로 통용될 수 있는가?'이다. 이 질문에 답하려면 일련의 실험을 수행해야 하므로 수학적 질문은 아니다. 공리를 검증하기 위해 실험을 수행하는 고대 그리스인들을 상상해보자. A팀은 로마를 지나면서 남극과 북극을 잇는 직선을 그리고, B팀은 아테네를 지나면서 A팀이 그리는 직선과 평행한 직선을 그린다. 우리는 그 결과를 잘 알고 있다. 두 실험팀은 결국 남극이나 북극에서 만나게 될 것이다. 지구의 표면에서 평행선 공리는 '거짓'이다.

물론 이것만으로는 공리 (6)이 반증되었다고 주장할 수 없다. 지구는 명백한 구면이고, 유클리드의 기하학은 구면이 아닌 평면에 적용되기 때문이다. 따지고 보면 우리의 선조들이 지구가 둥글다는 사실을 알게 된 것도 유클리드 기하학 덕분이었다. 지구 표면에 유클리드 기하학이 적용되지 않았기 때문에 평면이 아님을 깨달은 것이다.

실험에서 직선을 구현할 때에는 레이저가 제격이다. 레이저는 자유 공간에서 무조건 똑바로 나아간다. 두 가닥의 레이저빔을 가능한 한 평행하게 발사하여 충분히 먼 거리에서 이들이 만나는지 확인하면 될 것이다. 그러나 안타깝게도 이 실험은 실현하기 어렵다(충분히 먼 거리까지 장비를 이동할 수 없기 때문이다. 게다가 우주론학자들의 주장대로 공간 자체가 휘어져 있다면, 실험을 성공적으로 수행한다 해도 유클리드 기하학의 타당성을 증명할 수 없다.).

혹시 유클리드는 후대의 비평가들이 평행선 공리를 증명하지 못하리라는 것을 미리 알고 평행선 공리를 자신 있게 주장했던 것은 아닐까?

타당성/일관성

공리이론을 처음 연구할 때에는 공리 자체에 집중해야 한다(직관적으로는 다른 길을 가고 싶겠지만, 논리적 추론을 내릴 때에는 공리 외에 다른 것을 도입하면 안 된다.). 당신은 공리를 이용하여 정리를 증명하고, 이 정리를 이용하여 다른 정리를 증명한다. 따라서 공리는 방대하게 뻗어나가는 수학적 지식의 원천이며 수학 전체를 떠받치는 주춧돌인 셈이다.

두 개의 모순된 정리가 둘 다 참으로 증명되지 않는 한, 이 방법은 아무런 문제도 일으키지 않는다. 그러나 둘 다 참으로 판명되면 이론 전체가 한순간에 무용지물이 된다. 이런 체계로는 아무것도 증명할 수 없다.

영국의 수학자이자 분석가였던 고드프리 해럴드 하디Godfrey Harold Hardy는 어느 날 저녁식사 자리에서 이런 이야기를 꺼냈다가, 한 회의론자로부터 "2 + 2 = 5라는 가정하에 맥태거트McTaggart● 가 교황임을 증명하라."는 주문을 받았다. 그는 잠시 생각에 잠겼다가 이렇게 대답했다. "우리는 2 + 2 = 4임을 이미 알고 있으므로 당신이 제시한 가정에 따르면 5 = 4이며, 양변에서 3을 빼면 2 = 1이다. 그런데 맥태거트와 교황은 두 사람(2)이므로, 결국 둘은 한 사람(1)이다."

좀 더 일반적인 이야기를 원한다면 가장 먼저 귀류법歸謬法, proof by contradiction 또는 reductio ad absurdum부터 짚고 넘어갈 필요가 있다. p라는 서술이 참임을 증명하고 싶을 때, 일단 p가 거짓이라고 가정한다. 그리고 이 가정하에서 두 개의 모순된 서술이 유도되면 p가 거짓이라는 가정이 틀린 것이므로 결국 p는 참으로 판명된다. 귀류법의 타당성은 현대 수학에서도 인정되고 있으며, 우리는 6장에서 바로 이 방법으로 $\sqrt[3]{2}$ 가 무리수임을 증명한 바 있다. 주어진 공리계로부터 '버터는 싸다.'는 정리 r와 '버터는 싸지 않다.'는 정리 s가 모두 증명되었다고 하자. r와 s 는 양립할 수 없는 정리이므로, 이들을 이용하면 앞에서 참으로 가정했

● 영국의 신헤겔파 철학자

　　　　　　　　　　　　　　　　보통 사람을 위한 현대 수학

던 정리 p는 거짓이 된다(p가 어떤 내용이건 상관없다.). 그런데 정리 r와 s는 공리로부터 유도되었으므로 p로부터 유도될 수도 있다.

예를 들어, '나라 전체가 엉망이 되어가고 있다.'는 명제를 증명하기 위해, 그 반대 명제인 '나라 전체가 엉망이 되어가지 않는다.'를 참이라고 가정한다. 그리고 이로부터 '버터는 싸다.'는 명제와 '버터는 싸지 않다.'는 명제가 모두 참임을 입증하면 앞의 가정이 틀렸다는 뜻이므로 '나라 전체가 엉망이 되어가고 있다.'는 명제는 참으로 판명된다.

그런데 '나라 전체가 엉망이 되어가고 있다.'는 가정에서 출발하여 똑같은 논리를 적용하면 '나라 전체가 엉망이 되어가지 않는다.'는 명제도 참으로 판명된다.

이것은 재앙 그 자체다. 어떤 예언가가 나의 질문에 'YES'와 'NO'를 적절히 섞어서 답해준다면 어느 정도 그를 신뢰할 수 있지만, 모든 질문에 'YES'로 일관한다면 어떻게 그를 믿을 수 있겠는가?

자체 모순이 없는 공리계를 '일관된 공리계'라 한다. 일관성은 공리계가 갖춰야 할 최고의 덕목이다. 이것을 처음으로 강조한 사람은 현대 공리이론의 아버지라 불리는 다비트 힐베르트였다.

일관된 공리계와 자체 모순이 있는 공리계가 쉽게 구별되지 않는 경우에는 문제가 매우 미묘해진다. 예를 들어, '체'에 대한 공리는 일관적이다. 그런데 138쪽의 법칙 (9)의 '0이 아닌 모든 원소는 곱셈의 역원을 갖는다.'를 '모든 역원은 곱셈의 역원을 갖는다.'로 바꾸면 당장 모순이 발생한다. 0의 역원을 0^{-1}이라 하면

$$(0 \cdot 0) \cdot 0^{-1} = 0 \cdot 0^{-1} = 1$$
$$0 \cdot (0 \cdot 0^{-1}) = 0 \cdot 1 = 0$$

이 되는데, 법칙 (10)에 따르면 $0 \neq 1$이므로 결합법칙이 성립하지 않는다(그래서 수학에는 "0으로 나누지 말지어다!"라는 계명이 존재한다. 무엇이건 0으로 나누면 대수법칙은 엉망이 된다.).

일관된 공리계에 표 나지 않을 정도로 약간의 수정을 가하여 모순적인 공리계로 만들면● 취약한 부분을 집중적으로 파고들지 않는 한 모순을 찾아내기 어렵다. 그러나 공리계가 당장은 무해하다 해도, 타당성(일관성)에 관한 질문은 끝없이 제기될 것이다.

모형

힐베르트는 공리계가 만족해야 할 조건에 '완전성completeness'과 '독립성independence'이라는 두 가지 항목을 추가했다.

완전성의 뜻을 이해하기 위해, 공리계의 '증명proof'이라는 개념을 다시 한 번 생각해보자. 임의의 공리계에서 p라는 서술에 대한 증명은 일련의 다른 서술로 이루어져 있으며, 개개의 서술은 공리 자체이거나 '마지막 서술이 p인 앞선 서술목록'에서 논리적으로 유도된 결과이다. 6장에서 다뤘던

$$(x + y)^2 = x^2 + 2xy + y^2$$

의 증명이 대표적 사례다. 공리계가 완전하려면 모든 서술 p에 대하여 참이거나 거짓임을 증명할 수 있어야 한다. 다시 말해서, 수학적으로 상

● consistent를 '일관된'으로 번역하면 inconsistent는 '일관되지 않은'으로 번역해야 하는데, '일관되지 않은 공리계'라는 말이 영 어색하여 '모순적인 공리계'로 표기했다.

보통 사람을 위한 현대 수학

정 가능한 모든 서술의 참/거짓 여부를 판별할 수 있을 정도로 충분한 공리를 갖춰야 한다는 뜻이다.

완전한 공리계에는 더 이상의 공리를 추가할 수 없다. 억지로 추가해 봐야 기존의 공리로 증명 가능하여 추가할 필요가 없거나, 기존의 공리와 모순을 일으켜 전체 공리계를 망가뜨릴 것이다.

독립적인 공리계란 공리 중 그 어떤 것도 다른 공리로부터 유도되지 않는 공리계를 말한다.

공리계의 완전성을 증명하기란 결코 쉬운 일이 아니다. 이미 완전한 공리계라 해도 고려해야 할 증명이 너무 많기 때문이다. 그러나 '모형 model'의 개념을 이용하면 독립성을 간단하게 증명할 수 있다(경우에 따라서는 완전성까지 증명할 수 있다.).

공리계 모형이란 공리가 적용되는 적절한 해석을 모아놓은 것이다. 임의의 군은 군에 대한 공리계의 모형이다. 공리계의 추상적 연산 *는 함수의 덧셈이나 곱셈 등 특정 군의 구체적인 연산으로 해석될 수 있다. 이와 비슷하게 임의의 환은 환에 대한 공리계의 모형이며, 임의의 체는 체 공리계의 모형이 될 수 있다. 또한 기하학적 '점'을 한 쌍의 실수 (x, y)로 해석하고 '선'과 '원' 등을 (x, y)의 방정식으로 해석하면, 좌표기하학은 유클리드 기하학의 공리에 대한 대수적 모형이 된다.

공리계의 모형은 일관적이어야 한다. 임의의 군의 곱셈표는 일관된 형식을 갖고 있으므로 모형이 될 수 있다. 가장 간단한 사례는

$$
\begin{array}{c|c}
\times & I \\
\hline
I & I
\end{array}
$$

이다. 공리에 일관성이 없으면(즉, inconsistent하면) 어떤 정리도 '참'으로 증명될 수 있다. 심지어 '모든 군은 129개의 원소를 갖고 있다.'는 말

도 안 되는 정리조차 참이라는 결론이 내려진다. 그러나 모형 안에서는 모든 공리가 성립하기 때문에, 그로부터 내려진 모든 결론도 참으로 판명된다. 따라서 이런 경우에는 모형을 이용해도 모든 군의 원소가 129개라는 결론에 도달할 것이다. 그런데 원소의 수가 129개가 아닌 군을 찾기 어렵다면(물론 가정이다.), 공리의 문제점이 쉽게 눈에 띄지 않는다.

공리로부터 증명된 정리에 존재하는 모순은 모형에서도 그대로 나타난다. 이런 경우에는 모형이 어떤 특성을 갖고 있음을 증명할 수 있고, 그런 특성이 없다는 것도 증명할 수 있다. 물론 이것은 모순적인 결과이다. 모형은 어떤 특성을 갖거나 갖지 않을 수 있을 뿐, 둘 다일 수는 없기 때문이다.

모형은 공리계의 독립성을 증명할 때 특히 유용하다. 예를 들어, 군의 곱셈표에서 결합법칙이 다른 공리와 무관하다는 것을 증명할 때에는 결합법칙이 성립하지 않으면서 다른 공리는 성립하는 모형을 찾으면 된다. 다른 공리에서 결합법칙이 유도된다면 모형의 결합법칙에 대한 증명으로 이어지겠지만, 우리가 찾은 모형이 결합법칙을 만족하지 않는다면 이런 경우는 발생하지 않는다.

곱셈표를 이용하여 방금 말한 모형을 만들어보자. 우리가 원하는 것은 군에 대한 다섯 가지 공리 중 (1), (2), (4), (5)를 만족시키면서 (3)은 만족시키지 않는 모형이다(170쪽 참조).

공리 (1)에 따르면 가장 먼저 집합 G가 필요하다. 가능한 한 단순한 집합을 골라야 모두의 정신건강에 이로울 것이므로, 일단 $G = \{a, b, c\}$라 하자.

공리 (4)를 만족시키려면 항등원이 있어야 한다. a를 항등원이라 하면 곱셈표의 일부를 작성할 수 있다.

보통 사람을 위한 현대 수학

$\times$	a	b	c
a	a	b	c
b	b		
c	c		

그다음으로, 공리 (5)를 만족하려면 역원도 있어야 한다. 항등원 a는 자기 자신의 역원이므로($a^2=a$), b와 c는 상대방의 역원이 되어야 한다. 즉, $bc=cb=a$이다.

$\times$	a	b	c
a	a	b	c
b	b		a
c	c	a	

이렇게 하면 공리 (1), (4), (5)를 만족시킨다.

공리 (2)에 따르면 G에 속한 임의의 두 원소를 곱한 결과도 G에 속해야 한다. 이 조건이 만족되려면 곱셈표의 빈칸에는 a, b, c 중 하나가 들어가야 한다. 또한 우리는 공리 (3)을 만족시키지 않기를 원하고 있으므로 결합법칙을 만족하는 배열은 피해야 한다. 그런데 두 개의 빈칸을 c와 b로 채우면 '달리는 다리'의 회전대칭과 완전히 같아지므로, 일단 b로 채워보자.

$\times$	a	b	c
a	a	b	c
b	b	b	a
c	c	a	b

이제 세 개의 원소를 연달아 곱해보면

$$(cc)b = bb = b$$
$$c(cb) = ca = c$$

가 되어, 결합법칙이 성립하지 않는다.

이로써 우리가 원하는 모형을 만드는 데 성공했다.

모형을 만들려면 경험과 개인의 취향, 그리고 병렬적 사고*를 십분 발휘해야 하기 때문에 과학이라기보다는 예술에 가깝다. 가장 좋은 방법은 직접 시도해보는 것이다.

공리계의 완전성과 독립성은 20장에서 다시 논의할 것이다. 이 장에서 모형을 언급한 이유는 유클리드의 평행선 공리에 적용하기 위해서였다.

유클리드, 명예를 회복하다

우리의 질문은 다음과 같다. '유클리드의 평행선 공리는 다른 공리와 독립적으로 존재하는가?' 이 질문을 던지는 것만으로도 문제의 반은 해결된 셈이다. 평행선 공리가 다른 공리로부터 입증되거나 반증될 수 있다는 생각은 쉽게 떠올릴 수 있지만, 이 같은 질문은 쉽게 떠오르지 않기 때문이다.

답을 구하려면 유클리드 기하학의 공리가 일관적이라고 가정해야 한

● 기존의 방법에 얽매이지 않고 새로운 관점으로 문제를 해결하는 사고력

다. 그래야 유클리드 기하학의 공리를 모형의 재료로 쓸 수 있기 때문이다. 공리가 일관적이면 독립성에 관한 질문은 그다지 큰 문제가 아니다.

앞에서도 말했지만 모형을 만드는 것은 일종의 예술 행위이며, 지금은 약간의 마술이 필요하다. 우리는 마술지팡이를 휘둘러서 모자에서 토끼를 꺼내는 것보다 멋진 마술을 시연해야 하는데, 해보면 알겠지만 그다지 어려운 일은 아니다.

일단 평면 위에 원 Γ(감마gamma)를 그린다. 우리의 모형은 Γ 안에서 진행되는 유클리드 기하학의 일부가 될 것이다. 정확한 기록을 위해, 모형 안에서 유클리드 기하학의 표준 개념을 굵은 글씨로 표기하기로 한다. 증명에 필요한 정의는 다음과 같다.

점point   = Γ의 내부에 있는 점

직선line   = 평면 위의 직선 중 Γ에 포함된 부분

원circle   = 임의의 원 중 Γ의 내부에 속한 부분

직각rihgt-angle = Γ의 내부에 있는 일상적인 직각

그림 53은 이들을 시각적으로 표현한 것이다.

그림 53

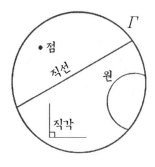

이제 유클리드 기하학의 공리가 Γ의 내부에서 성립하는지 확인해보자.

(1) 임의의 두 **점**은 하나의 **직선** 위에 놓여 있다. 이것은 Γ의 내부에서도 여전히 성립한다. Γ 안에서 취한 임의의 두 **점**은 Γ가 속해 있는 원래의 평면에 속한 점이므로, 평면에서 이들을 직선으로 이은 후 Γ의 바깥에 있는 부분을 잘라내면 Γ의 내부에 속한 **직선**이 얻어진다.(그림 54 참조)

(2) 두 **직선**은 한 **점**에서 만난다. 이것도 Γ의 내부에서 여전히 성립한다. Γ 안에 있는 두 개의 **직선**은 바깥에 나 있는 두 직선의 일부이므로, 이들이 한 점에서 만나면 Γ 안에서도 한 **점**에서 만날 것이다.(그림 55 참조)

그림 54

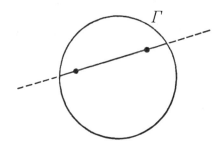

그림 55

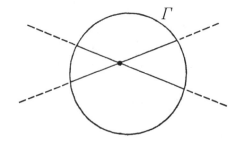

보통 사람을 위한 현대 수학

(3) 길이가 유한한 임의의 **직선**은 원하는 만큼 길게 늘일 수 있다. 여기에는 다소 논란의 소지가 있다. Γ 안에서 **직선**의 길이를 늘이다가 원 바깥으로 나가면, 그 부분부터는 더 이상 **직선**이 아니기 때문이다. 그러나 유클리드도 '평면을 벗어난' 직선까지 정의하진 않았다. 그가 말하는 직선이란 '현재 고려 중인 한정된 평면에 나 있는 직선'을 의미한다. 그러므로 우리도 '원(Γ)의 내부'로 평면을 한정지으면 문제될 것이 없다. 공리 (3)의 진정한 의미는 '양끝이 정해져 있는 유한한 선분은 양끝 점을 넘어 더 길게 확장할 수 있다.'는 것이다. 'Γ의 내부'가 Γ의 경계선을 포함하지 않는 한, 이것은 Γ의 내부에서도 여전히 성립한다. 왜냐하면 그림 56에서와 같이 **직선**을 점 1, 2, 3, 4, 5, ……로 무한정 확장할 수 있기 때문이다.[1]

이런 경우에 **직선** 자체는 끝이 없다. 직선의 끝은 Γ의 내부가 아닌 'Γ의 경계선'에 놓여 있기 때문이다. 우리의 관심을 모형에 국한하는 한, **직선**은 영원히 확장될 수 있다.

그림 56

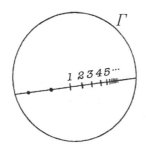

(4) 임의의 점을 중심으로 임의의 반지름을 갖는 **원**을 정의할 수 있다. 이것은 평면에 대한 공리로부터 자연스럽게 유도되는 결과이다. 유클리드 평면에 마음대로 원을 그린 후 Γ의 바깥부분을 잘라냈다고 생

각하면 된다. 물론 Γ에 속한 원은 완벽한 **원**이 아니라 원의 일부일 수도 있지만(그림 57 참조), 공리가 참이라는 사실에는 변함이 없다.

그림 57

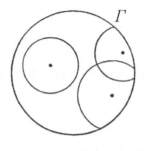

(5) 모든 **직각**은 동일하다. 이것도 참이다. 유클리드 평면에서 모든 직각은 같으므로, 평면을 잘라낸 Γ에서도 같아야 한다.

그러므로 우리의 모형은 공리 (1)~(5)를 만족시킨다. 그러나 공리 (6)만은 예외다! 그림 58에는 하나의 **점**과 하나의 **직선**, 그리고 이 **점**을 지나면서 주어진 **직선**과 평행한 여러 개의 **직선**이 그려져 있다.

그림 58

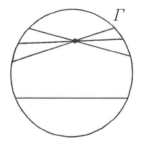

여기서 '평행하다'는 말은 '만나지 않는다'는 뜻이다. **직선**을 Γ의 외부

로 확장했을 때 만나는 것은 상관없다(즉, 만나지 않는 것과 마찬가지다.). Γ의 외부는 모형에 속하지 않기 때문이다.

우리의 모형에서 공리 (6)은 공리 (1)~(5)로부터 유도되지 않는 것이 분명하다. 그렇지 않다면 (1)~(5)가 성립했으므로 (6)도 성립했을 것이다. 이 결과를 조금 다른 관점에서 바라보자. '점'을 '**점**'으로, 그리고 '직선'을 '**직선**'으로 대치하면 유클리드 기하학의 공리 (6)에 대한 증명은 모형의 공리 (6)에 대한 증명으로 사용할 수 있다. 그런데 공리 (6)은 모형에서 성립하지 않으므로 유클리드 기하학에는 이에 대한 증명이 존재하지 않는다. '**점**'은 '점'과 다르지만, 이것은 우리의 논리에 아무런 영향도 주지 않는다. 둘 사이의 차이점은 공리 (1)~(5)를 증명할 때 충분히 고려되었다.

바로 이런 이유 때문에 이 절의 제목을 "유클리드, 명예를 회복하다."로 정한 것이다. 유클리드 기하학만이 유일하게 가능한 기하학은 아니다. 그러나 유클리드가 평행선 공리를 '다른 공리로부터 증명될 수 없는 독립적 가정'으로 제시한 것은 탁월한 선택이었다.

다른 기하학

다른 모형을 선택하면 증명을 좀 더 정교하게 다듬을 수 있다. 특히 공리 (3)과 (4)에 대한 증명은 한층 더 분명해진다. 그 비결은 Γ 안에서 모든 직선이 무한정 길어질 수 있도록(단, 직선이 휘어질 수는 있다.) 길이를 다시 정의하는 것이다. 자세한 내용은 책의 말미에 수록된 해당 주에 소개된 책을 참고하기 바란다.[2]

유클리드 기하학에서는 주어진 직선의 바깥에 있는 한 점을 지나면서 원래 직선과 평행한 직선이 단 하나밖에 없고, 원 Γ에 기초한 모형에서는 무수히 많았다. 그러나 마음만 먹으면 이런 직선이 하나도 존재하지 않는 모형을 만들 수 있다(이 모형을 처음으로 제시한 사람은 독일의 수학자 펠릭스 클라인이었다.). 이 모형에 등장하는 기하학적 객체의 이름은 **굵은 글씨**로 표기하기로 한다.

클라인의 모형은 3차원 공간에서 구 Σ를 정의하는 것으로 시작된다. Σ의 표면은 유클리드 기하학의 평면과 비슷한 역할을 하지만, 평면이 아닌 구면이다. 여기서 **점**과 **직선**을 다음과 같이 정의하자.

직선 = Σ의 표면에 존재하는 대원大圓, great circle(중심이 구의 중심과 일치하는 원)

점 = Σ의 표면에서 지름의 양끝에 해당하는 한 쌍의 점

이제 공리의 성립 여부를 확인할 차례다. 임의의 두 대원은 지름의 양끝에 해당하는 두 점(대척점)에서 만나므로 공리 (2)는 참이며, (1), (3), (4), (5)도 성립한다((3)에 대해서는 괜한 트집 잡지 말고 그냥 넘어가자). 그러나 서로 다른 두 개의 대원은 하나의 **점**에서 반드시 만나기 때문에, 평행(**직**)**선**이라는 것이 아예 존재하지 않는다!(그림 59 참조)

그림 59

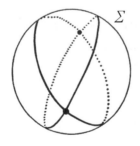

보통 사람을 위한 현대 수학

이로써 우리에게는 세 종류의 기하학이 주어졌다. 임의의 직선에 대한 평행선이 하나만 존재하는 유클리드 기하학과 평행선이 여러 개 존재하는 쌍곡기하학hyperbolic geometry, 그리고 평행선이 존재하지 않는 타원기하학elliptic geometry이 바로 그것이다.

독일의 수학자 베른하르트 리만Bernhard Riemann은 공간의 곡률에 따라 쌍곡기하학과 타원기하학이 번갈아 적용되는 '리만기하학Riemannian geometry'을 창안했다. 휘어진 면 위에서 펼쳐지는 곡면기하학은 리만 기하학의 2차원 버전에 해당한다.(그림 60 참조)

그림 60

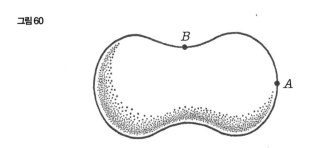

그림 60의 A 근방에서는 타원기하학이 적용되고, B 근방에서는 쌍곡기하학이 적용된다(A 근처의 표면은 타원과 비슷하고 B 근처의 쌍곡선과 비슷하기 때문에 이런 이름이 붙었다.).

리만의 아이디어는 기하학적 구조가 위치마다 변하는 3차원 공간에도 작용된다. 이것이 바로 알베르트 아인슈타인Albert Einstein이 말했던 '휘어진 공간curved space'이다! 그의 일반상대성이론에 따르면 중력은 공간(정확하게는 시공간)을 휘어지게 만든다(또는 휘어진 공간이 물질과 중력을 낳았다고 말할 수도 있다.).

일부 지역에서 시공간에 타원기하학이 적용된다면 길게 늘어난 직선은 결국 출발점으로 되돌아오고, 심지어 시간까지도 계속 흐르다보면 시간이 처음 흐르기 시작한 시점으로 되돌아온다. 직관적으로는 별로 그럴 것 같지 않지만, 일부 천문학자들은 우주의 두 대척점에 라디오별 radio star(라디오파를 방출하는 별)이 쌍으로 존재한다고 믿고 있다. 이들의 주장에 따르면 한 쌍의 라디오별을 두 개의 반대 방향에서 바라보면 쌍이 아니라 하나인 것처럼 보인다고 한다.

보통 사람을 위한 현대 수학

9장

수 헤아리기: 유한과 무한

곰돌이 푸가 말했다.

"14, 어서 들어와. 아니지, 15였던가?
항상 헷갈린단 말이야, 뭐 좋은 수가 없을까……?"

– 앨런 밀른

아이들에게 '숫자 헤아리기counting'를 가르칠 때 처음부터 수의 의미를 강조하는 것은 별로 좋은 생각이 아니다. 그보다는 '개 두 마리'와 '사과 두 개', 그리고 '책 두 권', …… 등 눈에 보이는 물건으로 현실적 예를 들어주면 아이들은 '2'라는 공통점을 서서히 간파하면서 수의 개념을 자연스럽게 터득하게 된다.

수는 집합이 갖고 있는 특성 중 하나이다. 사과와 개는 수와 무관하지만, '사과 두 개의 집합'와 '개 두 마리의 집합'은 두 개의 원소로 이루어져 있다. 우리가 헤아리는 것은 사물이 아니라 사물의 집합이다. 수학자들은 과거에 수의 정체를 탐구하기 시작하면서 이 사실을 제일 먼저 떠올렸다. 또한 그들은 수 자체의 의미를 서술하는 것보다 두 숫자가 같을 때 그 의미를 서술하는 것이 훨씬 쉽다는 사실도 알게 되었다.

어린아이에게 컵받침에 얹은 컵 두 개를 주면 처음에는 컵 두 개만 인식하다가 얼마 후 '컵받침도 두 개가 있다.'는 사실을 깨닫게 된다. 여섯 사람이 의자 다섯 개를 놓고 의자 놀이를 하면 누군가 한 사람은 벌칙을 받기 마련이다. 극장의 모든 좌석에 관객이 한 사람씩 앉아 있다면, 극장 주인은 굳이 관객의 수나 팔려나간 표를 헤아리지 않아도 몇

보통 사람을 위한 현대 수학

장의 관람권이 팔렸는지를 알 수 있다(물론 좌석 수가 몇 개인지 알고 있어야 한다.).

이는 곧 '동일한 수'의 개념이 '수' 자체의 개념과 무관하다는 것을 의미한다. 두 줄의 길이를 비교할 때 구체적인 값을 알 필요 없이 나란히 대보는 것도 같은 맥락이다. 또는 두 물체의 무게를 비교할 때 양팔저울을 사용하면 각 물체의 정확한 무게를 모르더라도 가볍거나 무거운 것을 골라낼 수 있다. 일반적으로 물체의 특성을 서술하는 것보다 여러 물체가 공통적인 특성을 갖고 있을 때 상대비교하는 것이 훨씬 쉽다. 후자의 경우에는 물체의 특성을 알 필요 없이, 그것을 비교하는 수단만 있으면 된다.

길이나 무게는 간단한 도구를 통해 비교할 수 있다. 그렇다면 숫자의 경우는 어떨까?

극장에 앉아 있는 관객으로 돌아가보자. 좌석 수와 관람객 수를 비교하려면 다음의 조건이 만족되어야 한다.

(i) 한 사람 당 하나의 좌석이 배당되어야 한다.
(ii) 하나의 좌석에는 한 사람만 앉아야 한다.

좌석의 집합을 S라 하고 관람객의 집합을 P라 했을 때, $p \in P$인 모든 p(관람객)와 좌석의 대응관계를 말해주는 함수 $f(p) \in S$를 정의할 수 있다. 위의 두 조건이 만족되면 이 함수는 $f : P \to S$로 표현되는 전단사함수이다. 왜 그런가? 조건 (i)은 p와 $f(p)$의 대응규칙을 결정하고, (ii)가 만족되면 전사함수이면서(하나의 p에 하나의 $f(p)$가 대응됨) 단사함수(하나의 $f(p)$에 하나의 p가 대응됨)이기 때문이다.

일반적으로 두 집합 사이에 전단사함수가 존재하면 두 집합의 원소의 수가 같고, 역으로 두 집합의 원소 수가 같으면 둘 사이를 연결하는 전단사함수가 존재한다. 이 상황을 그림으로 표현하면 그림 61과 같다.

그림 61

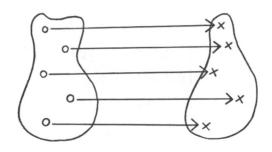

두 집합 사이에 전단사함수가 존재할 때, 이들을 '동수同數관계에 있다equinumerous'고 한다. 원소의 수가 같다는 뜻이지만, 이 용어를 도입하면 굳이 '원소의 수'라는 말을 쓸 필요가 없다(물론 원소의 수를 몰라도 된다!). 정수의 집합 **Z**와 '모든 집합의 집합' 등은 동수관계에 있는 합동류로 쪼갤 수 있으며, 합동류 안에 포함된 원소 하나만 알고 있으면 합동류가 어떤 종류인지 알 수 있다. 예를 들어, $\{a, b, c, d, e\}$가 포함된 합동류는 $\{a, b, c, d, e\}$와 동수관계에 있는 모든 집합을 포함한다. 즉. 이들은 원소의 개수가 다섯 개인 집합들이다(그림 62 참조).

이런 맥락에서 숫자 5는 다음과 같이 정의할 수 있다.

(i) '다섯 개의 원소로 이루어진 집합'의 원소의 수 또는

(ii) '다섯 개의 원소로 이루어진 집합'과 동수관계에 있는 집합의 원소의 수

그림 62

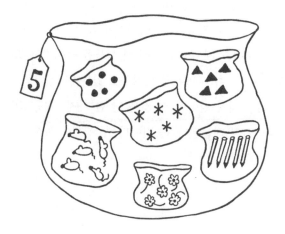

독일의 수학자 고틀로프 프레게Gottlob Frege가 지적했던 것처럼, 지금 우리는 매우 희한한 상황에 직면했다. 놀랍고도 신비하면서 정의를 내릴 수 없는 '수'라는 개념에 봉착한 것이다! '주어진 집합이 속한 합동류'는 개념상으로 아무런 문제가 없다. 같은 합동류에 속한 두 집합은 원소의 수가 같다. 그러므로 합동류에 관한 모든 것을 파악하면 수의 모든 것을 파악할 수 있다.

이런 상황에서 우리가 취할 수 있는 태도는 다음 두 가지 중 하나다.

(A) 합동류가 무엇이건 간에, 수가 아닌 것만은 분명하다. 그들은 그들만의 거동 방식이 있다.

(B) 나는 수가 무엇인지 모른다. 그냥 별 생각 없이 쓰고 있을 뿐이다. 그런데 합동류는 내가 막연하게 짐작하고 있는 '수'와 거동 방식이 비슷하기 때문에 같은 것으로 취급하고 싶다.

어느 쪽을 취해도 상관없지만, (A)보다 (B)가 바람직하다는 것만은 분명하다. 합동류를 '수를 정의하는 수단'으로 받아들이면 수에 대하여 완벽한 정의를 내릴 수 있다.[1] 어린아이에게 개 두 마리나 사과 두 개 또는 책 두 권을 보여줄 때 우리는 단순히 사물을 보여주고 있는가? 아니면 '2'와 관련된 합동류의 원소를 보여주고 있는가?

수에 관하여 우리가 알아야 할 것은 단 한 가지, '모든 집합은 '수'라고 부르는 무언가와 대응된다.'는 것이다. 두 집합이 동수관계이면 대응되는 수도 동일하다.

이런 특성을 가진 '수'가 존재한다는 것을 하나의 공리로 간주하면 수와 관련된 모든 연산을 재현할 수 있다. 가장 먼저 할 일은 몇 개의 수를 정의하는 것이다.

> 0은 공집합 $\varnothing$에 대응되는 수이다.
> 1은 집합 $\{x\}$에 대응되는 수이다.
> 2는 집합 $\{x, y\}$에 대응되는 수이다.
> 3은 집합 $\{x, y, z\}$에 대응되는 수이다.
> 4는 집합 $\{x, y, z, w\}$에 대응되는 수이다.
> …

물론 $x, y, z, w, \cdots\cdots$는 각기 다른 원소이다.

이제 덧셈과 곱셈을 정의할 차례다. 구체적인 방법은 이미 초등학교에서 배웠다. 거기서 우리는 3에 2를 더할 때 노트에 계수기(동그라미) 세 개를 그리고, 그 옆에 두 개를 추가로 그려서 일렬로 나열한 후 전체 개수를 헤아렸다.

여기서 중요한 것은 모든 계수기가 달라야 한다는 것이다. 나중에 추가한 두 개의 계수기 중 하나가 처음에 제시된 세 개 중 하나와 같다면

그림 63

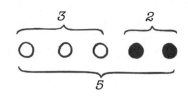

틀린 답을 얻게 된다!

두 수의 덧셈은 이와 비슷한 방법으로 정의할 수 있다. 일단 두 개의 수 m, n을 취한 후 m이 속한 집합 M과 n이 속한 집합 N을 찾는다. 단, M과 N은 '서로소'여야 한다(집합론의 기호로 표현하면 $M \cap N = \varnothing$이다.). 그다음으로 $M \cup N$을 취한 후 거기 대응되는 수를 찾아서 $m + n$으로 정의하면 된다(그림 64).

그림 64

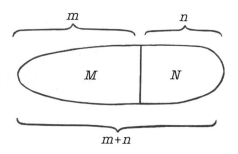

여기서 짚고 넘어갈 것이 두 가지 있다. 첫째, 어떤 수를 더하건 우리는 서로소인 두 집합 M과 N을 항상 찾을 수 있다. 만일 M과 N이 서로 소가 아니면 서로소가 될 때까지 원소를 하나씩 바꿔나가면 된다. 단, 원소를 바꿀 때에는 원래 집합과 바뀐 집합 사이에 일대일 대응관계가 유지되어야 한다. 그래야 원소의 수가 변하지 않기 때문이다.

둘째, 덧셈은 '잘 정의된' 연산이어야 한다. m, n을 각각 포함하는 다른 집합 M', N'을 찾아서 덧셈을 수행해도 같은 결과가 얻어지는가? 결과가 다르면 이런 식의 정의는 무용지물이다. 한 가지 방법으로 $2+2=4$를 얻었는데 다른 방법으로 $2+2=5$가 되었다면 덧셈은 '잘 정의된' 연산이 아니다.

모든 것이 계획한 대로 순조롭게 풀렸다고 하자. 주어진 수 m, n을 포함하는 서로소인 집합 M, N을 찾아서 덧셈을 성공적으로 수행했고, 같은 조건을 만족하는 다른 집합 M'과 N'을 찾아서 M과 M', 그리고 N과 N'의 원소의 개수가 같다는 것을 확인했다. 이는 곧 두 집합을 연결하는 전단사함수 $f: M \to M'$, $g: N \to N'$이 존재한다는 뜻이다. 여기서 $h(x)$라는 함수를

$$h(x) = \begin{cases} f(x) & x \in M \text{일 때} \\ g(x) & x \in N \text{일 때} \end{cases}$$

로 정의하면, h는 $M \cup N$을 $M' \cup N'$으로 보내는 전단사함수가 된다. 즉, $h: M \cup N \to M' \cup N'$이다(이 함수가 전단사함수라는 것은 직관적으로 자명하지만(그림 65), 직접 확인해봐야 한다.).

그림 65

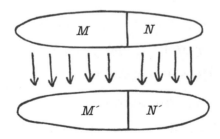

보통 사람을 위한 현대 수학

이 정도면 '2+2=4'라는 유명한 정리를 증명하는 데 필요한 정보를 충분히 확보한 셈이다.

가장 먼저 원소가 두 개이면서 서로소인 두 집합 M과 N을 찾는다. (2)의 정의에 입각하여 $M = \{x, y\}$, $N = \{a, b\}$로 골랐다고 하자. 물론 a, b, x, y는 모두 다른 원소이다. 그렇다면 $f(x) = a$, $f(y) = b$인 전단사함수가 존재하므로 M과 N은 동수관계에 있으며, 이들에게는 '2'라는 수가 대응된다. 그다음으로 $M \cup N = \{x, y, a, b\}$를 취하고 $g(x) = x$, $g(y) = y$, $g(a) = z$, $g(b) = w$로 정의하면 g는 $M \cup N$에서 집합 $\{x, y, z, w\}$로 가는 전단사함수가 된다. 이 집합은 정의에 의해 숫자 '4'에 대응되므로 $M \cup N$도 4에 대응된다. 그러므로 '+' 연산의 정의에 의해 2 + 2 = 4라는 결론이 내려지는 것이다.

이 논리를 그림으로 표현하면 그림 66과 같다.

그림 66

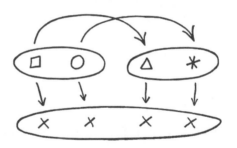

곱셈의 경우는 서로소인 집합을 도입할 필요가 없기 때문에 정의하는 과정이 덧셈보다 조금 간단하다. m과 n을 곱할 때에는 각 숫자에 해당하는 집합 M, N을 골라서 이들의 데카르트 곱(4장 참조) $M \times N$을 취하고, $M \times N$에 대응되는 수를 mn으로 정의하면 된다. 108쪽의 그림 33을 보면 이것이 올바른 정의임을 알 수 있을 것이다(곱셈에서도 M과

N을 다른 집합으로 골랐을 때 같은 결과가 얻어지는지 확인해볼 필요가 있다. 다행히도 그다지 어려운 과제는 아니다. 그림 67 참조).

그림 67

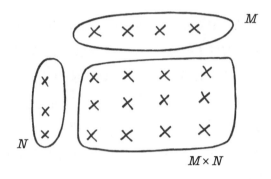

이와 같은 접근법을 사용하면 최소한 양수에 대하여 다양한 연산법 칙이 성립한다는 것을 증명할 수 있다(음수, 유리수, 실수에 대한 증명도 이 로부터 유도될 수 있다.).[2] 분배법칙을 예로 들어보자.

$$(m + n)p = mp + np$$

수 m, n, p에 대응되는 집합 M, N, P를 취하면(M과 N은 서로소) ($m + n)p$는 집합 $(M \cup N) \times P$에 대응되고, $mp + np$는 $(M \times P) \cup (N \times P)$ 에 대응된다. 그런데 $(M \cup N) \times P$는 $x \in M$(또는 N), $y \in P$인 모든 순서 쌍 (x, y)로 이루어져 있고 $(M \times P) \cup (N \times P)$는 $x \in M, y \in P$ 또는 $x \in N, y \in P$인 모든 순서쌍 (x, y)로 이루어져 있으므로 두 집합은 같은 집 합이다(그림 68 참조).

두 집합이 같으면 한 집합에서 다른 집합으로 가는 전단사함수가 당 연히 존재한다. 같은 원소끼리 대응시키는 항등함수가 바로 그것이다.

보통 사람을 위한 현대 수학

그림 68

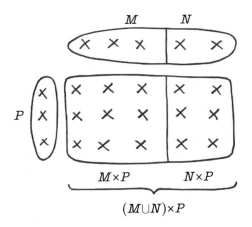

$$(M \cup N) \times P$$

따라서 두 집합은 동수이며, 연산의 정의에 의해 $(m + n)p = mp + np$ 가 성립한다.

다른 연산법칙도 이와 비슷한 방법으로 증명할 수 있다.

끝으로, 아이들이 사물을 헤아리는 방식을 다른 관점에서 해석해보자. 아이들은 주어진 물건을 하나씩 가리키면서 '하나, 둘, 셋……'과 같은 식으로 세어나간다. 수를 정의하는 표준집합으로 $\varnothing$, {1}, {1, 2}, {1, 2, 3}, {1, 2, 3, 4}……를 취하면(여기서 1, 2, 3, 4는 단순한 기호이다.), 수를 헤아리는 행위는 '주어진 집합과 표준집합의 일대일 대응'과 비슷해진다 (그림 69 참조).

그림 69

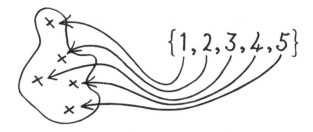

독일의 수학자 게오르크 칸토어Georg Cantor는 지금까지 펼쳤던 모든 논리가 유한집합뿐 아니라 무한집합에도 똑같이 적용될 수 있음을 깨달았다(앞에서 유한집합이라고 명시한 적은 없지만, 우리가 다뤘던 사례는 모두 유한집합이었다.). 전단사함수는 무한집합에도 적용 가능하므로, 서로 동수관계에 있는 무한집합은 원소의 개수가 같다.

따지기 좋아하는 사람들의 잔소리를 피하기 위해, '카디널cardinal(또는 초한수transfinite number)'이라는 용어를 도입하자(새로운 용어가 아니라 기존의 용어를 개조한 것이다.). 유한집합의 카디널은 원소의 수이며, 무한집합의 카디널은 집합의 종류에 따라 다양한 특성을 갖고 있다. 카디널에는 덧셈과 곱셈의 정의가 똑같이 적용되고 교환법칙, 결합법칙, 분배법칙도 성립하지만, 무한대로 확장할 때에는 각별히 주의해야 한다.

카디널의 이상한 특성 중 하나는 1638년 갈릴레오 갈릴레이Galileo Galilei에 의해 발견되었다. 수를 연구하다가 하나의 집합과 그 부분집합 사이에 일대일 대응관계가 성립한다는 놀라운 결론에 도달한 것이다. $f(n) = n^2$으로 정의된 함수는 0을 포함한 자연수의 집합● N과 완전제곱수(N의 부분집합)를 일대일로 연결하는 전단사함수이다. 즉, 무한집합은 자신의 부분집합과 카디널이 같을 수도 있다. 따라서 "전체는 부분보다 크다."는 유클리드의 선언은 "전체는 부분보다 크거나 같다."로 바뀌어야 한다. 여기서 "같다"는 말은 '동수관계에 있다'는 뜻이다.

이 일대일 대응관계를 시각화하면 다음과 같다.

● 영어로는 whole number라 하는데, 한국어에는 이에 해당하는 용어가 없어서 0을 포함한 자연수, 앞에서는 전체 수로 번역했다. 앞으로도 이 용어가 꽤 자주 나오는데, 번거롭더라도 이해해주기 바란다.

$$0 \quad 1 \quad 2 \quad 3 \quad 4 \quad 5 \quad 6 \quad \cdots \quad n \quad \cdots$$
$$\updownarrow \quad \updownarrow \quad \updownarrow \quad \updownarrow \quad \updownarrow \quad \updownarrow \quad \updownarrow \qquad \updownarrow$$
$$0 \quad 1 \quad 4 \quad 9 \quad 16 \quad 25 \quad 36 \quad \cdots \quad n^2 \quad \cdots$$

이뿐만이 아니다. N과 짝수의 집합, N과 홀수의 집합, N과 정수의 집합, 심지어 N과 소수의 집합에서도 일대일 대응관계를 만족한다.

$$0 \quad 1 \quad 2 \quad 3 \quad 4 \quad 5 \quad 6 \quad \cdots$$
$$\updownarrow \quad \updownarrow \quad \updownarrow \quad \updownarrow \quad \updownarrow \quad \updownarrow \quad \updownarrow$$
$$0 \quad 2 \quad 4 \quad 6 \quad 8 \quad 10 \quad 12 \quad \cdots$$

$$0 \quad 1 \quad 2 \quad 3 \quad 4 \quad 5 \quad 6 \quad \cdots$$
$$\updownarrow \quad \updownarrow \quad \updownarrow \quad \updownarrow \quad \updownarrow \quad \updownarrow \quad \updownarrow$$
$$1 \quad 3 \quad 5 \quad 7 \quad 9 \quad 11 \quad 13 \quad \cdots$$

$$0 \quad 1 \quad 2 \quad 3 \quad 4 \quad 5 \quad 6 \quad \cdots$$
$$\updownarrow \quad \updownarrow \quad \updownarrow \quad \updownarrow \quad \updownarrow \quad \updownarrow \quad \updownarrow$$
$$0 \quad 1 \quad -1 \quad 2 \quad -2 \quad 3 \quad -3 \quad \cdots$$

$$0 \quad 1 \quad 2 \quad 3 \quad 4 \quad 5 \quad 6 \quad \cdots$$
$$\updownarrow \quad \updownarrow \quad \updownarrow \quad \updownarrow \quad \updownarrow \quad \updownarrow \quad \updownarrow$$
$$2 \quad 3 \quad 5 \quad 7 \quad 11 \quad 13 \quad 17 \quad \cdots$$

그러므로 위에 제시된 모든 집합은 카디널이 같다. 0을 포함한 자연수의 집합 N의 카디널을 $\aleph_0$라 한다('알레프 제로aleph-zero'라고 읽는다.). 칸토어는 $\aleph_0$, $\aleph_1$, $\aleph_2$, $\cdots$로 이어지는 무한히 많은 카디널을 도입했다(이 중 $\aleph_0$가 가장 작다.).

카디널이 $\aleph_0$인 집합을 가산집합countable set[*]이라 하고(시간은 무한히 걸리겠지만, 일대일 대응관계를 이용하여 헤아릴 수 있기 때문이다!), 가산집합이 아닌 무한집합을 비가산집합uncountable set이라 한다.

짝수의 집합 A와 홀수의 집합 B는 가산집합이다. 이들은 서로소이며, $A \cup B = \mathbf{N}$이다. 또한 카디널의 정의에 의해 $\mathbf{N}$의 카디널은 A의 카디널과 B의 카디널의 합이므로

$$\aleph_0 + \aleph_0 = \aleph_0$$

이다. 이상하게 들리겠지만, $\aleph_0$의 두 배는 $\aleph_0$와 같다. 이것은 무한대를 다루면서 치러야 할 또 하나의 대가이다(카디널의 뺄셈은 정의되지 않았기 때문에 $\aleph_0 = 0$이라고 주장할 수는 없다.).

큰 무한대와 작은 무한대

카디널은 크기를 통해 서로 비교할 수 있다. 유한 카디널의 경우 집합 M의 원소가 N의 원소보다 적으면 M에서 N으로 가는 단사함수가 존재한다(그림 70 참조).

그림 70

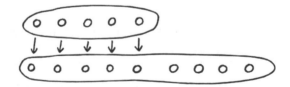

[*] 원소의 수를 헤아릴 수 있는 집합

보통 사람을 위한 현대 수학

이 결과를 일반화해보자. 무한 카디널 α와 β를 카디널로 갖는 집합 A, B 사이에 단사함수 $f: A{\rightarrow}B$가 존재할 때, 'α는 β보다 작거나 같다.'고 한다. 다시 말해서, 카디널=α인 집합이 카디널=β인 집합의 부분집합과 일대일로 짝을 이루면

$$\alpha \leq \beta$$

의 관계가 성립한다는 뜻이다. $\alpha \leq \beta$면서 $\alpha \neq \beta$이면 'α는 β보다 작다.'고 한다.

카디널의 대소관계를 정리하면 다음과 같다.

(i) 임의의 카디널 α에 대하여 $\alpha \leq \alpha$이다.

(ii) $\alpha \leq \beta$이고 $\beta \leq r$이면 $\alpha \leq r$이다.

(iii) $\alpha \leq \beta$이고 $\beta \leq \alpha$이면 $\alpha = \beta$이다.

(iii)은 직관적으로 그럴듯하지만 증명이 어렵다. 정식 명칭은 '슈뢰더-베른슈타인 정리Schröder-Bernstein theorem'인데, 자세한 증명은 개릿 버코프Garrett Birkhoff와 손데스 매클레인 Saunders MacLane의 대수학 책을 참고하기 바란다.[3]

지금까지 언급된 무한 카디널은 $\aleph_0$뿐이다. 그 외에 다른 것도 찾을 수 있을까?

유리수의 집합 $\mathbf{Q}$는 정수의 집합보다 크다. 실제로 이웃한 정수 사이에는 무수히 많은 유리수가 존재한다. 따라서 유리수의 카디널은 정수의 카디널보다 화끈하게 클 것 같다. 글쎄…… 과연 그럴까?

유리수 $p/q(q \neq 0)$를 무한히 큰 바둑판에 다음과 같이 나열해보자.

	3/-3	3/-2	3/-1	3/1	3/2	3/3	
···	3/-3	3/-2	3/-1	3/1	3/2	3/3	···
···	2/-3	2/-2	2/-1	2/1	2/2	2/3	···
···	1/-3	1/-2	1/-1	1/1	1/2	1/3	···
···	0/-3	0/-2	0/-1	0/1	0/2	0/3	···
···	-1/-3	-1/-2	-1/-1	-1/1	-1/2	-1/3	···
···	-2/-3	-2/-2	-2/-1	-2/1	-2/2	-2/3	···
···	-3/-3	-3/-2	-3/-1	-3/1	-3/2	-3/3	···

이제 바둑판의 0/1에 해당하는 위치에서 출발하여 나선형으로 돌아가는 경로를 생각해보자(그림 71 참조).

그림 71

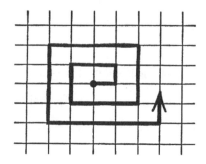

이 경로를 계속 따라가면 모든 유리수 p/q를 거쳐가게 된다. 따라서 우리는 $f: \mathbf{N} \rightarrow \mathbf{Q}$라는 함수를 정의할 수 있다. 여기서 $f(n)$은 '이전과 같지 않은 n번째 유리수'이다.[*] 이 규칙에는 모호한 구석이 전혀 없으므

---

[*] 예를 들어, 1/2는 세 번째 유리수지만 그전에 거쳐간 0/1 = 0/2 = 0으로 같기 때문에 '두 번째 유리수'에 해당한다. 즉, $f(2) = 1/2$이다.

로 f는 '잘 정의된 함수'이다. 또한 f는 모든 유리수를 하나도 남김없이 거쳐가므로 전사함수이며, 이미 나왔던 유리수는 정의역에서 제외되기 때문에 단사함수이다. 따라서 우리가 정의한 함수는 **N**과 **Q**를 연결하는 전단사함수(일대일 대응함수)이다. 즉, **Q**의 카디널은 **N**과 마찬가지로 $\aleph_0$이다.

경로를 계속 따라갈 때 처음 등장하는 유리수는 0/1, 0/2, 1/2, 1/1, 1/-1, 0/-1, -1/-1, -1/1, -1/2, -1/3, 0/3, 1/3, 2/3, 2/2, ······ 등이다. 그런데 이 중 0/1 = 0/2 = 0/-3 = 0/3 = 0이고, 1/1 = 2/2 = -1/-1 = 1 이므로, 중복된 수를 제외하면 일대일 대응관계가 성립한다. 이 함수에서 **N**과 **Q**의 대응관계를 시각화하면 다음과 같다.

0	1	2	3	4	5	6	7	8	···
↕	↕	↕	↕	↕	↕	↕	↕	↕	
0	1/2	1	-1	-1/2	-1/3	1/3	2/3	2	···

아랫줄에 나열된 유리수는 규칙이 쉽게 눈에 띄지 않는다. 하지만 나선을 따라간다는 확실한 지침이 있으므로 문제될 게 없다. n번째 유리수에 해당하는 $f(n)$을 공식으로 쓰기는 쉽지 않지만, 이것은 함수가 갖춰야 할 의무조항이 아니므로 상관없다.

카디널이 $\aleph_0$보다 클 것 같은 또 하나의 후보로는 실수의 집합 **R**를 들수 있다. 그런데 다시 생각해보니 임의의 실수는 유리수를 이용하여 무한정 비슷하게 표현할 수 있으므로, 실수와 유리수는 카디널이 같을 것 같다. 하지만 이번에는 아니다. **R**의 카디널(일단은 **c**로 표기하자)은 $\aleph_0$보다 크다.

이것은 귀류법으로 증명할 수 있다. 일단 0을 포함한 자연수와 실수 사이에 일대일 대응관계가 성립한다고 가정하자. 임의의 실수는 십진 표기법을 이용하여 다음과 같이 쓸 수 있다.

$$A.a_1a_2a_3\cdots$$

여기서 A는 0을 포함한 자연수이고 '.'은 소수점이며, a_i는 0~9 사이의 정수 중 하나이다(곱하기가 아니라 2.39074……처럼 십진표기법으로 나열한 것이다.). 그런데 십진표기법에는 약간 모호한 구석이 있다. 예를 들어, 0.100000……은 0.0999999……와 같다(0과 9가 무한히 반복되는 경우). 그래서 9가 무한히 반복되는 표기는 쓰지 않기로 한다.

그러면 $\mathbf{N}{\rightarrow}\mathbf{R}$의 일대일 대응관계는 다음과 같은 형태로 쓸 수 있다.

$$0 \leftrightarrow A.a_1a_2a_3a_4a_5\cdots$$
$$1 \leftrightarrow B.b_1b_2b_3b_4b_5\cdots$$
$$2 \leftrightarrow C.c_1c_2c_3c_4c_5\cdots$$
$$3 \leftrightarrow D.d_1d_2d_3d_4d_5\cdots$$
$$4 \leftrightarrow E.e_1e_2e_3e_4e_5\cdots$$
$$\vdots \qquad \vdots$$

왼쪽 세로줄에는 $\mathbf{N}$(0을 포함한 자연수의 집합)에 속하는 모든 수가 빠짐없이 등장하고, 오른쪽 세로줄에는 $\mathbf{R}$에 속한 모든 실수가 빠짐없이 등장한다.

이제 다음과 같은 수를 생각해보자.

$$K = 0.z_1z_2z_3z_4z_5\cdots$$

$z_1 \neq a_1$, $z_2 \neq b_2$, $z_3 \neq c_3$, $z_4 \neq d_4$, $z_5 \neq e_5$……가 되도록 잡으면 K는 앞에서 오른쪽 세로줄에 열거한 어떤 실수와도 같지 않다(일반적으로 z_n은 정수 $n-1$에 대응되는 실수의 소수점 이하 n번째 자릿수와 같지 않다.). 모호한 경우를 제거하기 위해 z_i는 0이나 9가 아니라고 하자. 그래도 방금 말한 조건을 만족하는 K를 만드는 데에는 아무런 문제가 없다.

K는 실수임이 분명하지만, $z_1 \neq a_1$이므로 목록의 첫 번째 실수와 같지 않다. 또 $z_2 \neq b_2$이므로 두 번째 실수와도 같지 않으며, $z_3 \neq c_3$이므로 세 번째 실수와도 같지 않고…… 기타 등등이다. 즉, K는 앞의 목록에 없는 실수이다.

그런데 우리는 $\mathbf{R}$에 속한 모든 실수가 빠짐없이 등장하는 목록에서 출발했으므로 이것은 명백한 모순이다. 그러므로 위와 같은 목록은 애초부터 존재하지 않으며, $\mathbf{N}$과 $\mathbf{R}$ 사이에는 일대일 대응관계가 성립하지 않는다. 즉, $\mathbf{R}$의 카디널 $\mathbf{c}$는

$$\mathbf{c} \neq \aleph_0$$

이다. 그러나 $\mathbf{N} \rightarrow \mathbf{R}$로 가는 단사함수는 분명히 존재하므로

$$\aleph_0 \leq \mathbf{c}$$

이며, 위의 결과를 적용하면

$$\aleph_0 < \mathbf{c}$$

임을 알 수 있다. 그러므로 카디널의 관점에서 볼 때 실수는 유리수보다

많고, 유리수와 정수는 개수가 같다.

그렇다면 **c**는 칸토어가 말했던 $\aleph_1$일까? $\aleph_0$보다 크면서 **c**보다 작은 카디널이 존재하지 않는다면 우리의 짐작이 맞을 것이다. 1963년 폴 코언 Paul J. Cohen이 이 의문을 해결했는데, 결과가 사뭇 의외여서 자세한 논의는 20장에서 다루겠다.

카디널 중에는 **c**보다 큰 것도 있다. 사실 '가장 큰 카디널'이란 존재하지 않는다. 임의의 카디널 a보다 큰 카디널을 항상 찾을 수 있기 때문이다. 카디널이 a인 임의의 집합을 A라 하고, A의 모든 가능한 부분집합의 집합을 P라 하자. P의 카디널을 β라 하면 $\beta > a$임을 증명할 수 있다.

우선 $x \in A$인 모든 x에 대하여 $f(x) = \{x\}$는 $A \to P$로 가는 단사함수이므로 $a \le \beta$임은 분명하다. 그런데 $a = \beta$이면 $h: A \to P$라는 전단사함수가 존재하며, $x \in A$인 모든 x에 대하여 $h(x)$는 A의 부분집합이다. 단, $x \in h(x)$일 수도 있고, $x \notin h(x)$일 수도 있다. 이제 다음과 같은 집합 T를 정의하자.

$$T = \{x \mid h(x)\text{에 속하지 않는 } x\}$$

T는 A의 부분집합이므로 $T \in P$이다. 그런데 h는 전단사함수이므로 $t \in A$이면서 $h(t) = T$인 t가 존재한다.

$t \in h(t)$이면 $t \in T$이다. 그러나 $x \in T$인 임의의 x에 대하여 $x \notin h(x)$이므로(T의 정의가 원래 그랬다.) $t \notin h(t)$가 되어 모순이 발생한다. 반면에 $t \notin h(t)$이면 t는 T의 조건을 만족하므로 $t \in T$이다. 그러나 $T = h(t)$이므로 $t \in h(t)$가 되어 역시 모순이다.

두 경우 모두 모순이 발생한다는 것은 함수 h가 존재하지 않는다는 뜻이고, 이는 곧 $\beta \ne a$라는 가정이 틀렸음을 의미한다. 그러므로

$$\alpha < \beta$$

임을 알 수 있다.

이 결과를 이용하면 **R**가 비가산집합임을 다른 방식으로 증명할 수 있다. 정수의 각 부분집합 S에 대하여 다음과 같은 실수를 대응시켜보도록 하자.

$$0.a_1a_2a_3\cdots$$

여기서 $n \in S$이면 $a_n = 1$이고, $n \notin S$이면 $a_n = 2$이다. 물론 S를 다른 부분집합으로 취하면 a_n도 달라진다. 따라서 **N**의 부분집합에서 **R**로 가는 단사함수가 존재하게 되는데, **N**의 부분집합으로 이루어진 집합의 카디널은 $\aleph_0$보다 크므로 **R**의 카디널도 $\aleph_0$보다 크다.

초월수

무한 카디널로 할 수 있는 일이 무한 카디널에 관한 정리를 증명하는 것뿐이라면, 카디널의 개념은 별 다른 관심을 끌지 못했을 것이다. 수학자들이 카디널에 관심을 갖는 이유는 카디널과 무관한 정리를 증명할 때에도 매우 유용하기 때문이다.

일부 실수는 다음과 같은 다항방정식을 만족한다.

$$a_n x^n + a_{n-1} x^{n-1} + \cdots + a_0 = 0$$

여기서 계수 a_i는 모두 정수이다. 예를 들어, $\sqrt{2}$는

$$x^2 - 2 = 0$$

을 만족한다. 일반적으로 다항방정식의 해가 될 수 있는 수를 대수적 수 algebraic number라고 하며, 대수적 수가 아닌 실수를 초월수 transcendental number라 한다.

6장에서 우리는 '작도 가능한' 모든 수가 계수가 유리수인 다항방정식의 해가 될 수 있음을 확인한 바 있다. 그런데 방정식의 계수가 유리수(p/q 형태)이면 각 계수의 모든 분모를 양변에 일괄적으로 곱해서 모든 계수를 정수로 만들 수 있다. 따라서 작도 가능한 모든 실수는 대수적 수이다. 그러나 원주율 π는 어떤 다항방정식도 만족하지 않기 때문에 대수적 수가 아니다. 즉, π는 초월수이다.

수학자들은 오랜 세월 동안 π가 초월수임을 증명하지 못한 채, 그럴 것이라고 짐작만 하고 있었다. 더욱 난처한 것은 π뿐만 아니라 그 어떤 수도 초월수임을 증명할 방법이 없었다는 것이다. 1844년에 프랑스의 수학자 조제프 리우빌Joseph Liouville이 '초월수가 존재한다'는 것을 증명했으나, 증명과정이 너무 난해하여 아무도 이해하지 못했다. 그 후 1873년에 샤를 에르미트Charles Hermite는 자연로그의 밑수인 e가 초월수임을 증명했고, π가 초월수라는 것은 1882년 페르디난트 폰 린데만을 통해 증명되었다.

그러나 1874년에 칸토어는 '실질적인 사례를 전혀 들지 않은 채' 무한 카디널을 이용하여 초월수의 존재를 증명하는 데 성공했다. 지금부터 그의 증명을 따라가보자.

다항식

보통 사람을 위한 현대 수학

$$a_n x^n + a_{n-1} x^{n-1} + \cdots + a_0$$

가 주어졌을 때, 이 식의 '높이'를 다음과 같이 정의한다.

$$|a_0| + |a_1| + \cdots + |a_n| + n$$

예를 들어, 다항식 $x^2 - 2$의 높이는

$$|-2| + |1| + 2$$
$$= 2 + 1 + 2$$
$$= 5$$

이다. 따라서 정수계수를 갖는 모든 다항식은 높이가 유한하다. 재미있는 것은 특정 높이 h를 갖는 다항식의 수가 유한하다는 점이다. 방정식의 차수 n은 h보다 작거나 같고($n \le h$) 각 항의 계수는 $-h$, $-h+1$, $\cdots$, -1, 0, 1, 2, $\cdots$, h 중 하나이므로, 높이가 h인 다항식의 수는

$$(2h + 1)^{h+1}$$

을 초과할 수 없다(더 정확한 증명도 있지만 우리에게는 이것으로 충분하다.).

그러므로 마음만 먹으면 계수가 정수인 모든 다항식의 목록을 만들 수 있다. 가장 먼저 높이가 1인 다항식을 열거하고, 그 밑에 높이가 2인 다항식을 열거하고, 다시 그 밑에 높이가 3인 다항식을 열거하고…… 이런 식으로 계속하면 된다. 주어진 높이에 해당하는 다항식의 수가 유한하기 때문에 임의의 h에 해당하는 목록은 무한히 길지 않으며, 이 작

업을 계속하다보면 모든 다항식이 망라될 것이다.●

높이가 1인 다항식은 1과 −1 단 두 개뿐이며, 높이가 2인 다항식은 2, −2, x, −x이다. 높이가 3인 다항식은 $2x$, −$2x$, x+1, x−1, −x+1, −x−1이다. 따라서 다항식의 목록은

$$1, -1, 2, -2, x, -x, 2x, -2x, x+1, x-1, -x+1, -x-1 \cdots$$

과 같은 식으로 이어진다. 'n번째로 등장하는 다항식'을 $p_n(x)$라 하면 위의 목록은 다음과 같은 형태가 된다.

$$p_1(x), p_2(x), p_3(x), \cdots, p_n(x), \cdots$$

정수계수를 갖는 모든 다항식은 이 목록 어딘가에 들어 있다.

대수적 수는 정의에 의해, 다음 방정식의 해이다.

$$p_n(x) = 0$$

다항식 $p_n(x)$의 차수가 d이면 이 방정식은 최대 d개의 근을 갖는다. 이 근을 일렬로 나열해보자.

$$a_1, \cdots, a_d ◆$$

● 물론 n도 유한해야 한다. n(차수)이 무한대인 다항식에는 위의 논리를 적용할 수 없다.
◆ 앞에서는 방정식의 계수를 a_n으로 표기했지만, 지금 a는 계수가 아니라 방정식의 근이다. 혼동하지 말자!

보통 사람을 위한 현대 수학

모든 $p_n(x)$의 근[$p_n(x)=0$을 만족하는 x]을 일렬로 나열하면 모든 대수적 수로 이루어진 긴 수열이 얻어진다.

$$\underbrace{\beta_1, \cdots, \beta_i,}_{\substack{p_1(x) \\ = 0\text{의 근}}} \beta_{i+1}, \cdots, \underbrace{\beta_j, \cdots,}_{\substack{p_2(x) \\ = 0\text{의 근}}} \underbrace{\beta_k, \cdots, \beta_l, \cdots}_{\substack{p_n(x) \\ = 0\text{의 근}}} \quad (\dagger)$$

물론 같은 대수적 수가 두 번 이상 등장할 수도 있다.

이제 임의의 자연수 m에 대하여 '$f(m)$ = 위의 목록에서 m번째로 등장하는 대수적 수'로 정의하자(단, 앞에서 이미 나왔던 수가 다시 나오면 m 값을 증가시키지 않고 그냥 뛰어넘는다.). 그러면 f는 N에서 대수적 수로 가는 함수가 된다. ($\dagger$)에는 모든 대수적 수가 포함되어 있으므로 f는 전사함수이며, 서로 다른 대수적 수만 취하기로 했으므로 단사함수이다. 그러므로 f는 전단사함수로서 카디널이 N과 같다. 그런데 N의 카디널은 $\aleph_0$이므로 대수적 수의 카디널도 $\aleph_0$이다.

그러나 앞서 확인한 대로 실수의 집합은 비가산집합이므로, 실수 중 일부는 대수적 수가 아니다. 그러므로 실수 중에는 초월수가 반드시 존재한다.[**증명 끝**]

요약: 실수는 대수적 수보다 많기 때문에 초월수는 반드시 존재한다.

이것은 존재 여부를 확인하는 증명일 뿐이어서, 어떤 수가 초월수인지는 여전히 미지로 남아 있다. 이런 증명으로는 π가 초월수인지 아닌지 확인할 수 없다. 칸토어의 증명은 '초월수가 존재하지 않는 것은 불가능하다(반드시 존재해야 한다.)'로 요약된다.

사실 이 증명에 따르면 초월수는 대수적 수보다 많다. 실수는 대수적 수 아니면 초월수, 둘 중 하나이므로 초월수의 카디널이 $\aleph_0$라면

$$\aleph_0 + \aleph_0 = c$$

가 된다(c는 실수의 카디널이다.). 그런데 앞에서 $\aleph_0 + \aleph_0 = \aleph_0$임을 이미 확인했으므로, 초월수의 카디널은 $\aleph_0$보다 커야 한다.

칸토어의 증명이 알려지기 전까지만 해도 수학자들은 초월수를 거의 사용하지 않았기 때문에 초월수가 매우 드물다고 생각했다. 그러나 알고 보니 초월수는 엄청나게 많았고, 심지어 실수의 대부분이 초월수였다. 당신이 실수를 무작위로 어질러놓고 아무거나 집는다면, 당신의 손에는 아마도 초월수가 쥐어져 있을 것이다.

보통 사람을 위한 현대 수학

10장

위상수학

위상수학자가 뭐예요? 원숭이 밥 먹여주는 사람인가요?

– 유서 깊은 농담

20세기 수학에서 일어난 가장 놀라운 사건은 위상수학位相數學, topology 의 출현이었다. 위상수학은 흔히 '고무판 기하학rubber-sheet geometry'으로 알려져 있는데, 오해의 소지가 없는 것은 아니지만 핵심 개념을 전달하는 데에는 그런 대로 성공적인 별명이다. 간단히 말해서 위상수학은 연속변환continuous transformation에 대하여 불변인 기하학적 객체의 특성을 연구하는 분야이다. 여기서 '연속변환'이란 서로 가까이 붙어 있는 점들이 '구부리기bending'나 '잡아늘이기stretching' 등 변환을 가한 후에도 여전히 가까이 붙어 있는 변환을 의미한다. 그러므로 '찢기tearing'나 '분해하기breaking'는 연속변환에 속하지 않는다(연속변환이 이루어지는 중간 과정은 우리의 관심이 아니다. 위상수학에서 우리의 관심은 변환이 일어나기 '전' 과 '후'에 한정되어 있다. 그러므로 변환 도중에 도형의 일부를 일시적으로 끊었다가 이어 붙이는 것은 얼마든지 허용된다. '고무판 기하학'이라는 별칭에 오해의 소지가 있다고 말한 것은 바로 이런 이유 때문이다.). 연속변환을 수학적으로 엄밀하게 정의할 수도 있지만, 지금 당장은 직관적 이해만으로 충분하다. 자세한 내용은 16장에서 다루기로 한다.

도형의 위상수학적 특성은 변의 길이나 두 변 사이의 각도, 도형의 합

보통 사람을 위한 현대 수학

동과 닮음 등 유클리드 기하학에서 말하는 특성과 완전히 다른 개념이다. 예를 들어, 직선은 연속변환에 의해 얼마든지 구부러질 수 있으므로 위상수학적 특성이 아니다. 또한 직각삼각형은 연속변환을 통해 원으로 바뀔 수 있으므로, 위상수학적 관점에서 볼 때 전혀 특별한 도형이 아니다(그림 72 참조).

그림 72

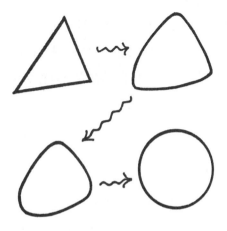

그러므로 위상수학에서 삼각형과 원은 동일한 도형으로 취급되며, 길이와 각도, 면적 등 연속변환을 통해 변할 수 있는 양은 고려 대상이 아니다. 유클리드 기하학에서 중요하게 취급되었던 기하학적 양들 중 위상수학에서 사용되는 것은 극히 일부에 불과하고, 대부분은 새로 도입된 개념으로 채워져 있다. 그래서 위상수학은 수학 중에서도 제일 어려운 과목에 속한다.

위상수학적 특성의 대표적 사례로는 도넛의 구멍을 들 수 있다. 다들 알다시피 도넛의 중앙부에는 구멍 하나가 뚫려 있는데(구멍 자체는 도형의 일부가 아니다!), 여기에 어떤 연속변환을 가해도 구멍의 수는 변하지 않는다. 또한 도형의 꼭짓점도 위상수학적 특성에 속한다. 꼭짓점이 없는 구球에 연속변환을 가하여 없던 꼭짓점을 만들 수 없기 때문이다.

연속변환은 엄청나게 다양한 형태로 구현될 수 있으므로, 위상수학적으로 다른 도형은 그리 많지 않다. 한곳에 구멍이 뚫려 있는 도형은 전체적인 형태에 상관없이 같은 도형에 속한다(구체적인 사례가 다음 절에 소개되어 있다.). 위상수학자들이 판이하게 다른 도형을 같다고 우기는 것도 바로 이런 이유 때문이다. 그들은 도형을 극단적으로 단순화시켜서 가장 근본적인 특성을 파헤치는 사람들이다. 일반적으로 대상을 단순화-일반화하면 적용 가능한 분야가 많아진다. 그래서 위상수학은 수학 중에서도 적용 대상이 가장 넓은 분야로 알려져 있다.

위상동형

위상수학에서 다루는 기본 객체를 '위상공간topological space'이라 한다. 직관적으로는 이들을 기하학적 도형으로 생각해도 상관없다. 수학적으로 말해서 위상공간은 특정한 위상을 갖는 도형들의 집합이다(종종 유클리드 공간의 부분집합을 이룬다.). 대표적 사례로는 구의 표면과 도넛의 표면, 그리고 구멍이 두 개 뚫린 도넛 등을 들 수 있다(그림 73 참조).

하나의 위상공간에 연속변환을 가하여 다른 위상공간으로 이동할 수 있고 그 반대도 연속변환으로 가능할 때, 두 위상공간을 '위상동형topologically equivalent'이라 한다. 예를 들어, 구멍이 하나 뚫린 도넛과 손잡이가 달린 커피 잔은 연속변환을 통해 오락가락할 수 있으므로 위상동형이다(그림 74 참조).

그림 73

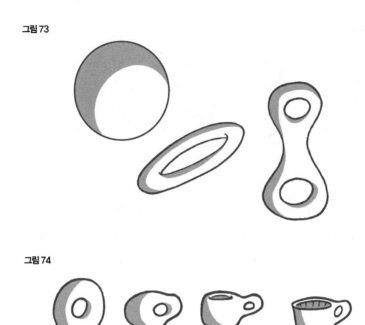

그림 74

집합론의 용어로 서술하면 다음과 같다. 두 위상공간 A, B가 위상동형이 되려면 다음의 조건을 만족하는 함수 $f: A{\rightarrow}B$가 존재해야 한다.

(i) f는 전단사함수이다.
(ii) f는 연속함수이다.
(iii) f의 역함수도 연속함수이다.

f와 f^{-1}(f의 역함수)가 모두 전단사함수여야 하는 이유는 다음과 같다. 그림 75와 같이 두 개의 덩어리를 이어 붙여서 하나의 연속체로 만들면 변환 전에 가까이 붙어 있던 점들이 변환 후에도 가까이 붙어 있으므로 연속변환의 조건을 만족한다.

그림 75

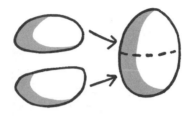

그러나 이 변환의 역변환, 즉 반대 방향으로 진행되는 변환은 연속변환이 아니다. 그림 76의 절단선(왼쪽 도형의 점선)을 경계로 위아래에 붙어 있던 점들이 절단 후에는 멀리 떨어지기 때문이다. 따라서 하나의 도형과 이것을 두 개 이상으로 분리한 도형은 위상동형이 아니다.

그림 76

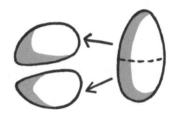

연습문제 삼아, 그림 77에 제시된 도형에서 위상동형끼리 짝을 지어 보기 바란다.[1]

특이한 공간

모든 위상공간이 공이나 도넛처럼 깔끔하게 생겼다면 위상수학은 별 볼일 없는 분야로 남았을 것이다. 그러나 몇 가지 미묘한 사례들은 우리

그림 77

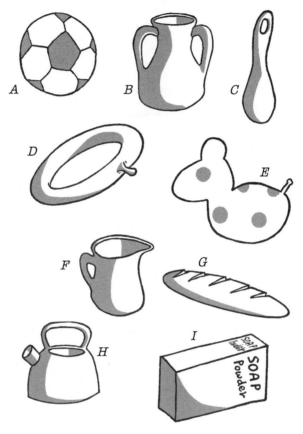

의 직관을 사정없이 뒤흔들어놓는다.

독자들은 '뫼비우스의 띠Möbius strip'라는 용어를 한번쯤 들어봤을 것이다. 띠 모양으로 생긴 종이의 한쪽 끝을 180° 뒤틀어서 반대쪽 끝과 연결하면 뫼비우스의 띠가 된다(그림 78 참조).

이것은 띠를 꼬지 않은 평범한 원통형 띠(허리띠 등)와 완전히 다른 도형이다. 원통형 띠는 모서리가 두 개지만, 뫼비우스 띠의 모서리는 단 하나뿐이다(모서리에 손가락을 얹고 직접 확인해보라!). 모서리의 수는 위상수학적 특성이기 때문에, 원통형 띠와 뫼비우스 띠는 위상동형이 될 수 없다.

그림 78

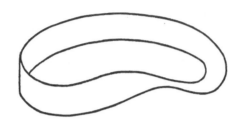

뫼비우스 띠의 또 다른 특징은 면이 하나라는 것이다. 원통형 띠는 한쪽 면을 붉은색으로, 다른 쪽 면을 푸른색으로 칠할 수 있다. 그러나 뫼비우스 띠를 이런 식으로 칠하다보면 붉은색과 푸른색이 어딘가에서 만나게 된다.

면이 하나인 공간을 수학적으로 자연스럽고 깔끔하게 정의하기란 결코 쉬운 일이 아니다. 띠에는 두께가 없으므로 모든 점은 맞은편에 '반대 점'을 갖고 있다. 평면 위의 모든 점이 그 반대편에 자신의 짝을 갖고 있는 것과 같은 이치다. 띠를 위상수학적으로 다루려면 유클리드 공간의 일부가 아니라 띠 자체를 고유한 공간으로 취급해야 하는데, 이렇게 되면 '면의 수'가 과연 위상수학적 특성인지 불분명해진다.

이 문제를 분명히 짚고 넘어가기 위해 질문 하나를 던져보자. '3차원 유클리드 공간은 몇 개의 면을 갖고 있는가?'

대부분의 독자들은 '면이 없다.'고 생각할 것이다. 공간은 모든 방향으로 무한히 확장될 수 있는데, 어떻게 면을 가질 수 있다는 말인가?

하지만 차원을 줄이면 생각이 달라진다. 당신이 2차원 평면세계에 사는 평면생명체라고 가정해보자. 2차원은 당신이 알고 있는 공간의 전부이며, 평면을 벗어난다는 것은 상상조차 할 수 없다. 이런 상황에서 당신은 평면이 몇 개의 면을 갖고 있다고 생각하겠는가? 3차원에 면이 없다고 답했다면, 이번에도 당연히 '면이 없다.'고 답할 것이다. 평면은 모든 방향으로 무한히 확장될 수 있기 때문이다. 그러나 다들 알다시피 아무리 넓은 평면도 두 개의 면을 갖고 있다. 다만 2차원 평면에 구속된 생명체는 면을 이탈하는 방향으로 이동할 수 없을 뿐이다.

다시 말해서, 우리 눈에 보이는 면의 수는 우리가 살고 있는 공간의 차원에 달려 있다, 시간을 네 번째 차원으로 간주하면 3차원 공간은 '과거'와 '미래'라는 두 개의 면을 갖고 있는 셈이다.

이렇게 생각하면 면의 위상수학적 특성은 고사하고 면의 수를 정의하는 것조차 어려워진다. 그러나 뫼비우스의 띠에 생명체가 살고 있다면 굳이 고차원을 고려하지 않아도 자신이 살고 있는 공간의 특성을 확인할 수 있다. 이 생명체들도 우리처럼 엄지손가락이 마주 보고 있는 두 개의 손을 갖고 있다고 가정하자. 즉, 이들에게도 '왼쪽'과 '오른쪽'이라는 개념이 있다. 그래서 이들이 착용하는 벙어리장갑도 그림 79처럼 우리 것과 비슷하게 생겼다.

그림 79

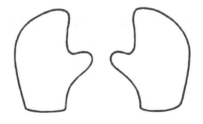

어느 추운 날 아침, 뫼비우스 띠에 살고 있는 한 생명체가 잠에서 깨어나 옷을 입다가 깜짝 놀랐다. 서랍에 넣어뒀던 오른손 장갑이 모두 없

어지고 왼손 장갑만 남아 있었기 때문이다. 그러나 그는 잠시 생각한 후 해결책을 찾았다. 그림 80과 같이 뫼비우스 띠를 따라 왼손 장갑을 한 바퀴 돌리면 오른손 장갑이 된다.

그림 80

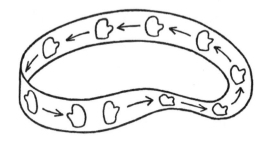

우리에게는 기상천외한 일이지만 뫼비우스 띠에서는 얼마든지 가능하다. 띠를 따라 한 바퀴 돌면 장갑뿐만 아니라 모든 것의 좌우가 뒤바뀐다. 자신이 직접 띠를 따라 한 바퀴 돌면 거울에 비친 상처럼 왼손은 오른손으로, 오른손은 왼손으로 바뀌고 왼쪽 가슴에 있던 심장은 오른쪽으로 이동할 것이다.

종이로 뫼비우스의 띠를 만들어서 그림을 그려보면 이와 같은 성질을 확인할 수 있다. 그러나 종이의 양면에 존재하는 점을 고려하려면 종이를 높이 들고 빛에 비춰보거나 종이 대신 투명하고 얇은 플라스틱으로 뫼비우스 띠를 만들어야 한다. 이것이 번거롭다면 상상 속의 뫼비우스 띠와 양손을 이용하는 방법도 있다. 단, 당신의 손은 3차원 물체이므로 손의 두께는 무시하고 외곽선만 고려해야 한다. 두 손을 들어서 양손바닥이 서로 반대 방향을 향하도록 돌리고 두 엄지손가락은 같은 방향으로, 나머지 손가락은 위를 향하게 만들어 보라. 이 자세에서 왼손을 고정시킨 채 뫼비우스 띠를 따라 오른손을 돌릴 것이다. 도중에 관절이

보통 사람을 위한 현대 수학

빠지는 불상사는 없을 테니 안심하고 따라해보기 바란다. 자, 이제 오른쪽 팔꿈치를 들어서 오른손 손바닥을 수평 방향으로 기울인 후 오른손 엄지손가락이 아래를 향하도록 돌린다. 그리고 오른쪽 팔꿈치를 더 높이 올려서 네 손가락이 아래를 향하고 손등이 당신을 향할 때까지 돌린다. 이 자세에서 오른쪽 팔꿈치를 고정한 채 양손의 높이가 같아지도록 자세를 교정한 후, 손바닥이 안 보일 때까지 오른손을 돌린다(이 부분에서 약간의 유연성이 필요하다.). 이상적인 경우를 재현하려면 여기서 손을 더 돌려야 하는데, 관절의 구조상 더 돌아가면 탈골될 수도 있으므로 양손이 나란해질 때까지 왼손을 돌린다. 여기까지 올바르게 실행했다면 왼손의 네 손가락은 위를 향하고, 오른손 네 손가락은 아래를 향하고 있을 것이다.

결코 편한 자세는 아니다. 이제 당신의 오른손은 뫼비우스 띠를 따라 한 바퀴 돌았다(왼손도 위치를 맞추기 위해 반대 방향으로 조금 돌았다.). 여기서 두 손의 상대적 위치를 그대로 유지한 채 오른손을 오른쪽으로, 왼손을 가운데로 조금 이동하면 자세가 조금 편안해진다. 이제 뫼비우스 띠를 따라 한 바퀴 더 돌아서 오른손을 뒤집을 차례다. 오른쪽 손등이 당신을 향하도록 유지한 채 오른쪽 팔꿈치를 당신에게 가까운 쪽으로 움직인다. 그러면 양손은 나란히 위쪽을 가리키고, 왼손바닥은 당신 쪽을, 오른손바닥은 그 반대쪽을 향하고 있을 것이다. 마지막으로 두 손바닥을 모으면 모든 손가락이 딱 맞게 포개지면서 기도하는 자세가 된다. 손의 '외곽선'만 놓고 본다면 당신의 오른손은 뫼비우스의 띠를 완전히 돌아온 셈이다(수학자들은 이것을 '핸드웨이빙handwaving'이라 부른다.).

면이 두 개인 세상에 사는 생명체들은 장갑의 좌우를 뒤바꾸는 변환을 구현할 수 없다(우리도 마찬가지다.).[2] 그들에게 왼쪽과 오른쪽은 절대로 바꿀 수 없는 운명이다. 그러나 뫼비우스 띠에 살고 있는 생명체들은 왼쪽과 오른쪽을 마음대로 바꿀 수 있다. 그들에게 왼쪽과 오른쪽이 의미를 갖는 경우는 물체가 공간에 고정되어 움직일 수 없을 때뿐이다. 그러므로 뫼비우스 띠 전체에 걸쳐 '왼쪽'과 '오른쪽'을 정의하는 것은 원리적으로 불가능하다. 이런 공간을 '비가향 공간non-orientable space(방향을 지정할 수 없는 공간)'이라 한다. 반면에 우리가 속한 공간은 왼쪽과 오른쪽을 광역적으로 지정할 수 있으므로 '가향 공간orientable space(방향을 지정할 수 있는 공간)'이다. 평면의 면이 두 개인 공간은 가향 공간이고, 뫼비우스 띠처럼 면이 하나인 공간은 비가향 공간에 속한다. 가향성과 비가향성은 외부 공간의 구조와 무관하게 결정되는 위상수학적 특성이다.

두 개의 뫼비우스 띠를 모서리를 따라 이어 붙이면 그림 81과 같은 클라인 병Klein bottle이 만들어진다.

그림 81

클라인 병은 모서리가 없으면서 비가향적이다(뫼비우스 띠가 비가향적이므로 당연한 결과다.). 그러나 3차원 공간에서 이 도형을 구현하려면 스스로 자기 자신을 뚫고 지나가는 수밖에 없다.

그림 82와 같은 사각형에서 출발해도 클라인 병을 만들 수 있다(먼저 두 개의 가로 방향 모서리를 이어 붙이면 기다란 원통이 되고, 한쪽 끝을 구부려

보통 사람을 위한 현대 수학

서 실린더 몸통 안으로 삽입하여 반대쪽 입구에 접착하면 3차원 버전의 클라인 병이 된다.). 사각형을 그림 83처럼 분할하면 두 개의 뫼비우스 띠가 결합하여 클라인 병이 된다는 사실을 확인할 수 있다.

그림 82

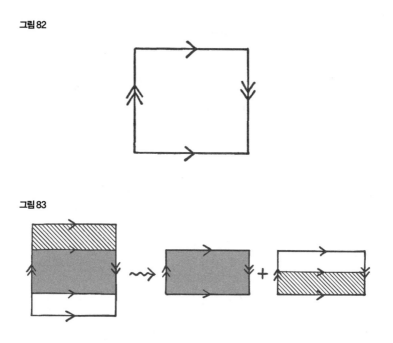

그림 83

3차원 공간에서는 클라인 병을 완벽하게 구현할 수 없기 때문에, 안과 바깥을 논하는 것 자체가 무의미하다. 4차원 공간에서는 자기 자신을 관통하지 않는 클라인 병을 만들 수 있지만, 이 경우에 안-바깥은 3차원 구의 안-바깥의 개념과 같은 의미다. 4차원 공간에서는 방해물을 관통하지 않고 얼마든지 피해갈 수 있다.

사각형을 다른 방식으로 이어 붙이면 원환면torus과 사영평면projective plane(사영기하학projective geometry에서 유래한 용어이다.)을 만들 수 있다(그림 84 참조).

그림 84

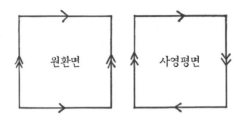

원환면은 앞서 말한 도넛의 표면으로 가향 곡면이고, 사영평면은 클라인 병처럼 모서리가 없고 비가향적이며 3차원 공간에 구현할 수 없다.

사영평면은 뫼비우스 띠와 디스크를 모서리끼리 이어 붙인 도형으로, 3차원 공간에서 구현하려면 뫼비우스 띠의 모서리를 원형으로 감은 후 스스로 교차시켜서 그림 85와 같은 크로스캡cross-cap 형태로 만들어야 한다.

그림 85

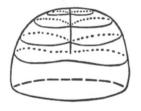

사영평면은 구멍을 메운 크로스캡이다(그림 86 참조).

마지막으로 '알렉산더의 뿔 달린 구Alexander Horned Sphere'라는 것이 있다(그림 87 참조).

이 도형은 구의 표면에서 두 가닥의 뿔을 잡아당겨 한 번 꼰 후, 끝을 두 갈래로 나눠서 다시 꼬고, 그 끝을 다시 두 갈래로 나눠서 꼬고…… 이 과정을 무한히 반복한 것이다. 물론 과정이 반복될수록 매듭은 작아

그림 86

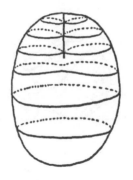

진다. 믿기 어렵겠지만 알렉산더의 뿔 달린 구는 단순한 구와 위상동형이며, 뿔을 잡아늘이는 과정은 적절한 함수를 통해 정의할 수 있다. 그러나 뿔 달린 구의 바깥 공간은 일상적인 구의 바깥 공간과 위상동형이 아니다.

그림 87

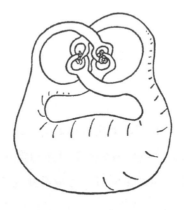

일상적인 구에서는 구에 감긴 줄을 항상 걷어낼 수 있지만(그림 88 참조), 뿔 달린 구에 감긴 줄은 걷어낼 수 없다(그림 89 참조). 이것은 구 자체의 특성이 아니라 배경 공간이 다르기 때문에 나타나는 현상이다.

그림 88

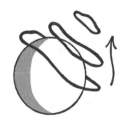

그림 89

헤어리볼 정리

지금까지 위상수학의 기본 개념과 객체에 대하여 알아보았다. 지금부터는 위상수학의 정리를 살펴보기로 하자.

개의 몸에 난 털은 뚜렷한 방향성을 갖고 있다. 등에 가르마가 나 있어서 양쪽 다 아래로 향하다가, 배에 도달하면 양쪽 털의 방향이 맞지 않아 아래로 뾰족하게 곤두서 있다. 개의 입을 다물게 하고 코와 귀 등에 나 있는 구멍을 무시하면, 개의 몸은 구와 위상동형이다. 귀와 주둥이, 다리, 그리고 꼬리는 연속변환을 통해 매끈하게 만들 수 있기 때문이다. 이렇게 변형된 개는 그림 90과 같다.

그림90

이제 한 가지 질문을 던져보자. 동그란 개의 몸에 난 모든 털을 그림 91과 같은 가르마나 집합점 없이 한쪽 방향으로 가지런하게 빗을 수 있을까?

그림91

이것은 애완견 미용법이 아니라 위상수학과 관련된 문제이다. 구에 연속변환을 아무리 심하게 가해도 가지런한 털은 여전히 가지런하고, 가르마는 여전히 가르마로 남기 때문이다. 위상수학적 논리를 사용하면 위 질문의 답이 'No'임을 증명할 수 있다(증명과정은 꽤나 복잡하다. 이 문제는 구의 벡터장vector field과 관련되어 있는데, 굳이 복잡한 개념을 도입하지 않아도 직관적으로 이해가 갈 것이다.). 가장 확실한 방법은 털이 나 있는 구를 빗으로 직접 빗어보는 것이다. 임의의 지점에서 시작하여 털을 한 방향으로 가지런히 빗다보면 그림 92와 같은 가르마가 생길 수밖에 없다.

그림 92

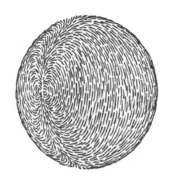

이것이 바로 그 유명한 '헤어리볼 정리hairy-ball theorem(털 난 공 정리)'로, 자세한 증명은 이 책의 수준을 벗어나기 때문에 생략하기로 한다. 중요한 것은 이 정리가 다양한 분야에서 매우 중요하게 사용되고 있다는 점이다.

앞선 사례에서 구형 개를 지구로 간주하고 털이 누운 방향을 바람의 방향으로 간주하면, 헤어리볼 정리에 따라 지구 전체에는 바람이 한쪽 방향으로 불 수 없다. 바람이 아예 불지 않아도 헤어리볼 정리에는 위배되지 않지만, 기상학적 이유 때문에 이것도 불가능하다. 따라서 지구 어딘가에는 사이클론cyclon(열대성 저기압)이 항상 존재할 수밖에 없다.

털이 난 면을 원환면(도넛)으로 바꾸면 사정은 달라진다. 원환면의 털은 한쪽 방향으로 가지런히 빗을 수 있다(그림 93 참조). 만일 도넛 모양의 행성이 존재한다면, 모든 곳에서 같은 방향으로 바람이 불고 있을 것이다. 현실적으로는 그림 94처럼 바람이 원환체를 휘돌며 불고 있을 가능성이 크다.

헤어리볼 정리는 기상학뿐만 아니라 대수학에서도 중요한 역할을 한다. 이 정리를 이용하면 '모든 다항방정식은 복소수해를 갖는다.'는 것을 증명할 수 있다(이것을 '대수학의 기본정리'라고 한다.).

그림 93

그림 94

11장

간접적 사고의 위력

똑바로 뻗은 길이 가장 빠른 길이긴 하지만 항상 그런 것은 아니다. 장애물에 부딪혔을 때는 대상과 씨름을 벌이지 말고 옆길로 돌아가는 것이 바람직할 때도 있다. 수학도 마찬가지다. 도저히 풀 수 없을 것 같은 난제에 직면했는데, 답이 어떤 형태일지 짐작은 가지만 중간과정이 떠오르지 않을 때가 종종 있다. 이런 경우에는 세세한 풀이에 집착하지 말고 문제 자체를 다른 관점에서 바라보는 것이 바람직하다.

새로운 관점은 어떻게 얻어지는가?

울창한 밀림을 처음으로 탐험하는 탐험가는 당장 눈앞에 보이는 풍경 외에 그 어떤 것도 짐작할 수 없다. 산을 만나면 걸어서 넘고, 강을 만나면 헤엄쳐 건너야 한다. 그러나 훗날 다른 사람들이 같은 밀림을 여행할 때 탐험가가 갔던 길을 그대로 따라갈 필요는 없다. 그들에게는 지도가 있으므로 산은 우회하고, 강을 만나면 폭이 가장 좁은 곳을 골라 다리를 놓을 수도 있다. 최초의 탐험가가 밀림에 대해 좀 더 많은 정보를 알고 있었다면(예를 들어, 비행기를 타고 하늘에서 사전답사를 했다거나) 시간과 노력을 크게 절약할 수 있었을 것이다.

수학을 연구하다보면 특별한 문제에 지나치게 집중하여 발목을 잡히

보통 사람을 위한 현대 수학

기 쉽다. 게다가 당신의 공략법이 문제를 푸는 데 적절치 않다면 서서히 의지를 상실하다가 결국 포기하게 된다. 이럴 때는 발등에 떨어진 문제를 잠시 잊고 한 걸음 뒤로 물러나 새로운 관점에서 문제 전체를 조망할 필요가 있다(이것만이 유일한 해결책인 경우도 있다.).

네트워크

오래된 수수께끼에서 시작해보자. 마을의 한 지역에 집이 세 채 있는데, 각 집에 수돗물과 가스, 그리고 전기를 공급해야 한다(그림 95 참조).

그림 95

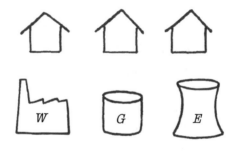

방법은 간단하다. W(정수센터), G(가스공급처), E(변전소)에서 나온 선을 모든 집에 연결하면 된다. 그런데 이 선들이 서로 교차하지 않고, 다른 집이나 다른 공급처를 지나가지 않도록 만들 수 있을까?

종이와 연필을 꺼내들고 이리저리 그려보면 답이 금방 나오지 않는다. 왠지 느낌상 불가능할 것 같다. 그러나 불가능하다는 것을 증명하려고 시도하는 순간부터 당신은 이 문제에 발목을 잡힐 것이다. 가능한 경우의 수가 엄청나게 많기 때문이다. 6~7번쯤 그려보는 것은 그런 대로 도움이 되겠지만, 그 이상은 무의미하다. 그림과 씨름을 벌이느니 불가능하다는 것을 증명하는 쪽이 더 나을 것 같은데, 어디서 시작해야 할지 막막하기만 하다.

바로 이것이 앞에서 말했던 상황이다. 이럴 때는 세세한 풀이에 집착하지 말고 한 걸음 뒤로 물러나 좀 더 큰 관점에서 문제를 바라보아야 한다.

문제는 집이 아니다, 집을 방갈로나 아파트로 바꿔도 문제의 본질은 달라지지 않는다. 또는 변전소가 집 바로 옆에 있건, 수천 km 떨어져 있건 마찬가지다. 그림과 관련된 서술을 모두 걷어내고 나면 결국 이 문제는 세 개의 점으로 이루어진 두 세트의 집합이 주어져 있을 때, 한 세트의 모든 점을 다른 세트의 모든 점과 서로 교차하지 않는 선으로 연결하는 문제로 귀결된다.

이런 종류의 문제를 다루는 수학이론을 '그래프이론graph theory' 또는 '네트워크이론theory of network'이라 한다.

네트워크는 크게 두 부분으로 이루어져 있다.

(ⅰ) 마디node 또는 꼭짓점vertex로 이루어진 집합 N

(ⅱ) 두 꼭짓점을 연결하는 규칙

집합론을 이용하면 위의 추상적인 정의를 좀 더 구체화할 수 있지만, 꼭짓점을 점으로 간주하고 이들을 선으로 잇는다고 생각하는 편이 훨씬 쉽다. 두 점을 잇는 선을 네트워크의 '변edge'이라 하자. 문제의 핵심은 점과 선의 구체적인 배열상태가 아니라, 각 점들을 규칙에 따라 정확하게 연결하는 것이다.

그림 96에 제시된 두 그림은 동일한 네트워크를 나타내고 있다.

그림 96

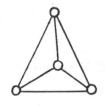

각 네트워크는 네 개의 마디(꼭짓점)로 이루어져 있으며, 이웃한 모든 점이 연결된 상태이다. 왼쪽 네트워크에서 점과 선을 그림 97과 같이 이동하면 오른쪽 네트워크와 같아진다.

그림 97

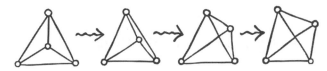

군이 직선으로 연결할 필요도 없다. 그림 98도 똑같은 네트워크를 나타낸다.

그래프이론에서 중요한 것은 기하학적 구조가 아니라 위상수학적 구조이다.

그림 98

경우에 따라 선이 겹치지 않도록 네트워크를 구성할 수 있지만, 항상 가능한 것은 아니다. 선이 겹치지 않게 그릴 수 있는 네트워크를 '평면 네트워크planar network'라 한다.

이 절의 서두에서 제시했던 수수께끼를 규칙에 따라 다시 서술해보자. '아래의 네트워크는 평면 네트워크인가?'

그림 99

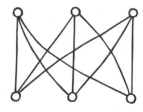

답을 구하려면 평면 네트워크의 특성을 알아야 한다.

오일러의 공식

네트워크의 두 꼭짓점 a와 b를 연결하는 경로는 a에서 출발하여 b에서 끝나는 일련의 '변'으로 이루어져 있다. 그리고 모든 변은 다음 변이 시작되는 꼭짓점에서 끝난다. 그림 100에서 a와 b는 경로를 통해 연결될 수 있다.

그러나 a와 c는 경로로 연결될 수 없다. c는 a가 속한 네트워크와 연결되지 않은 다른 네트워크의 일부이기 때문이다. 임의의 두 점을 경로로 연결할 수 있는 네트워크를 '연결된 네트워크'라 한다. 이런 네트워크는 두 조각(또는 그 이상)으로 분리되지 않는다. 모든 네트워크는 연결

그림 100

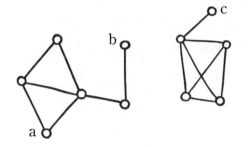

된 조각으로 이루어져 있다.

우리의 관심사는 연결된 네트워크이다. 연결된 조각을 세밀히 분석하면 더욱 일반적인 경우까지 다룰 수 있다.

앞으로 우리는 유한하면서 연결된 네트워크를 주로 다루게 될 것이다. 여기서 '유한하다'는 말은 꼭짓점과 변의 개수가 유한하다는 뜻이다. 유한하면서 연결된 네트워크의 사례는 그림 101과 같다.

그림 101

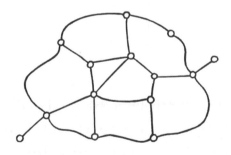

이런 네트워크는 평면을 몇 개의 영역으로 분할한다. 이렇게 분할된 영역을 네트워크의 '면'이라 한다. 그림 101은 8개의 면과 14개의 꼭짓점, 그리고 21개의 변을 갖고 있다.

우리가 관심을 갖는 네트워크(연결되어 있으면서 유한한 평면 네트워크)

는 상상 속 섬의 지도와 비슷하다. 그래서 앞으로는 용어의 반복을 피하기 위해 이런 네트워크를 '지도'라 부르기로 한다.

이제 용어를 대충 알았으니, 연습문제 삼아 그림 102의 면(F)과 꼭짓점(V), 그리고 변(E)의 수를 세어보기 바란다.

그림 102

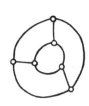 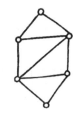 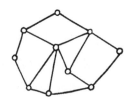

정답은 다음과 같다(첫 번째 줄은 그림 101에 대한 답이다.).

F	V	E
8	14	21
4	6	9
4	6	9
6	10	15
…	…	…

각 가로줄의 F, V, E 값에서 어떤 규칙을 찾을 수 있겠는가?

세 값 중에서 가장 큰 것은 E다. 그런데 F와 V를 더한 값은 22, 10, 10, 16으로 E보다 1만큼 크다. 즉, 모든 지도에 대하여

$$F + V = E + 1$$

또는

보통 사람을 위한 현대 수학

$$V - E + F = 1 \qquad (\dagger)$$

이 성립한다.

이 공식이 모든 지도에 대하여 성립한다는 사실을 최초로 증명한 사람은 스위스가 낳은 위대한 수학자 레온하르트 오일러였다. 언뜻 생각하면 F와 V, 그리고 E 사이에 뚜렷한 규칙이 없을 것 같지만, 십여 개의 지도를 놓고 이 값을 헤아려보면 식 ($\dagger$)가 항상 성립한다는 데 수긍이 갈 것이다(물론 이것은 증명이 아니다.).

$V - E + F$의 값이 지도의 형태에 상관없이 항상 일정하다는 것은 매우 중요한 힌트다. 주어진 지도에서 꼭짓점과 변을 추가하거나 제거해도 $V - E + F$는 변하지 않는다.

$V - E + F$의 값이 변하지 않는 방법은 여러 가지가 있는데, 첫 번째는 E와 F가 1씩 감소하는 경우이다. 식($\dagger$)에서 E는 마이너스($-$)이고 F는 플러스($+$)이므로 이들이 똑같이 1씩 감소해도 $V - E + F$는 변하지 않는다. 두 번째는 V와 E가 1씩 감소하는 경우이다.

주어진 지도에서 외곽선 하나를 제거하여 면 하나가 함께 제거된다. 이것이 바로 첫 번째 경우로서, 지도로 표현하면 그림 103과 같다.

그림 103

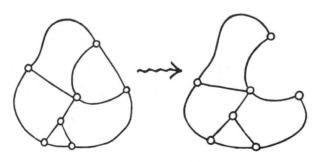

두 번째 경우는 변에 '달려 있는' 꼭짓점 하나를 제거한 경우이다(그림 104 참조).

그림 104

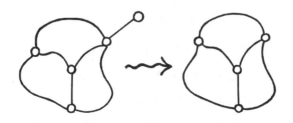

방금 열거한 두 가지 변환은 '붕괴collapse'로 알려져 있다. 지도가 어떤 식으로 붕괴돼도 $V - E + F$는 변하지 않으며, 하나의 지도에서 붕괴가 연속적으로 이루어져도 결과는 마찬가지다.

예를 들어, 작은 섬에 사나운 태풍이 덮쳤다고 가정해보자. 거친 파도가 해변을 휩쓸면서 해안선이 잠식되고, 이로 인해 지반이 약화되어 후속 붕괴가 연달아 일어났다. 그러나 이 와중에도 $V - E + F$의 값은 굳건하게 유지되었다. 파도는 계속해서 섬을 갉아먹다가 결국 섬 전체가 사라지고 말았다.

방금 내가 '섬이 사라졌다'고 말했던가? 성급한 판단일 수도 있으니 그림으로 확인해보자.

그림 105

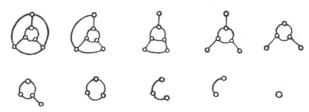

보통 사람을 위한 현대 수학

보다시피 섬이 하나의 점으로 변했다. 변도, 면도 없이 꼭짓점 한 개만 남았다. 그런데도 $V - E + F = 1 - 0 - 0 = 1$이다. 태풍이 오기 전에는 멀쩡한 섬이었고 태풍이 휩쓸고 지나간 후에는 점 하나만 남았는데, 여전히 $V - E + F = 1$이다!

방금 든 사례는 수학적 서술과 다소 거리가 있지만, 이로부터 $V - E + F = 1$은 이미 증명된 것이나 다름없다. 모든 지도는 $V - E + F$의 값을 1로 유지한 채 하나의 점으로 붕괴될 수 있으며, 점 하나만 남은 상태에서도 $V - E + F$는 여전히 1이다. 따라서 식 (†)는 모든 지도에 대하여 성립한다.

이 공식(오일러의 공식)은 적용 분야가 엄청나게 다양한데, 일단은 앞에서 제시했던 수수께끼(세 채의 집과 기반시설)에 적용해보자.

비평면 네트워크

앞서 말한 바와 같이, 이 수수께끼는 '그림 99는 평면 네트워크인가?'라는 질문과 동일하다.

답을 구하기 위해, 수학자들이 흔히 사용하는 갬빗gambit*으로 시작해보자. 일단 그림 99를 평면 네트워크라 가정하고, 후속 논리에서 모순을 찾는 식이다. 모순이 하나라도 발견된다면 그림 99는 평면 네트워크가 아니다.

그림 99는 $V = 6$, $E = 9$인 네트워크인데, 평면에 그리지 않았기 때문에 F(면의 수)를 알 수 없다. 이 네트워크를 어떻게든 평면에 그린다면

---

* 체스의 첫 번째 수

$$6 - 9 + F = 1$$

을 만족해야 하므로 $F = 4$가 될 것이다.

지금부터 우리가 할 일은 '네트워크를 굳이 평면에 그리지 않고', 면 F가 어디서 나타나는지 확인하는 것이다.

평면 네트워크의 모든 면은 그림 106과 같이 변으로 이루어진 '닫힌 고리'로 이루어져 있다.

그림 106

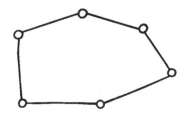

물론 네트워크의 테두리(해안선)도 닫힌 고리를 형성한다. 그림 99의 닫힌 고리들은 네 개 또는 여섯 개의 변으로 이루어져 있다(각자 확인해 보기 바란다.). 이것을 평면에 그린다면 $F = 4$이고, $E = 4$ 또는 6이 될 것이다. 따라서 가능한 경우를 모두 나열하면 다음과 같다.

$$
\begin{array}{cccc}
4 & 4 & 4 & 4 \\
4 & 4 & 4 & 6 \\
4 & 4 & 6 & 6 \\
4 & 6 & 6 & 6 \\
6 & 6 & 6 & 6 \\
\end{array}
$$

보통 사람을 위한 현대 수학

이제 변을 다른 방식으로 헤아려보자. 네트워크의 테두리에 해당하는 변을 제외하고, 모든 변은 이웃한 두 면의 경계선이다. 네트워크의 바깥을 '엄청나게 큰 면'으로 간주하면, 이것도 네 개 또는 여섯 개의 변으로 이루어진 면이다. 이런 식으로 따지면 면이 모두 다섯 개이므로 가능한 경우는

$$
\begin{array}{ccccc}
4 & 4 & 4 & 4 & 4 \\
4 & 4 & 4 & 4 & 6 \\
4 & 4 & 4 & 6 & 6 \\
4 & 4 & 6 & 6 & 6 \\
4 & 6 & 6 & 6 & 6 \\
6 & 6 & 6 & 6 & 6 \\
\end{array}
$$

이며, 모든 변은 이웃한 두 개의 면과 접해 있다. 두 번째 셈법에서 가능한 변의 수는 (위에서부터 순서대로)10, 11, 12, 13, 14, 15인데, 우리는 E = 9임을 이미 알고 있다.●

이것은 명백한 모순이므로 그림 99가 평면 네트워크라는 가정은 거짓false이다.〔증명 끝〕 우리가 던졌던 과감한 첫 수가 제대로 먹혀든 것이다. 따라서 수도관과 가스관, 그리고 변전소에서 나온 선들이 서로 교차하지 않고, 다른 집이나 다른 공급처를 지나가지 않도록 설계하는 것은 불가능하다.

이 증명이 위력적인 이유는 가능한 연결 상태에 대하여 단 한 번도 언급하지 않은 채 결론에 도달했기 때문이다. 처음부터 '선을 교차시키지 않고 연결할 수 있다.'고 가정했으니 구체적인 사례조사를 할 필요가

● 위의 배열을 가로로 더하면 각각 20, 22, 24, 26, 28, 30인데, 하나의 변은 두 개의 면과 접해 있으므로 이중으로 계산된 것을 제하려면 반으로 나눠야 한다.

없고, 논리적 모순을 이끌어냈으니 결과도 확실하다. 이런 점에서 보면 8장에서 다뤘던 귀류법과 일맥상통하는 부분이 있다.

그렇다면 그림 107은 평면 네트워크일까? 이 문제도 위와 비슷한 방법으로 해결할 수 있다.

$V = 5$, $E = 10$이므로 이 네트워크를 평면에 그린다면 $F = 6$이 되어야 한다. 또한 그림 107의 모든 면은 세 개 이상의 변을 갖고 있으므로, 네트워크 외부에 면을 추가하면 면을 구성하는 변의 총합은 실제 변의 개수의 두 배다. 총합은 최소 $3 \times 7 = 21$이고, 변의 수는 이 값의 절반이므로 10보다 크다. 그런데 $E = 10$이므로 모순이 초래된다. 따라서 이 네트워크는 평면 네트워크가 아니다.

그림 107

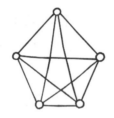

지금까지 다룬 두 개의 네트워크는 비평면 네트워크non-planar network의 대표적 사례다. 폴란드의 수학자 카지미에시 쿠라토프스키Kazimierz Kuratowski는 모든 비평면 네트워크에 (우리가 다뤘던) 둘 중 하나가 포함되어 있음을 증명했다. 결론은 간단한데 증명과정이 매우 길기 때문에 이 책에서는 생략한다.[1]

네트워크의 평면성은 전자회로(특히 인쇄회로printed circuit *와 초소형 집

---

* 배선용 도체도형을 평면인쇄기법으로 제작한 회로

적회로)를 설계할 때에도 중요한 이슈로 부각된다. 그러나 이 분야에서는 각 회로소자 사이의 거리도 중요한 변수로 작용하기 때문에 훨씬 많은 요소를 고려해야 한다(회로소자들은 직접 접촉하지 않아도 이웃한 소자에 영향을 줄 수 있다.).

그 밖의 응용

오일러의 공식은 수학 역사상 가장 유명한(악명 높은?) 문제 중 하나인 '4색 문제four-colour problem'를 푸는 데에도 활용될 수 있다. 흰 바탕에 국경만 표시되어 있는 지도에 각 나라마다 색을 입혀서 색상으로 국가를 구별하고자 한다. 그런데 국경이 조금이라도 닿아 있는 국가들은 같은 색으로 칠할 수 없다. 네 가지 색으로 이 작업을 완수할 수 있을까?

일단 그림 108은 4색으로 충분하다(가운데 흰 부분도 하나의 국가이다.). 몇 가지 경우를 그려보면 면이 다섯 개이면서 각 면이 다른 네 개의 면과 접촉하는 경우는 없다는 것을 알 수 있다. 그러나 이것은 부분적 확인일 뿐, 증명은 아니다.

그림 108

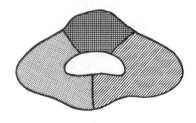

다섯 가지 색으로 우리의 목적을 달성할 수 있다는 것은 이미 증명되

었으나, 4색으로도 가능한지는 아직 미지로 남아 있다(지금 당장 증명을 시도하려는 독자들이 있다면 가능한 한 말리고 싶다. 4색 문제는 보기와 다르게 매우 미묘한 문제이기 때문이다. 나는 이 문제가 평면 네트워크와 밀접하게 관련되어 있다고 생각한다.).[*]

지금까지 나는 '지도'라는 말을 '평면 위에 그린 지도'라는 의미로 사용해왔다. 그러나 평면에서 제기된 문제는 구면에서 제기된 비슷한 유형의 문제와 같은 답으로 귀결된다. 그 비결은 바로 '귤껍질 벗기기 트릭' 덕분이다. 구면 위에 지도가 주어졌을 때, 하나의 면(국가)에 작은 구멍을 뚫어서 잡아늘이면 평면지도로 바꿀 수 있다. 또는 이와 반대로 평면지도 위에 공을 얹어놓고 구면을 따라 접으면 구면지도가 되고, 원래 지도의 바깥부분은 또 하나의 면이 된다.

결론적으로, 모든 평면지도를 네 가지 색으로 칠할 수 있다면 구면지도 역시 네 가지 색으로 칠할 수 있으며, 그 역도 마찬가지다. 앞 절에서 외부영역을 또 하나의 면으로 간주하여 문제를 쉽게 해결했던 것처럼, 평면지도를 구면으로 옮기면 면 하나가 추가되면서 문제를 풀기가 좀 더 수월해진다. 단, 평면에서 요긴하게 사용했던 오일러의 공식은 구면 위에서

$$V - E + F = 2$$

로 수정되어야 한다.

● 4색 문제는 1976년 일리노이대학교의 울프강 하켄Wolfgang Haken과 케니스 아펠Kenneth Appel이 증명했다. 그러나 이들은 전통적 논리가 아닌 컴퓨터를 사용했고, 이들의 증명은 "컴퓨터를 사용했음에도 불구하고 수학계로부터 인정받은 최초의 증명"으로 역사에 기록되었다. 더 자세한 내용은 부록을 참조하기 바란다.

보통 사람을 위한 현대 수학

지금부터 이 공식을 이용하여 '구면 위에 그려진 모든 지도의 국경은 다섯 가지 색으로 칠하여 구별할 수 있다.'는 것을 증명할 참이다(이것이 증명되면 평면에 대해서도 증명되는 셈이다.).

증명은 다음과 같은 식으로 진행된다. 임의의 지도를 대상으로 면의 수를 줄이는 방법을 찾아서 5색 그리기가 가능한 지도로 바꾼다. 이 과정을 성공적으로 완수하면 원래 지도도 5색 그리기가 가능해진다. 면의 수를 줄이다보면 종종 다섯 개, 또는 그 이하의 면으로 줄어들기 때문에 5색 그리기가 가능하다는 것을 알 수 있다. 이 과정을 거꾸로 진행하면 5색 그리기가 가능한 원래 지도가 복원될 것이다.

(i) 네 개 이상(4, 5, 6…개)의 면이 만나는 꼭짓점은 지도에서 제거해도 상관없다. 이런 경우에는 문제의 꼭짓점 외에 어디서도 만나지 않는 한 쌍의 면이 존재하며, 이들은 같은 색으로 칠해도 구별하는 데 문제가 없기 때문에 하나의 면으로 간주할 수 있다(그림 109 참조). 이렇게 수정된 지도가 5색 지도(다섯 가지 색으로 구별 가능한 지도)라면, 원래 지도도 5색 지도이다. 즉, 수정된 지도에서 한 색으로 칠한 영역(그림 109의 오른쪽)은 원래 지도에서 같은 색으로 칠한 두 개의 영역(그림 109의 왼쪽)에 해당한다.

그림 109

우리가 출발한 꼭짓점이 더 많은 면으로 에워싸인 경우에도 위의 과정을 반복하면 세 개의 면으로 에워싸인 꼭짓점으로 만들 수 있다.

(ⅱ) 세 개의 면과 접한 면은 이웃한 3면 중 하나로 편입시킬 수 있다(그림 110 참조).

그림 110

수정된 지도는 면이 세 개이므로 이들을 3색으로 칠하면 두 가지 색이 아직 남아 있다. 따라서 둘 중 한 가지 색으로 원래 지도의 중심면(그림 110의 왼쪽 지도에서 진한 부분)을 칠하면 5색 조건이 만족된다.

(ⅲ) 이와 비슷한 이유로 네 개의 면과 접한 면은 이웃한 네 면 중 하나로 편입시킬 수 있다(그림 111). 사용 가능한 색은 다섯 가지이므로, 남은 하나의 색으로 편입된 면을 칠하면 된다.

그림 111

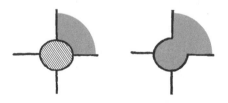

(ⅳ) 이로써 구면 위에 수정된 지도가 완성되었다. 모든 면은 최소 다섯 개의 변을 갖고 있다. 이 중 변의 수가 정확하게 '다섯 개'인 면이 적어도 하나 이상 존재한다는 것을 증명해보자.

지도에 포함된 꼭짓점의 수를 V, 변의 수를 E, 면의 수를 F라 하자.

모든 꼭짓점은 (과정 (i)에 의해) 세 개의 변을 공유하고 있으며, 모든 변은 두 개의 면을 공유한다. 그러므로

$$3V = 2E = aF$$

로 쓸 수 있다. 여기서 a는 하나의 면이 갖고 있는 '변의 평균값'이다. 그런데

$$V - E + F = 2$$

이므로

$$\frac{a}{3}F - \frac{a}{2}F + F = 2$$

가 되어

$$a = 6 - \frac{12}{F}$$

이다. 즉, a는 6보다 작다. 면 한 개당 평균 변의 수가 6보다 작으려면 변의 수가 6보다 작은 면이 반드시 존재해야 한다. 그런데 모든 면은 최소 다섯 개의 변을 갖고 있으므로, '변의 수가 정확하게 다섯 개인 면'이 반드시 존재한다.

(v) 다섯 개의 변으로 이루어진 면 P와 이웃한 면 Q, R, S, T, U를 생각해보자(그림 112 참조).

그림 112

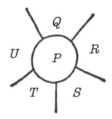

이 중 Q와 S처럼 일부 쌍은 서로 닿지 않으므로 P, Q, S를 하나로 묶을 수 있다(그림 113 참조).

이렇게 수정된 지도가 5색 지도라면 원래 지도도 5색 지도이다. 수정된 지도에서 Q와 S는 같은 색이므로 남은 영역에 네 가지 색을 쓸 수 있는데, 칠할 면은 세 개이므로 하나가 남는다.

(vi) 하나의 면을 다른 면에 편입시킬 때마다 면의 수가 감소하므로, 결국은 면이 다섯 개 이하인 지도에 도달하게 된다. 물론 이 지도는 5색 지도임이 분명하다. 이제 예쁜 색을 고르기만 하면 된다.

그림 113

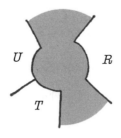

이 과정을 역으로 진행하면 수정되기 전의 지도도 5색 지도임을 알 수 있다.(**증명 끝**)

요약: 우리는 원대의 지도에 몇 단계에 걸친 '축약과정'을 적용하여 점차 단순화시켰으며, 각 단계마다 '수정된(축약된) 지도가 5색 지도이면 원래 지도도 5색 지도이다.'라는 논리를 사용했다. 축약이 여러 번 적용된 경우에도 현재 지도가 5색 지도이면 이전 지도도 5색 지도이므로 아무런 문제가 없다.

이 논리가 적용되는 과정을 눈으로 확인하고 싶다면 종이에 자신만의 지도를 그린 후(너무 복잡하게 그리지 말 것!) 축약과정을 따라가면서 5색으로 칠하는 방법을 찾으면 된다. 좋은 연습문제이니 한번쯤 해볼 것을 권한다.

구면 이외의 다른 면에서도 이와 비슷한 문제는 완전히 해결되었는데, 관련 내용은 12장에서 간단히 다룰 예정이다. 그러나 가장 단순한 면인 구면의 경우 지금까지 알려진 바에 따르면 '5색이면 충분하고 4색은 될 수도, 안 될 수도 있다.'[●]

4색 문제가 완벽하게 풀린다면 왠지 서운할 것 같다. 이것이야말로 '말로 서술하긴 쉽지만 답을 구하기는 엄청나게 어려운' 대표적 문제이기 때문이다.

● 지금은 사정이 달라졌다. 부록의 <4색 문제> 참조.―원저자 주

12장

위상불변량

"진정한 도넛은 속이 찬 구(球)와 위상이 같다.
도넛에 내부 표면이 있는지 없는지는 개인의 취향에 달린 문제이다.
도넛의 핵심은 내부공간에 들어 있는 산딸기 잼의 품질인데,
이것도 역시 취향(맛)의 문제이다."

– 피터 필게트

대부분의 경우 주어진 두 위상공간이 위상동형임을 증명하는 것은 별로 어렵지 않다(실제 위상동형인 경우에 한하여 그렇다.). 그저 둘 사이를 연결하는 적절한 함수를 찾기만 하면 된다.

그러나 주어진 두 개의 표면이 위상적으로 다르다는 것을 증명하기란 결코 쉬운 일이 아니다. 무수히 많은 함수 중 둘 사이를 연결하는 함수가 하나도 없음을 보여야 하기 때문이다. 예를 들어, 그림 114에 제시된 두 공간(우리의 관심은 내부공간이 아니라 표면이다.)은 위상동형이 아님을 한눈에 알 수 있다. 그런데 이를 어떻게 증명할 수 있을까?

그림 114

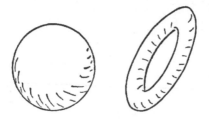

원환면은 가운데 구멍이 뚫린 반면, 구에는 구멍이 없다. 그러나 문제

는 구멍이 원환면의 일부가 아니라 배경 공간의 일부라는 점이다. 배경 공간의 특성에 의존하여 결론을 내리는 것은 별로 좋은 생각이 아니다. 위상공간이라는 관점에서 볼 때, 원환면은 '구멍'이라 부를 만한 그 어떤 것도 갖고 있지 않다. 다시 한 번 강조하건대, 구멍은 원환면의 일부가 아니다.

두 공간이 위상적으로 같지 않다는 것을 증명하는 한 가지 방법은 '둘 중 하나에는 있고 다른 하나에는 없는' 위상적 특성을 찾는 것이다. 예를 들어, 구면 위에 그린 폐곡선은 구면을 두 부분으로 나누지만(그림 115), 원환면 위에 그린 폐곡선 중에는 원환면을 두 부분으로 나누지 않는 것도 있다(그림 116).

그림 115

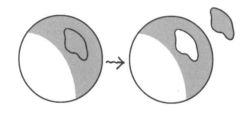

그림 116

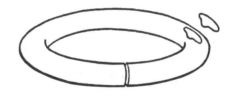

폐곡선과 연결, 그리고 비연결은 위상적 특성으로, 구와 원환면의 위상적 차이를 입증하는 열쇠이다.

이 테크닉을 갈고 닦으면 구멍이 19개인 면과 18개인 면을 구별할 수 있다. 그러나 자세한 증명은 너무 복잡하고 장황할 뿐만 아니라, 그다지

만족스럽지도 않다.

일반화된 오일러의 공식

구면 위의 지도가 만족하는 $V - E + F = 2$는 구면의 위상적 특성이다. 여기에 연속변환을 가하여 구의 외형을 바꿔도 V, E, F의 값은 변하지 않는다.

그러나 원환면 위에 지도를 그리면 $V - E + F$는 더 이상 2가 아니다. 그림 117의 경우 $V = 4, E = 8, F = 4$이므로

$$V - E + F = 0$$

이다.

그림 117

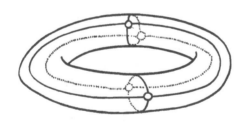

평면과 구면의 지도에 각기 다른 오일러의 공식이 적용되었던 것처럼, 원환면 위에서 모든 지도는 위의 공식을 따른다. 즉, 원환면에 그려진 지도의 특성은 위상적이다.

오일러의 공식은 다양한 위상공간(면)에 적용되도록 일반화할 수 있다.

구와 원환면은 삼각형으로 빈틈없이 채울 수 있다(그림 118). 수학자들은 이것을 "삼각형화한다triangulate."고 말한다.

단, 삼각형은 평면일 필요가 없고 삼각형의 변은 직선이 아니어도 상관없다. 일상적인 삼각형과 위상동형이기만 하면 된다.

유한한 개수의 삼각형을 빈틈없이 이어 붙여서 만들 수 있는 공간을 '삼각형화가 가능한 공간triangulable space'이라 한다. 임의의 면이 위상공간이 되려면

(i) 삼각형화가 가능해야 하고
(ii) 연결되어 있어야 하고(즉, 네트워크처럼 한 조각이어야 하고)
(iii) 변이 없어야 한다.

구와 원환면, 클라인 병, 사영평면은 모두 위상면topological surface(간단히 줄여서 '면'이라 하자)에 속한다. 사영평면은 그림 119와 같은 방식으로 삼각형화할 수 있다.

뫼비우스 띠는 변(모서리)이 있기 때문에 면이 아니다. 그리고 무한평면은 유한한 개수의 삼각형으로 채울 수 없으므로 이것 역시 면이 아니다.

구면 위에 지도를 그렸던 것처럼, 우리는 임의의 면에 지도를 그려

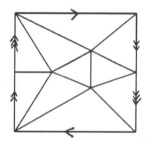

서 면과 변, 그리고 꼭짓점의 수를 헤아릴 수 있다. 주어진 면 S에 대하여 $V-E+F$의 값은 지도의 특성에 상관없이 항상 같은 값을 갖는다. 이 값을 '오일러지표Euler characteristic'라 하며, 흔히 $\chi(S)$로 표기한다. 오일러지표는 지도에 따라 달라지지 않기 때문에, 위상동형인 모든 공간에 대하여 불변이다. 이런 것을 '위상불변'이라 한다(위상동형인 공간들이 공통적으로 갖고 있는 특성은 모두 위상불변량이다.).

또 다른 위상불변량으로는 가향성orientability을 들 수 있다. 원환면은 가향적이지만 클라인 병은 비가향적이어서 둘은 위상동형이 아니다.

오일러지표와 가향성만 있으면 지금까지 다뤘던 다양한 면을 구별할 수 있다.●

S	$\chi(S)$	가향성
구	2	가향
원환면	0	가향
이중원환면	-2	가향
사영평면	1	비가향
클라인 병	0	비가향

● 번역을 하다보니 오일러 공식의 F도 '면(face)'이고, 위상면도 '면(surface)'이 되었다. 혼동의 여지가 다분하지만, 당분간 이 책에서 말하는 '면'은 '위상면'을 의미한다. 앞으로 최선을 다해 구별할 것을 약속드린다.

282   보통 사람을 위한 현대 수학

면 만들기

우리의 최종목적은 면의 위상동형 여부를 판단하여 모든 가능한 면을 위상수학적으로 분류하는 것이다. 이를 위해서는 분류의 기준이 되는 '표준곡면standard surface'부터 구축해야 한다.

지금부터 우리가 사용할 테크닉은 '수술surgery'로 알려져 있다. 공간을 찢었다가 다시 붙이기 때문에 이런 이름으로 불리는데, 위상수학에서는 아주 유용한 테크닉이다.

표준 가향곡면standard orientable surface은 구에 손잡이가 달린 형태이다. 여기서 손잡이를 제거하면 다시 구가 된다. 손잡이를 달 때에는 먼저 구면에 구멍 구 개를 뚫고 원통의 양끝 모서리가 구멍의 테두리에 맞도록 이어 붙여야 한다(그림 120 참조).

구면에 손잡이 하나를 달면 원환면이 되고, 두 개를 달면 이중원환면(구멍이 두 개 뚫린 도넛)이 된다. 일반적으로 n개의 손잡이가 달린 구면을 '종수가 n인 표준 가향곡면'이라 한다('종수種數, genus'라는 용어는 구멍의 수를 언급할 때 뒤에 붙이는 단위일 뿐, 다른 의미는 없다.).

그림 120

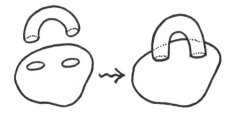

표준 비가향곡면은 뫼비우스 띠를 구면에 붙인 형태이다. 단, 뫼비우

스 띠는 변이 하나밖에 없으므로 구면에 구멍을 하나만 뚫어야 한다. 이 작업을 3차원 공간에서 수행하면 뫼비우스 띠는 자기 자신을 뚫고 지나가는 크로스캡 형태가 된다(그림 121 참조).

그림 121

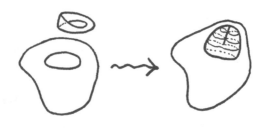

구면 위에 뫼비우스 띠를 이어 붙이면 사영평면이 되고(그림 86 참조), 뫼비우스 띠 두 개를 붙이면 클라인 병이 된다(그림 83 참조).

표준곡면의 오일러지표

이제 표준곡면의 오일러지표를 계산할 차례가 왔다. 가향곡면의 경우 원판 두 개를 떼어낸 곳을 지도의 면으로 간주한다. 그 상태는 그림 122 와 같다.

그림 122

보통 사람을 위한 현대 수학

처음 출발했던 곳이 구면이었으므로, 그림 122의 지도는 $V - E + F = 2$를 만족한다. 여기에 그림 123처럼 손잡이를 붙이면 구면에서 면 두 개가 사라지는 대신 손잡이에서 두 개의 면이 추가된다. 또한 꼭짓점의 수는 변하지 않고 모서리가 두 개 추가되어 오일러지표의 값이 2만큼 작아진다. 그런데 손잡이를 추가할 때마다 똑같은 현상이 나타나기 때문에, n개의 손잡이가 달린 구면의 오일러지표는 $2n$만큼 작아질 것이다. 그러므로 종수가 n인 표준 가향곡면의 오일러지표는

$$2 - 2n$$

임을 알 수 있다.

그림 123

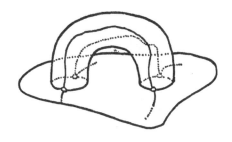

이로부터 중요한 정리 하나가 증명되었다. 종수가 다른 표준 가향곡면들은 오일러지표가 다르므로 위상동형이 아니다.

비가향곡면은 어떻게 될까? 일단은 지도의 일부에서 원판을 제거해 보자(그림 124).

여기에 그림 125처럼 뫼비우스의 띠를 이어 붙이면 구면에서 면 하나가 사라지면서 뫼비우스 띠에 의해 한 개의 면과 한 개의 변이 추가

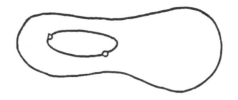

그림 124

된다. 즉, 뫼비우스 띠 하나를 이어 붙일 때마다 오일러지표가 1만큼 감소한다. 그러므로 종수가 n인 표준 비가향곡면의 오일러지표는

$$2 - n$$

이다.

그림 125

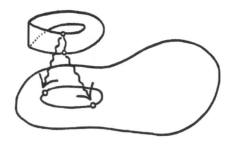

표준 비가향곡면도 오일러지표만으로 위상동형 여부를 판단할 수 있다.

　오일러지표와 가향성이라는 두 위상불변량을 고려할 때, 앞에서 다뤘던 표준곡면 중에는 위상동형이 하나도 없다. 그러나 아직 언급되지 않은 임의의 곡면은 앞에서 다뤘던 표준곡면 중 하나와 위상동형이다. 지금부터 이 사실을 증명해보자.

곡면분류

증명하는 방법으로는 몇 가지가 있는데, 이 책에서는 크리스토퍼 지맨 Christopher Zeeman의 증명을 따라가기로 한다.[1] 우리의 작전은 주어진 곡면을 여러 조각으로 자른 후 표준곡면이 되도록 재조립하는 것이다. 물론 자르기 전과 재조립 후의 곡면은 위상동형이어야 한다.

주어진 곡면 S 위에 곡선을 그린다. 단, 이 곡선은 S를 두 조각으로 자르지 않아야 한다. 이런 곡선을 그릴 수 없다면 작업을 중단한다. 곡선을 기준으로 양쪽 곡면 중 한곳의 가느다란 띠는 양끝을 이어 붙인 띠와 위상동형이다. 즉, 이 띠는 원통형 띠이거나 뫼비우스의 띠다.

이제 수술을 집도할 차례다. 띠가 원통형이면 곡면에서 제거한 후 그 자리에 두 개의 원판을 이어 붙이고, 나중에 원통을 이어 붙일 때를 대비하여 원판의 테두리에 화살표를 그려둔다. 그리고 띠가 뫼비우스의 띠면 띠를 제거하고 원판 하나를 이어 붙인다.

표준곡면에서 오일러지표를 계산할 때와 비슷한 논리를 적용하면(단, 이번에는 손잡이를 추가하는 게 아니라 제거하고 있다.) 수술을 한 번 실행할 때마다 오일러지표가 증가하게 된다. 원통인 경우는 2씩 증가하고, 뫼비우스 띠인 경우 1씩 증가한다. 지금부터 두 가지 주장을 펼칠 참이다.

검증되지 않은 주장 A: 임의의 곡면의 오일러지표는 2보다 클 수 없다.

이 주장이 옳다면 우리가 실행 중인 수술은 무한히 계속될 수 없다. 곡면을 두 조각으로 분리하는 곡선을 더 이상 찾을 수 없는 시점이 반드시 찾아오고, 그때가 되면 수술을 멈춰야 한다.

B: 자신 위에 그려진 모든 곡선과 연결되지 않은 곡면은 구와 위상동형이다.

다시 말해서, 수술을 계속 하다보면 최종적으로 구와 위상동형인 곡면에 도달한다는 뜻이다.

이제 이 과정을 역으로 진행해보자. 가능한 수술은 다음 세 가지다.

(i) 화살표가 각기 반대 방향으로 표기된 두 개의 원판에 원통을 이어 붙인다. 이것은 손잡이를 이어 붙이는 수술과 동일하다(그림 126 참조).

그림 126

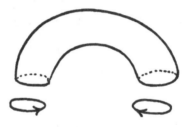

(ii) 하나의 원판에 뫼비우스 띠를 이어 붙인다.

(iii) 화살표가 같은 방향으로 표기된 두 개의 원판에 원통을 이어 붙인다.

(iii)의 경우에 원통을 이어 붙이는 것은(그림 127) 클라인 병에 이어 붙이는 것과 같고, 앞서 말한 대로 뫼비우스 띠 두 개의 모서리를 이어 붙이면 클라인 병이 된다(그림 83과 비교해볼 것). 따라서 세 번째 수술은 두 번째 수술을 두 번 반복한 것과 같다.

　　　　　　　　　　　　　　보통 사람을 위한 현대 수학

그림 127

처음에 가항곡면 S에서 시작했다면 첫 번째 수술만으로 충분하다. 따라서 이 경우에는 구에 손잡이가 달린 곡면으로 마무리된다. 이것은 표준 가항곡면이다. 우리가 한 일이라곤 S를 분리했다가 다시 붙인 것뿐이므로, S는 표준곡면과 위상동형이다.

비가항곡면 S에서 시작했다면 세 가지 경우가 모두 발생할 수 있다. 그중에서도 (ii)번째 수술은 적어도 한 번 이상 거쳐야 한다. 첫 번째 수술이 필요한 경우에는 두 원판 중 하나를 골라서 뫼비우스 띠를 따라 이동시키면 회살표의 방향이 바뀔 것이고(뫼비우스 띠를 따라 왼손 장갑을 이동시켜서 오른손 장갑으로 만들었던 사례를 기억하라. 10장 그림 80 참조.), 그 결과는 세 번째 수술과 같아진다. 그런데 세 번째 수술은 두 번째 수술을 두 번 실행한 것과 같으므로, 결국 뫼비우스의 띠를 이어 붙이는 두 번째 수술만으로 충분하다. 그러나 과정을 거치면 표준 비가항곡면이 얻어진다.

아직 검증되지 않은 두 개의 주장 A, B와는 별개로, 우리는 다음의 사실을 증명했다. '모든 곡면은 종수 $n \geq 0$인 표준 가항곡면과 위상동형이거나, 종수 $n \geq 1$인 표준 비가항곡면과 위상동형이다.'(두 번째 경우에서 $n=0$은 가향성 구와 동일하여 첫 번째 경우의 $n=0$에 포함된다.)

논리를 도중에 끊지 않기 위해 주장 A, B를 증명하지 않고 넘어갔는데, 이제 중요한 증명이 마무리되었으니 미뤘던 증명을 해결할 차례다.

주장 A의 증명

면이 없는 네트워크 N의 오일러지표는 다음과 같이 정의할 수 있다.

$$\chi(N) = V - E$$

(면을 정의하려면 네트워크를 곡면 위에 그려야 한다. 여기서 χ는 이런 경우를 무시한 정의이다.)

우선 N이 네트워크일 때 $\chi(N) \leq 1$임을 증명해보자.

N에 폐곡선이 있으면 변 하나를 제거하여 개곡선으로 만들 수 있다 (변만 제거하고 꼭짓점을 그대로 둔다.). 그러면 E가 감소하고 $\chi(N)$은 증가한다. 이 과정은 폐곡선이 하나도 남지 않을 때까지 계속할 수 있다. 폐곡선이 없는 네트워크를 나무tree라 한다(그림 128 참조).

그림 128

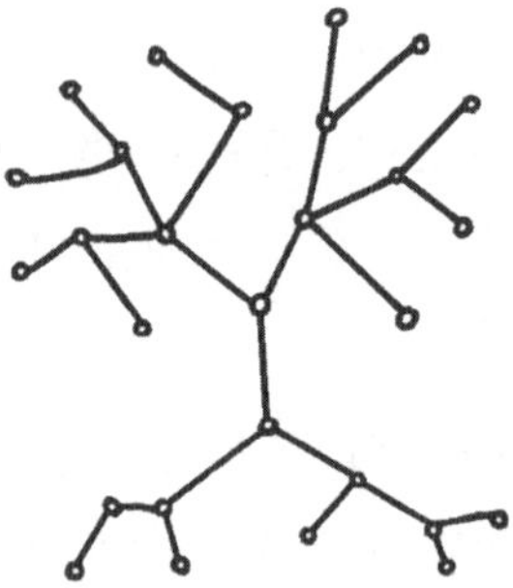

나무가 주어지면 11장에서 말했던 '붕괴'를 이용하여 가지 끝을 하나씩 제거해나갈 수 있다. 붕괴가 일어나도 오일러지표 $\chi(N)$은 변하지 않으므로 나무를 계속 붕괴시키다보면 최종적으로 점 하나가 남을 것

보통 사람을 위한 현대 수학

이고, 이때 오일러지표는 1-0 =1이 된다. 다시 N으로 돌아가서 생각해 보자. 처음에 우리는 $\chi(N)$을 증가시켰고, 그다음부터는 값을 그대로 유지한 채 하나의 점만 남을 때까지 붕괴시켜서 1로 만들었다. 따라서 $\chi(N)\leq1$이다.

또한 우리는 임의의 나무의 오일러지표가 1임을 알고 있다.

이제 우리의 곡면 S에서 $\chi(S)\leq2$임을 증명해보자. 앞서 말한 대로 S는 삼각형화가 가능하므로triangulable, 그 위에 삼각형으로 이루어진 지도를 그릴 수 있다. 이때 각 삼각형의 중심에 꼭짓점을 할당하여 이들 사이를 변으로 이은 지도를 정의하자(이런 지도를 '쌍대지도dual map'라 한다. 그림 129 참조).

그림 129

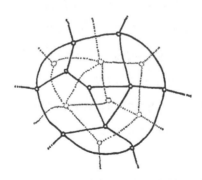

쌍대지도의 꼭짓점과 변은 네트워크를 형성하며, 네트워크 안에는 나무가 존재한다(예를 들어, 하나의 점도 나무에 속한다.). 이 중 가장 큰 것을 '최대쌍대나무maximal dual tree'라고 하자(눈에 뜨인 나무를 더 크게 확장할 수 있으면 최대쌍대나무가 아니다. 최대쌍대나무는 더 확장했을 때 나무의 구조를 잃어버린다.). 그림 130에서는 최대쌍대나무가 굵은 실선으로 표현되어 있다.

그림 130

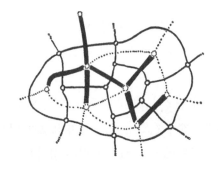

최대쌍대나무에는 쌍대지도의 모든 꼭짓점이 포함되어 있다. 그렇지 않다면 새로운 꼭짓점을 경로로 이을 수 있다는 뜻인데, 이 경로는 어떤 점 P에서 쌍대나무와 만날 것이고, 만나기 전에 거치는 점 Q는 나무에 속하지 않는다. 그런데 나무에 점 Q와 변 PQ를 추가해도 여전히 나무이므로, 이것은 우리의 나무가 최대쌍대나무라는 가정에 위배된다. 따라서 최대쌍대나무에는 모든 꼭짓점이 포함되어 있어야 한다.

최대쌍대나무를 M이라 하고, M과 만나지 않는 변과 원래의 꼭짓점으로 이루어진 원래 네트워크의 일부를 C라 하자. 그러면 다음의 항목을 연결하는 전단사함수가 존재한다.

(ⅰ) S의 삼각형과 M에 속한 꼭짓점

(ⅱ) S의 변과 M, C의 변(S의 변들 중 C에 속하지 않는 것은 M에 속한 하나의 변과 만나므로)

(ⅲ) S의 꼭짓점과 C의 꼭짓점(C의 정의에 의해 S의 꼭짓점은 C의 꼭짓점이므로)

따라서

$$\chi(S) = \chi(M) + \chi(C)$$

이다. 그런데 M은 나무이므로 $\chi(M)=1$이고, C는 연결되어 있으므로 $\chi(C)\leq1$이다. 따라서

$$\chi(S)\leq2$$

임을 알 수 있다.〔**증명 끝**〕

주장 B의 증명

자신 위에 그려진 모든 곡선과 연결되지 않은 곡면을 S라 하자. 우리의 목적은 S가 구와 위상동형임을 증명하는 것이다.

먼저 $\chi(S)=2$임을 증명해보자. 앞에서 정의한 M과 C에 대하여

$$\chi(S) = \chi(M) + \chi(C)$$

이다. $\chi(S)\neq2$라 가정하면 $\chi(C)\neq1$이므로 C는 나무가 아니다.

따라서 C에는 닫힌 고리가 포함되어 있고, 이것은 S 위에 그려진 폐곡선이므로 가정에 의해 S와 연결되어 있지 않다. 그러나 C의 곡선에 의해 분할된 S의 각 조각들은 쌍대꼭짓점dual vertex(쌍대나무의 꼭짓점)을 포함하고 있다. 이들은 M에서 가지를 통해 이어져 있으므로 M은 C의 닫힌 고리를 자르고 지나가야 한다. 그런데 M과 C는 정의에 의해 서로 만나지 않아야 하므로 위의 결과는 모순이다. 즉, $\chi(S)\neq2$라는 가정이

잘못되었다. 따라서 $\chi(S) = 2$이다.

이로부터 $\chi(C) = 1$이므로 C는 나무이다. 이 나무를 그림 131처럼 '약 간 뚱뚱하게 부풀리면' 원판과 위상동형이 된다.

그림 131

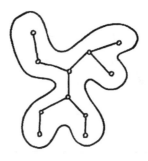

이제 S의 부분집합 X와 Y를 정의하자. S의 점들 중 C보다 M에 가 까운 점은 X에 속하고, M보다 C에 가까운 점들은 Y에 속한다.

X와 Y는 M 또는 C를 '뚱뚱하게 부풀려서' 얻어졌으므로 위상적으 로 원판과 같다. 또한 X와 Y는 변을 따라 만나므로 S는 원판의 변과 변 과 변……을 이어 붙인 구와 위상동형이다. (**증명 끝**)

구면 위에서 지도 색칠하기

표준곡면 위에 그려진 지도를 몇 개의 색으로 구별할 수 있는지 알아보자.

오일러지표 n에 대하여 구면 위에서 5색 문제를 증명할 때와 비슷한 논리를 펼치면 $n \leq 1$일 때

$$\left\lfloor \frac{1}{2}\left(7 + \sqrt{(49-24n)}\,\right) \right\rfloor$$

개의 색으로 표준곡면 위의 지도를 구별하는 데 충분하다는 것을 알 수 있다(단, 구는 여기서 제외된다.).[•]

$n = 0$인 원환면의 경우 이 값은 7이다. 이 값은 충분조건이자 필요조건이다(그림 132 참조).

그림 132

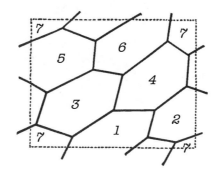

최근 들어 구와 클라인 병을 제외한 모든 경우에 필요한 색의 정확한 개수가 알려졌다.[2] 구의 경우에는 답이 4로 나왔는데 이 값은 맞을 수도 틀릴 수도 있으며, 클라인 병은 7로 나왔는데 이것은 완전히 틀린 답이다. 클라인 병은 여섯 가지 색으로 충분하다.

이 연구는 4색 문제가 처한 상황을 더욱 악화시켰다. 다른 복잡한 곡면에 대해서는 정확한 답을 알고 있으면서 가장 간단한 곡면인 구를 모른다니, 참으로 난처한 상황이 아닐 수 없다.[•]

● 여기서 [x]는 'x를 넘지 않는 가장 큰 정수'이다.

◆ 부록 467쪽 참조 — 원저자 주

13장

대수적 위상수학

앞서 말한 대로 오일러지표는 위상적으로 동치가 아닌 공간을 구별하는 불변량이다. 수학자들은 그 외에 다른 불변량을 찾다가 전혀 다른 두 분야인 위상수학과 추상대수학이 밀접하게 얽혀 있음을 알게 되었다. 추상대수학에는 위상공간과 관련된 대수적 불변량이 무수히 많이 존재하는데, 7장에서 다뤘던 '군'도 그중 하나다. 예를 들어, 위상동형인 공간은 자신과 동형인 군을 갖고 있다.

불변량을 충분히 확보하면 위상공간을 체계적으로 분류할 수 있을 것 같다. 이 작업은 (오일러지표와 가향성만으로 완벽하게 분류되는 곡면을 제외하고) 아직 완료되지 않았지만, 지금 수학자들은 과거 그 어느 때보다 목표에 가까이 접근한 상태다.

구멍과 경로, 그리고 닫힌 고리

정상적인 원판과 구멍 뚫린 원판을 수학적으로는 어떻게 구별할 수 있을까?

구멍이 없는 원판에 닫힌 경로(원이나 타원 등)를 그린 후 크기를 서서히 줄이면 점이 될 때까지 수축시킬 수 있다. 그러나 구멍이 뚫린 원판에서 구멍을 에워싸는 닫힌 경로에 대하여 동일한 조작을 가하면 점이 될 때까지 줄일 수 없다. 구멍이 더 이상의 수축을 방해하기 때문이다.

폐곡선의 '수축 가능성'은 위상적 특성이므로, 이것을 기준으로 삼으면 위상공간을 적어도 두 가지로 분류할 수 있다. 지금부터 공간의 경로를 추적하여 구멍을 감지하는 아이디어와 경로의 변환방법에 대하여 좀 더 구체적으로 알아보자.

우선 용어부터 정확하게 정의할 필요가 있다. 위상공간의 경로란 공간 속의 두 점을 연결하는 선으로, 복잡하게 휘어지거나 왔던 길을 다시 지나가도(자기 자신을 관통해도) 상관없지만, 경로가 도중에 끊어지면 안 된다. 즉, 경로는 연속적이다.

그러나 경로가 자신을 관통하는 경우에는 방향을 정해야 한다. 예를 들어, 그림 133의 두 경로는 각기 다른 경로로 취급된다.

그림 133

이것은 매우 중요한 조건이다. 구멍을 감지하는 수단으로 경로를 사용할 때에는 경로를 따라가는 방향이 구멍을 에워싸는 방법에 영향을 주기 때문이다. 그림 134의 경로 중 하나는 구멍의 방해를 받지 않고 수축될 수 있지만, 다른 경로는 그럴 수 없다.

그림 134

경로의 방향을 결정하는 가장 쉬운 방법은 경로를 따라 움직이는 점을 상상하는 것이다. 시간 t에서 이 점의 위치를 $p(t)$라 하자. 점은 시간이 t_0일 때 움직이기 시작하여 t_1일 때 멈춘다. 경로는 도중에 끊어진 곳이 없으므로 p는 연속함수이며, 정의역은 $t_0 \leq x \leq t_1$을 만족하는 x이고 공역은 문제에서 주어진 위상공간이다. 함수는 경로를 정의하고, 경로는 함수를 정의한다.

하나의 경로가 끝나는 곳에서 다른 경로가 시작되면 첫 번째 경로를 따라가다가 두 번째 경로로 갈아탐으로써 두 경로를 이을 수 있다(그림 135 참조).

그림 135

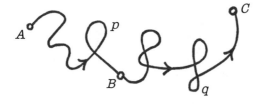

위의 그림에서 A에서 B까지는 p를 사용하고, 점이 B에 도달하면 시계를 새로운 출발시간으로 세팅한 후 B에서 C까지 q를 사용한다. 이 경로를

$$p*q$$

로 표기하자.

p가 $t_0 \leq x \leq t_1$에서 정의되고 q가 $t_2 \leq x \leq t_3$에서 정의되었다면, $p*q$는 $t_0 \leq x \leq t_1 - t_2 + t_3$에서 정의된 함수이다. t_1과 t_2가 같지 않다 해도 중간에 시계를 다시 세팅하여 연속적으로 이어놓았기 때문이다.

경로연결 연산자 *는 일련의 경로에 대한 연산을 정의한다. 임의의 두 경로를 결합하면 새로운 경로가 되므로, 경로의 집합은 *연산에 대하여 닫혀 있다. 또한 *는 결합법칙도 만족한다(그림 136 참조).

그림 136

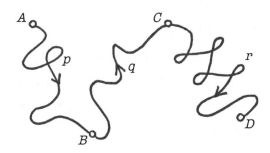

A에서 B로 간 후 다시 B에서 C를 거쳐 D로 가는 것은 A에서 B를 거쳐 C로 간 후 다시 C에서 출발하여 D로 가는 것과 같다. 즉, $p*(q*r)$ $= (p*q)*r$다(앞에서 확인한 바와 같이 함수의 곱도 결합법칙을 만족한다. 그러나 $p*q$는 pq와 같지 않다. 이 경우에는 정의역과 공역이 정확하게 들어맞지 않기 때문에 pq를 정의할 수 없다.).

하지만 아무 경로나 마음대로 결합할 수는 없다. 두 경로를 결합하려면 끝이 만나야 한다. A를 기준점으로 고정시키면 우리의 관심을 'A에서 출발했다가 다시 A에서 끝나는' 고리형 경로로 한정할 수 있다. 이런 경우에는 첫 번째 고리가 끝나는 곳에서 두 번째 고리가 시작되기 때문에, 고리의 연결에 신경 쓸 필요가 없다. 따라서 A 고리(A에서 출발하여 A에서 끝나는 고리)의 집합은 연산 $*$에 대하여 닫혀 있으며, 결합법칙을 만족한다.

이것은 7장에서 군을 정의했던 공리 (1), (2), (3)에 해당한다(170쪽 참조). 즉, 위상공간의 닫힌 고리는 일종의 대수적 구조를 갖고 있다. 게다가 이들은 항등원의 존재를 요구하는 공리 (4)도 만족한다. 'A에 머물면서 한 바퀴 도는 데 시간이 전혀 걸리지 않는 자명한 고리trivial loop'는 다른 고리와 연결해도 달라지는 것이 없으므로 항등원 역할을 한다.

여기서 누락된 것은 역원의 존재를 요구하는 (5)번 공리뿐이다. 역원이란 한 번 적용된 연산을 되돌리는 수단인데, 고리의 경우에는 반대 방향을 따라감으로써 되돌릴 수 있다.

그러나 여기에는 약간의 문제가 있다. p의 역원인 p^{-1}을 p와 결합하면 자명한 고리가 되긴 하는데, 자명한 고리를 한 바퀴 도는 데는 시간이 전혀 걸리지 않지만 $p*p^{-1}$을 따라가려면 최소한 p를 따라가는 데 걸리는 시간만큼 소요된다.

이 문제는 항등원을 다르게 선택해도 피해갈 수 없다. $p*x=p$를 만족하는 다른 x를 선택해도 p를 선회하는 데 일정 시간이 걸리려면 x를 선회하는 데 시간이 전혀 소요되지 않아야 하기 때문이다.

닫힌 고리의 집합은 (5)번 공리를 제외하고 군과 거의 비슷한 특성을 갖고 있다. 이 부족한 부분을 메울 방법은 없을까?

호모토피(동형)

정수로 이루어진 환 Z에는 곱셈의 역수가 존재하지 않는다. 그러나 Z를 소수모듈의 합동류로 분해하면 역수가 기적처럼 등장한다.

지금 우리가 처한 상황도 이와 비슷하다. 고리의 집합에는 역원이 없지만, 집합을 몇 가지 종류로 분해하여 약간의 조작을 가하면 역원이 기적처럼 나타날지도 모른다.

고리에는 유클리드 기하학에 나오는 '합동'의 개념을 적용할 수 없지만, 역원을 찾으려면 이와 유사한 개념을 어떻게든 도입해야 한다. '고리를 이용하여 구멍을 찾는다.'는 우리의 원래 목적에서 실마리를 찾아보자. 앞에서 원판에 뚫린 구멍을 논할 때 '고리의 수축'을 언급한 적이 있다.

공간 S에 주어진 두 개의 고리 중 하나에 연속변환을 가하여 다른 고리로 만들 수 있을 때, '두 고리는 호모토피 관계에 있다(또는 호모토픽하다.)'고 한다.

이번에 필요한 것은 둘 사이를 연결하는 연속함수가 아니라 진짜 '변환'이다. S 안에 이미 고리가 주어져 있고 우리의 관심사는 S이므로, 무언가를 변환하는 데에는 아무런 문제가 없다.

호모토피는 특별한 사례보다 일반적인 사례를 통해 접근하는 것이 훨씬 쉽다. 물론 경로를 일반화시켜도 정의 자체는 달라지지 않는다. 호모토픽한 경로들은 양끝점이 같아야 한다. 그림 137에서 굵은 실선으로 표현된 두 경로는 호모토픽하다(이들을 변형시킨 경로는 점선으로 표현되어 있다.).

그림 138에서는 구멍이 길을 방해하기 때문에 두 경로는 호모토픽하지 않다.

그림 137

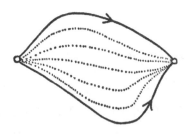

그림 138

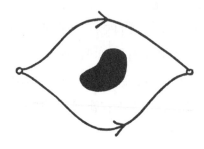

주어진 경로 p와 호모토픽한 모든 경로의 집합을 '호모토피류homotopy class'라 하고, 기호로는 $[p]$로 표기한다. $[p]$는 정수의 합동류와 거동방식이 비슷하다.

p의 역경로를 p^{-1}이라 했을 때, $p*p^{-1}$은 자명한 고리가 아니지만 자명한 고리와 호모토픽하다. $p*p^{-1}$은 그림 139처럼 기준점을 향해 수축될 수 있고, 계속 수축되다보면 경로를 따라가는 데 걸리는 시간이 점점 짧아지다가 결국은 기준점에 머무는 경로가 된다(그림에는 두 경로를 눈에 보이도록 표현하기 위해 p와 p^{-1}를 약간 다르게 그려놓았다.).

이제 목적지에 거의 도달했다. 호모토피류의 결합을 다음과 같이 정의하자.

$$[p]*[q] = [p*q]$$

그림 139

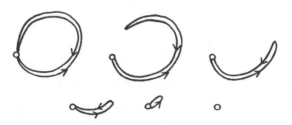

(이 정의가 타당한지 각자 확인해보기 바란다.) 그러면 고리로 이루어진 호포토피류의 집합은 *라는 연산 아래 군을 형성한다.

이것을 공간 S의 '기본군fundamental group'이라 하며, 기호로는 $\pi(S)$로 표기한다. 기본군의 개념을 최초로 정립한 사람은 프랑스의 수학자 앙리 푸앵카레Henri Poincaré였다.

위상공간 S와 T가 위상동형이면 둘을 연결하는 함수 $f: S{\rightarrow}T$가 존재하며, f와 f^{-1}(또는 g)는 연속함수이다.

연속함수는 S에 속한 경로를 T에 속한 경로로 변환시킨다. 경로의 연결에 대한 정의가 위상적topological인 것처럼 호포토피도 위상적 개념이므로, 호포토피류를 대상으로 f로부터 새로운 함수 F를 다음과 같이 정의할 수 있다.

$$F([p]) = [f(p)]$$

위의 정의에 따르면 다음의 관계가 성립한다.

$$F([p]*[q]) = F([p])*F([q]) \qquad (\dagger)$$

또한 f의 역함수 $g: T{\rightarrow}S$로부터 이와 비슷하게 정의된 함수 G는 F의 역함수이다. 따라서 F는 전단사함수이며, 식 (†)에 따르면 F는 동형사상isomorphism이다.

그러므로 군 $\pi(S)$와 $\pi(T)$는 동형이며, $\pi(S)$는 위상불변량이다.

$\pi(S)$에서 '$\pi(S)$의 차수'와 같은 불변수를 끄집어낼 수도 있지만, 이과정에서 유용한 정보가 유실되기 때문에 자세한 설명은 생략한다.[1]

원의 기본군

기본군은 중요한 개념이지만 계산할 수 없다면 별로 쓸모가 없다. 기본군의 계산은 일반적으로 매우 어려운 작업이며, 이 개념을 일반화하는과정은 대수적 위상수학의 큰 부분을 차지하고 있다.

$\mathbf{R}$(원판)이나 $\mathbf{R}^2$(구) 등 일부 공간에서는 기본군의 계산이 비교적 쉽게 이루어진다. 이 공간들은 구멍이 없어서 임의의 고리를 자명한 고리로 수축시킬 수 있다(그림 140 참조).

그림 140

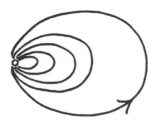

그러므로 이런 공간의 기본군은 단 하나의 원소 $I(I^2=I)$로 이루어진 자명한 군이다.

앞서 언급했던 '귤껍질 벗기기 트릭'을 사용하면 구의 표면 S에 대하여 $\pi(S)$를 계산할 수 있다. 우선 S에서 임의의 고리 p를 취한 후, p에 속하지 않은 점 하나를 골라서 그 점을 중심으로 원판에 해당하는 부분을 제거한다(단, 원판이 p를 침범하면 안 된다.). 이 작업이 완료되면 남은 구면을 원판으로 바꿀 수 있으며, 이곳에서 고리 p는 하나의 점으로 수축된다(원판을 접으면 S 위에서 p가 점으로 수축되는 과정을 눈으로 확인할 수 있다.) 따라서 $\pi(S)$는 자명한 군이다.

두 번째로 간단한 경우는 S가 원인 경우이다. 원 위에 놓인 임의의 고리는 원(S)을 여러 번 감을 수 있는데, 이 감은 횟수를 고리의 '회전수'라 한다. 그림 141에 제시된 고리의 회전수는 각각 1, 2, 0이며, 화살표의 방향을 반대로 바꾸면 -1, -2, 0이 된다(편의상 반시계방향을 + 방향으로 정의했다. 아래 그림에서는 시각적 이해를 위해 한 번 갔던 길을 다시 갈 때 경로를 조금 다르게 그려놓았다.).

그림 141

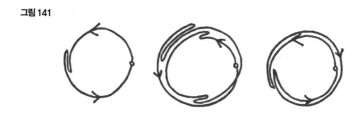

지금부터 '호모토피류는 회전수에 의해 결정된다.'는 것을 증명할 참이다. 다시 말해서, 임의의 두 경로는 회전수가 같을 때 호모토픽하다.

이것은 직관적으로도 매우 그럴듯한 이야기다. 고리를 단순히 변형시키는 것만으로는 회전수가 달라지지 않기 때문이다. 자명한 고리는 회전수가 0인데, 그림 141의 세 번째 고리도 점으로 수축될 수 있으므로 회전수가 0이다.

제대로 된 증명을 위해 새로운 공간을 도입해보자. 가능하면 원과 매우 비슷하여 원의 호모토피를 유추하기 쉬운 공간이 좋을 것 같다.

원 위에서 나선형 계단처럼 휘돌아가는 곡선 L을 상상해보자. 원의 기준점 A는 L에 속한 점 O에 대응된다. S에 속한 임의의 원은 경로 L로 '들어올려질 수 있다.' 이제 L 위의 한 점과 S의 한 점을 상상해보자. S의 한 점이 고리를 따라 움직이면, 바로 그 위에 있는 L 위의 점은 나선을 따라 연속적으로 움직인다. 그림 141에 제시된 고리의 경우 해당 경로는 그림 142와 같다.

위로 들어올려진 경로는 원의 기준점 O의 위(또는 아래)에서 끝나지만, 반드시 O에서 끝날 필요는 없다. 나선의 층수는 원래 원의 회전수와 같으며, 원한다면 이것을 나선의 정의로 사용해도 된다.

그림 142

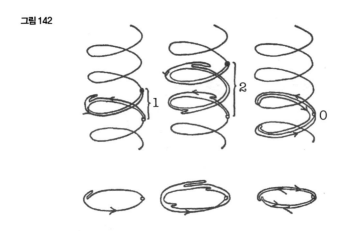

여기서 중요한 사실은 다음과 같다. 위로 들어올려진 두 경로 L이 호모토픽하면 그에 대응되는 S의 두 경로도 호모토픽하다. 따라서 호모토픽한 두 경로 L이 주어지면 이들을 S에 투영하여 호모토픽한 두 경로(원)를 얻을 수 있으며, S에서 호모토픽한 두 경로를 위로 들어올리면 L에서 호모토픽한 두 경로가 얻어진다. S에서 경로를 변형시키면 그에

보통 사람을 위한 현대 수학

해당하는 L의 경로도 변형된다.

그러나 L의 호포토피적 특성은 자명하다. L은 고리가 아닌 선이고, 선의 기본군 $\pi(L)$는 자명한 군이기 때문이다. L의 두 경로는 끝나는 점이 같을 때 호모토픽한데, $\pi(L)$의 자명함을 생각하면 이것은 당연한 결과이다(그리고 필요충분조건이다.).

L로 들어올려진 모든 경로는 O에서 출발하며, O위로(또는 아래로) 층수가 같으면 같은 점에서 끝난다. 이것은 S에서 고리의 회전수가 같은 경우에 해당한다.

S에서 회전수가 n인 고리를 취하여 회전수가 m인 고리와 연결하면 최종 회전수는 $n+m$이 된다. 따라서 $\pi(S)$는 덧셈에 관한 한 정수의 집합 **Z**와 동형이다.

사영평면

S가 사영평면인 경우 $\pi(S)$는 두 개의 원소로 이루어진 군을 형성한다.

	I	r
I	I	r
r	r	I

원소 r는 그림 143에 표시된 경로의 호모토피류이다.

(앞에서도 말했지만 사영평면은 사각형의 마주보는 변을 반대 방향으로 이은 것이다.)

그림 143의 경로는 점으로 수축되지 않지만, 두 번 진행한 경로는 점

그림 143

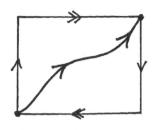

으로 수축될 수 있다. 309쪽 표에서 $r^2 = 1$는 바로 이런 의미다.

이것을 기하학적으로 해석해보자(그림 144 참조). 경로의 복사본을 떠서 원본에 포갠 후 복사경로의 가운데 부분을 사각형의 왼쪽 위 방향으로 잡아늘인다. 이 과정에서 경로가 사각형 밖으로 나가면 변의 대응관계에 의해 오른쪽 아래에서 반대 방향으로 다시 나타나고, 결국은 하나의 점으로 수축된다.

그림 144

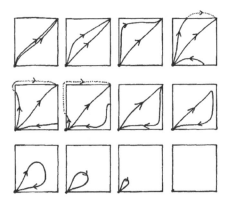

이 신기한 현상은 '수프접시 트릭soup-plate trick'과 관련되어 있다. 부엌에서 접시 하나를 꺼내 오른손바닥에 똑바로 올려놓는다(단, 골동품 접시는 사용하지 말 것!). 이제 팔꿈치를 회전시켜서 접시를 오른팔과 겨드랑

이 사이로 통과시킨다(이때 접시를 떨어뜨리지 않도록 주의할 것). 그 후 접시가 처음처럼 위를 바라볼 때까지 오른팔을 같은 방향으로 계속 회전시킨다. 이 자세가 되면 오른팔은 $180°$ 돌아가고 오른쪽 팔꿈치는 위를 향하게 된다.

이것으로 끝이 아니다. 팔을 같은 방향으로 계속 돌리면서 오른손을 머리 위로 가져가고, 거기서 조심스럽게 팔을 돌리면(여기도 위험구역임) 처음 자세로 되돌아온다.

반 바퀴 돌면 팔이 비틀어진 상태가 되고, 여기서 반 바퀴 더 돌면 팔이 부러질 것 같지만 실제로 해보면 편안했던 처음 상태로 돌아온다.

사영평면에서 벌어지는 일도 이와 비슷하다. 경로를 한 번 지나가면 비틀어지고, 두 번 지나가면 정상으로 되돌아온다.

14장

초공간

사람들이 네 번째 차원을 보여달라고 우길 때마다 나는 이렇게
대답한다. "그럼요, 보여드리죠. 그 전에 첫 번째와 두 번째,
그리고 세 번째 차원을 제게 좀 보여주시겠습니까?"

— 무명씨

수학을 연구하다보면 당장 눈앞에 닥친 문제를 해결하기 위해 무언가
를 일반화했다가, 수학 전체에 영향을 미치는 중요한 결과에 도달하는
경우가 종종 있다.

4장에서 우리는 유클리드 평면이 실수 쌍 (x, y)의 집합 $\mathbf{R}^2$으로 표현
될 수 있음을 확인했다. 이와 비슷하게 3차원 공간은 세 개의 실수 (x, y, z)로 이루어진 $\mathbf{R}^3$으로 간주할 수 있으며, 1차원 직선 $\mathbf{R}$는 실수의 집합
에 대응된다. 이 결과를 정리하면 다음과 같다.

1차원 공간 = $\mathbf{R}$ = 실수 x의 집합
2차원 공간 = $\mathbf{R}^2$ = 실수 쌍 (x, y)의 집합
3차원 공간 = $\mathbf{R}^3$ = 실수 세 개 (x, y, z)의 집합

실수로 표현 가능한 공간은 이것으로 끝이다. 현실세계는 그다지 흥미
롭지 않다. 하지만 여기서 끝내라는 법이 어디 있는가? 어차피 수학은
상상력의 산물이니, 계속 진도를 나가보자.

보통 사람을 위한 현대 수학

$$4\text{차원 공간} = \mathbf{R}^4 = \text{실수 네 개 } (x, y, z, u)\text{의 집합}$$

$$5\text{차원 공간} = \mathbf{R}^5 = \text{실수 다섯 개 } (x, y, z, u, v)\text{의 집합}$$

이것을 일반화하면

$$n\text{차원 공간} = \mathbf{R}^n = \text{실수 } n\text{개 } (x_1, x_2, \cdots, x_n)\text{의 집합}$$

이 된다. 현실세계에는 이런 공간이 눈에 띄지 않지만, 고차원 공간을 금지하는 조항은 없으므로 정의 자체에는 아무런 문제가 없다. 그러나 공간을 엄밀하게 정의하려면 점 이외에 '거리distance'라는 개념이 추가되어야 한다.

피타고라스 정리에 따르면 두 점 (x_1, x_2), (y_1, y_2) 사이의 거리 d는

$$d^2 = (x_1 - y_1)^2 + (x_2 - y_2)^2$$

이며, 3차원 공간의 거리는

$$d^2 = (x_1 - y_1)^2 + (x_2 - y_2)^2 + (x_3 - y_3)^2$$

이다. 1차원 거리도 이와 비슷한 형태로 표현된다.

$$d^2 = (x_1 - y_1)^2$$

위의 공식이 1, 2, 3차원에서 제대로 작동한다면 4차원 공간의 거리도 다음과 같이 정의할 수 있다.

$$d^2 = (x_1 - y_1)^2 + (x_2 - y_2)^2 + (x_3 - y_3)^2 + (x_4 - y_4)^2$$

여기서 d는 (x_1, x_2, x_3, x_4)와 (y_1, y_2, y_3, y_4) 사이의 거리이다. n차원 공간의 거리도 이와 비슷한 형태로 정의할 수 있다.

우리에게 중요한 것은 위 공식의 참-거짓 여부가 아니다. 어차피 4차원 이상의 공간에 대해서는 아는 바가 전혀 없으므로 공식의 성립여부를 확인할 방법도 없다. 지금 우리는 추상적인 수학 체계를 구축하고 있으므로, 어떤 공식이건 마음대로 쓸 수 있다. 사실 이 정도면 훌륭하다. 이 공식이 자명하다는 데 이의를 제기할 사람은 없을 것이다. 그 외에 어떤 공간을 떠올릴 수 있겠는가?

어떤 수학적 양이 '거리'로 간주되려면 다음의 조건을 만족해야 한다.

(i) 임의의 두 점 사이의 거리는 양수여야 한다.

(ii) 두 점 사이의 거리는 어느 방향으로 계산해도 같은 값이어야 한다.

(iii) A와 B 사이의 거리는 A와 C 사이의 거리에 C와 B 사이의 거리를 더한 값보다 작아야 한다.

조건 (iii)은 '삼각형의 두 변 길이의 합은 나머지 한 변의 길이보다 길다.'는 말과 같고, '두 점을 잇는 최단거리는 직선'이라는 말과 거의 비슷하다.

위에 열거한 세 가지 조건은 거리에 관한 공식을 이용하여 증명할 수 있다.

d^2의 제곱근은 $+d$와 $-d$가 있는데, 이 중 $+d$를 거리로 정하면 조건 (i)은 자연스럽게 만족된다(공식의 우변은 완전제곱의 합이므로 양수이다. 따라서 제곱근을 취하는 데에는 아무런 문제가 없다.).

보통 사람을 위한 현대 수학

조건 (ii)에 따르면 x와 y를 바꿔도 같은 값이 나와야 하는데, $(x_1 - y_1)^2 = (y_1 - x_1)^2$이므로 이것도 만족된다.

조건 (iii)은 중요한 부등식을 낳는다. $n = 2$인 경우를 예로 들어보자. 그림 145에 따르면 (iii)은 다음과 같은 부등식으로 귀결된다.

$$\sqrt{a^2 + b^2} + \sqrt{c^2 + d^2} \geq \sqrt{(a+c)^2 + (b+d)^2}$$

양변을 제곱하면

$$a^2 + b^2 + c^2 + d^2 + 2\sqrt{(a^2+b^2)(c^2+d^2)} \geq (a+c)^2 + (b+d)^2$$

이고, 우변을 전개해서 정리하면

$$2\sqrt{(a^2+b^2)(c^2+d^2)} \geq 2(ac + bd)$$

가 된다.

그림 145

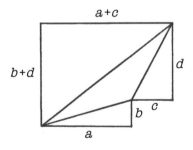

여기서 다시 양변을 제곱하면

$$(a^2 + b^2)(c^2 + d^2) \geq (ac + bd)^2$$

이고, 이는 곧

$$(a^2 + b^2)(c^2 + d^2) - (ac + bd)^2 \geq 0$$

임을 의미한다. 좌변을 정리하면

$$(ad - bc)^2$$

이 되는데, 이것은 완전제곱 형태이므로 괄호 안의 값과 상관없이 항상 양수이다. 따라서 조건 (iii)도 만족된다. 적어도 $n = 2$인 경우는 그렇다.

이 결과는 n차원으로 쉽게 확장할 수 있다. 물론 계산은 복잡해지지만 '어려운 계산'과 '복잡한 계산'은 분명히 다르다.

이로부터 거리에 대한 우리의 정의가 타당함을 알 수 있다. 19세기의 기하학자들은 (3차원 공간에서 증명할 정리가 바닥난 후부터) 추상적인 4차원 공간을 파고들기 시작하여 아름다운 개념과 정리를 다량으로 만들어냈다.

폴리토프

3차원 공간에는 다섯 종류의 정다면체(정4면체, 정6면체, 정8면체, 정12면체, 정20면체)가 존재한다. 정다면체란 입체도형을 구성하는 각 면들이 기하학적으로 합동인 도형이다. 4차원 이상의 고차원 공간에도 이와 같은 도형이 존재할 수 있는데, 이들을 1~3차원의 정다면체와 구별하기 위해 '폴리토프polytope'라고 부르기로 한다. 3차원 정다면체의 면이 정다각형인 것처럼, 폴리토프의 면은 3차원 정다면체이며, 모든 꼭짓점에서 동일한 형태로 배열되어 있다. 혼동을 피하기 위해 폴리토프의 3차원 면을 '솔리드solid'라 하고, 이 솔리드의 2차원 면을 '면face'이라 하자.

기하학자들(특히 루트비히 슐래플리Ludwig Schläfli)은 4차원 공간에 여섯 종류의 폴리토프가 존재한다는 사실을 알아냈다.

솔리드	면	변	꼭짓점	솔리드의 형태	이름
5	10	10	5	정4면체	단체
8	24	32	16	정6면체	초입방체
16	32	24	8	정4면체	16셀
24	96	96	24	정8면체	24셀
120	720	1200	600	정12면체	120셀
600	1200	720	120	정4면체	600셀

(숫자의 패턴에 대해서는 나중에 다룰 예정이다.)

그러나 5차원 이상의 고차원 공간에는 각 차원마다 세 종류의 폴리토프가 존재한다(이들은 정4면체와 정6면체, 그리고 정8면체와 비슷하다.).

따라서 2, 3, 4, 5, ……차원 공간에 존재하는 정다면체(또는 폴리토프)의 수는 각각 ∞, 5, 6, 3, 3, 3, ……이다.

폴리토프는 그림으로 표현할 수 없다. 어차피 종이는 2차원 평면이므로 고차원 도형을 표현하는 것은 원리적으로 불가능하다. 우리는 종이에 3차원 입체도형을 그릴 때 투시도법을 사용하는데, 4차원 도형도 이와 비슷한 방법으로 표현할 수 있지만 해독이 너무 어려워서 실용성이 별로 없다. 기계설계도를 일반인이 이해하기 어려운 것과 같은 이치다.

4차원 그림

4차원 물체를 표현하는 방법 중 하나로 '투영법projection'이라는 것이 있다. 화가들이 3차원 물체를 2차원 화폭에 표현하는 것과 비슷한 기법이다. 화가의 눈앞에 펼쳐진 3차원 풍경은 그림 146처럼 반지름 방향 또는 수직 방향을 따라 화폭에 투영된다.

그림 146

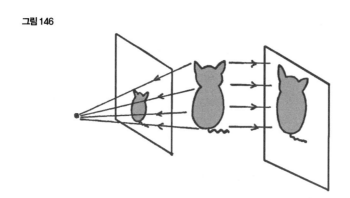

4차원 물체도 이와 비슷한 방법으로 3차원 공간에 투영할 수 있다. 단, 이 경우에는 투영결과를 프린트(출력)하는 과정이 훨씬 복잡하다. 3차원 물체는 2차원에 투영해야 시각화할 수 있기 때문이다! 그림 147은 4차원 초입방체의 두 가지 투영도를 시각화한 것이다.

이 그림을 이해하려면 투영에 의한 효과를 감안해야 한다. 왼쪽 그림의 중앙에 있는 작은 정6면체의 실제 크기는 바깥에 있는 정6면체와 같다. 초입방체는 여덟 개의 정6면체로 이루어져 있다(그림 147의 왼쪽 그림에

보통 사람을 위한 현대 수학

그림 147

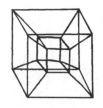 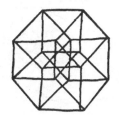

서 중앙의 작은 정6면체와 바깥의 큰 정6면체, 그리고 이들을 연결하는 여섯 개의 '끝이 잘려나간 피라미드'). 그리고 하나의 정6면체는 다른 여섯 개의 정6면체와 맞닿아 있으며, 하나의 꼭짓점은 네 개의 정6면체로 에워싸여 있다.

4차원 물체를 스크린에 투영하는 컴퓨터 프로그램도 있다. 이 프로그램을 이용하면 초입방체를 다양한 각도에서 볼 수 있는데, 몇 번 실행하다 보면 특정 각도에서 초입방체가 어떤 모습으로 보일지 미리 짐작할 수 있는 능력이 생긴다. 요즘 위상수학자들은 이런 프로그램을 통해 고차원 공간에 대한 감을 키우고 있다.

여러 개의 단면을 그려서 4차원 물체를 시각화하는 방법도 있다. 이것은 3차원 지형을 2차원 폐곡선으로 표현한 지도와 비슷하다. 일정한 고도 간격으로 지형을 잘라서 각 단면을 하나의 평면에 겹쳐놓으면 그림 148과 같은 등고선이 얻어진다.

그림 148

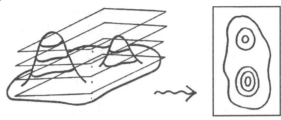

이 과정을 거꾸로 진행하면 평면지도로부터 3차원 지형을 복원할 수 있다. 하나의 폐곡선(등고선)을 하나의 면에 옮긴 후 개개의 면을 적절한 높이로 쌓으면 된다. 정교한 복원을 원한다면 처음부터 촘촘한 간격으로 잘라야 한다.

2차원 공간에 사는 생명체는 이와 같이 단면을 이용하여 3차원 물체를 시각화할 수 있다. 또한 1차원에 사는 단순한 생명체들도 일련의 선형단면도를 이용하면 2차원 물체를 시각화할 수 있다.

어떤 차원이건 단면을 취하면 차원 하나가 줄어든다. 4차원 물체의 단면은 3차원이다.

3차원 단면을 취하는 과정을 대수적으로 일반화하면 $\mathbf{R}^4$, $\mathbf{R}^5$, ⋯⋯의 단면을 정의할 수 있다. 낮은 차원의 사례로부터 특별한 경우에 고차원 단면의 형태를 추정하고, 대수를 이용하여 타당성을 확인하면 된다. 단, 이 책에서는 대수와 관련된 내용을 길게 늘어놓지 않을 것이다.

구의 단면은 원이다. 공을 외곽부터 얇게 썰어나가면 단면(원)이 점점 커지다가 중심부에서 가장 크고, 중심을 지나면 다시 작아진다. 따라서 초구超球, hypersphere(4차원 구)의 단면은 3차원 구이며, 하나의 점에서 시작하여 반지름이 점점 커지다가 중심을 지나면서 다시 작아질 것이다 (그림 149 참조).

그림 149

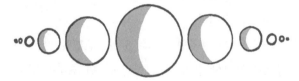

또한 3차원 정6면체의 단면은 정4각형이므로, 초입방체(정6면체의 4차원 버전)의 단면은 정6면체다(그림 150 참조).

그림 150

단면 쌓기

단면의 원리를 알았으니, 이제 남은 일은 단면도를 쌓아서 원형을 복원하는 것이다. 그러나 우리는 3차원 생명체이므로, 이미 3차원 도형인 단면을 쌓을 방법이 없다. 그저 머릿속으로 상상만 할 수 있다. 이럴 때는 단순한 경우에서 힌트를 찾는 것이 상책이다. 2차원 생명체는 2차원 단면을 어떻게 쌓을 수 있을까?

어차피 그들이 사는 2차원 평면에는 단면을 쌓을 수 있는 방향이 존재하지 않으므로, '시간차원'을 활용하는 수밖에 없다. 즉, 시간을 따라 진행되는 단면을 상상하는 것이다. 임의의 시간 t에서 단면은 2차원 물체이며, 각 단면을 이어서 만든 동영상을 실행하면 그 후의 단면들이 연속적으로 나타난다. 2차원에서 단면을 쌓는 방법은 이것밖에 없다. 평면에 사는 생명체들은 점점 커지다가 다시 작아지는 원을 보면서 3차원 구의 형태를 상상할 것이다.

이와 비슷하게 우리도 4차원 물체의 3차원 단면을 필름으로 이어 붙여서 동영상으로 복원할 수 있다. 그러면 4차원 초구는 점점 커지다가 작아지는 물방울처럼 보일 것이다. 반면에 초입방체의 경우는 어느 순간 갑자기 정6면체가 나타나서 일정 시간동안 똑같은 모양으로 유지되다가 갑자기 사라질 것이다. 그러므로 어느 순간 구가 갑자기 나타나서 한동안 같은 크기로 유지되다가 갑자기 사라졌다면, 이것은 단면이 구형인 4차원 원통에 해당한다.

이 정도면 꽤 괜찮은 방법이지만 충분하진 않다. 이런 식으로는 원하는 모습을 원하는 시간에 볼 수 없기 때문이다. 시간을 따라 진행되는 단면 동영상으로 전체를 판단하는 것은 눈을 가린 상태에서 물체를 순차적으로 더듬어가며 외형을 판단하는 것과 같다. 어린아이가 정6면체를 손에 쥐고 이리저리 돌려보는 것처럼, 우리는 4차원 물체를 마음대로 돌려가며 관찰할 수 있기를 원한다.

이것을 구현하려면 타임머신을 만들거나, 원하는 빠르기로 시간을 되돌릴 수 있는 장치가 필요하다.

이 장치에는 시간의 흐름을 조절하는 페달이 달려 있고, 3차원 단면을 보여주는 스크린도 있다. 꿈같은 이야기로 들리겠지만, 상상력을 동원하면 불가능할 것도 없다. 당신의 발밑에 페달이 있다고 상상하고, 스크린 영상을 머릿속에 떠올리면 된다.

페달에 가해지는 압력에 따라 시간이 흐르는 속도가 달라지고, 심지어 뒤로 되돌릴 수도 있다. 이제 페달조작법을 익히는 첫 번째 연습문제로 4차원 공간에서 줄의 매듭을 풀어보자. 문제가 복잡해지는 것을 방지하기 위해 간단한 외벌매듭overhand knot을 사용할 텐데, 우리의 논리는

그림 151

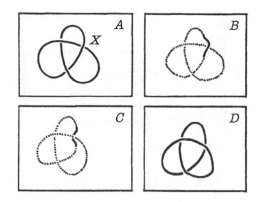

다른 매듭에도 똑같이 적용될 수 있다. 3차원 공간에서 시간 $t=0$일 때 외벌매듭의 형태는 그림 151의 A와 같다.

교점 X 근처에서 줄을 단단히 잡고 페달에 가해지는 압력을 줄여서 시간을 조금 앞으로 진행시키면, 매듭의 전체적인 형태가 시간과 공간에서 거의 유지된 채(B에서 점선으로 표시된 부분) X 근처 부위만 시간이 흐르는 방향으로 이동한다(물론 매듭을 잡고 있는 당신도 함께 이동한다.). 이 부분을 끈의 다른 부분이 있던 곳 아래로 누르면 C와 같은 형태가 되고, 여기서 시간을 $t=0$으로 되돌리면 D와 같은 형태가 되면서 매듭이 풀린다.

두 번째 연습문제로 4차원 공간에서 '자기 자신을 뚫고 지나가지 않는' 클라인 병을 만들어보자. $t=0$일 때 그림 81에서 시작하여 교점 근처에서 튜브의 일부를 손에 쥐고 시간을 조금 앞으로(미래로) 이동시킨다. 그러면 앞의 연습문제에서 매듭이 풀렸던 것처럼 튜브가 밖으로 빠져 나오면서 4차원 클라인 병이 완성된다.

원과 구의 연결도 이와 비슷한 방법으로 시각화할 수 있다. 우선 이와 비슷하면서 훨씬 간단한 경우부터 해결해보자. 여기, 3차원 공간에서

그림 152

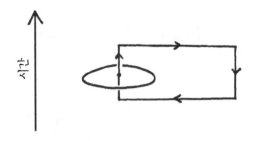

두 개의 원이 서로 얽혀 있다. 편의상 둘 중 하나를 사각형으로 바꾸고, 시간의 방향을 위쪽으로 설정하자(그림 152).

원과 사각형의 연결 상태는 다음과 같다. 시간 $t=0$일 때 원의 중심점이 위쪽으로 움직이기 시작하여 미래 이동하다가 얼마 후에는 공간에서만 이동하고(사각형의 위쪽 가로변), 시간을 거슬러 이동하여(사각형의 오른쪽 세로변) 과거로 갔다가 다시 공간 이동을 거친 후(사각형의 아래쪽 가로변) 시간의 순방향을 따라 출발점으로 되돌아온다.

4차원에서 구와 원의 연결도 이와 비슷한 방법으로 이해할 수 있다. $t=0$일 때 구의 중심점이 움직이기 시작하여(점은 출발과 동시에 '현재'라는 공간에서 사라지기 때문에 구의 몸통에 흠집을 내지 않는다.) 미래로 가다가 공간 이동을 하고, 다시 과거 이동→공간 이동→미래 이동을 거쳐 출발점으로 돌아온다(경로가 사각형이 아닌 원이라 해도 결과는 달라지지 않는다. 단, 이 경우에는 시간 이동과 공간 이동이 동시에 일어난다.).

얽힌 고리 대신 매듭을 시각화하는 것도 가능하다. 3차원에서 원으로 매듭을 짓는 것처럼, 4차원에서는 구로 매듭을 지을 수 있다. 위상수학자들은 'n차원 공간에서 m차원 구 매듭짓기'를 꾸준히 연구해왔는데, 아직 해결되지 않은 첫 번째 사례는 '17차원에서 10차원 구 매듭짓기'이다.

24차원의 우주인

작은 폭으로 진동하는 진자를 생각해보자. 임의의 시간 t에 진자의 위치는 p, 속도는 q이다. 이때 p와 q의 관계를 그래프로 그리면(시간은 관측에 적절한 단위로 측정되었다고 가정하자.) 그림 153의 오른쪽 원이 얻어진다. 진자가 진동하면 원 위의 점 (p, q)는 균일한 속도로 원주 상을 이동한다. 진자가 A에서 출발했다면 초기 상태는 $p=0$, $q>0$이고 B에서는 $q=0$, $p>0$이며, C에 도달하면 $p=0$, $q<0$으로 바뀌었다가 D에서는 $q=0$, $p<0$이 된다. 물론 이것은 실제 관측결과와 잘 일치한다(그림 154).

그림 153

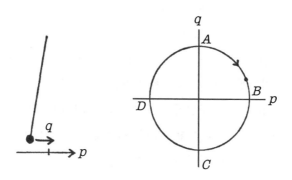

그림 154

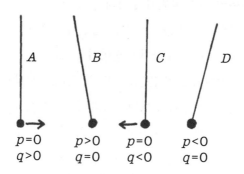

p와 q로 이루어진 그래프를 '위상 다이어그램phase diagram'이라 하고, 순서쌍 (p, q)로 표현되는 평면을 '위상공간'이라 한다. 지금의 경우에는 진자의 상태가 '위치'와 '속도'라는 두 개의 변수에 의해 결정되기 때문에 위상공간은 2차원 평면이다.

임의의 역학계dynamical system는 그에 해당하는 위상공간을 갖고 있다. 1차원에서 움직이는 물체의 경우 위치변수가 위상공간의 한 차원에 배당되고, 속도변수가 또 하나의 차원에 배당되어 2차원 위상공간을 이룬다(위에서 예로 들었던 진자도 1차원 경로(원주)를 따라가기 때문에 위상공간이 2차원이었다.).

서로 인력을 행사하는 태양과 지구, 그리고 달도 역학계를 이룬다. 단, 이 경우에는 각 천체마다 위치변수가 세 개씩 할당되고 속도변수도 세 개가 필요하다(3차원 공간에서 물체의 위치를 결정하려면 x, y, z라는 세 개의 좌표가 필요하고, 속도도 세 개의 성분으로 표현해야 한다.). 태양-지구-달을 하나의 역학계로 간주하면 각 천체마다 이 변수를 할당해야 하므로 위상공간은 6×3 = 18차원이 된다. 임의의 시간에 이 역학계의 상태는 18차원 공간의 한 점으로 표현되며, 시간에 따른 역학계의 운동은 이 점이 그리는 궤적으로 완벽하게 서술된다.

이 역학계 안에서 인공위성의 궤도를 예측하려면 위상공간에 (인공위성을 위한) 여섯 개의 차원이 추가되어, 무려 24차원 기하학문제를 풀어야 한다! 이것은 문제를 서술하는 방법일 뿐만 아니라, 기하동역학 geometrical dynamics이라는 수학의 핵심이기도 하다.

주어진 역학계에서 초기 운동은 다양한 형태로 시작될 수 있다. 우주선의 경우 개발 환경에 따라 초기 속도와 초기 위치는 얼마든지 달라질 수 있으며, 개개의 초기 상태는 위상공간의 한 점에 대응된다. 그 후 운동이 진행되면 초기 상태의 점은 특정한 궤적을 그리며 나아간다. 그런

보통 사람을 위한 현대 수학

데 시작점이 다르면 궤적도 달라질 것이므로, 우리는 하나의 역학계에 대하여 '다양한 초기 상태에 대응되는 일련의 궤적'을 그릴 수 있다. 위상공간이 액체로 가득 차 있고 개개의 입자가 계의 전체상태에 해당한다고 가정하면, 액체는 거기 그려진 궤적을 따라 흘러갈 것이다. 진자의 경우 이 흐름은 동심원을 그린다(원의 중심은 진자가 수직 방향으로 가만히 매달려 있는 '안정한 상태'에 해당한다. 그림 155 참조).

그림 155

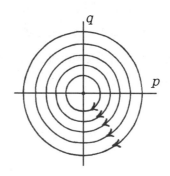

뉴턴의 에너지보존법칙에 따르면 위에서 말한 '상상 속의 액체'는 실제 액체처럼 행동하고, 압축되지 않는 성질도 똑같다. 그러므로 역학계를 서술하는 일반이론에 유체역학적 방법을 적용하면 많은 수고를 덜 수 있다. 고차원 기하학이 없었다면 과학자들은 이런 응용법을 결코 떠올리지 못했을 것이다.

더욱 일반화된 오일러의 공식

오일러의 공식은 평면지도에서 면의 수와 변의 수, 그리고 꼭짓점 수 사이의 관계를 말해준다. 앞에서 우리는 이 공식을 평면 이외의 다른 곡면으로 일반화한 적이 있다. 그렇다면 오일러 공식을 고차원 공간으로 일반화할 수는 없을까?

n차원 공간에 그려진 지도는 n차원 영역과 $(n-1)$차원의 면을 갖고 있다. 그리고 이 면은 $(n-2)$차원의 면을 갖고 있으며, 이 면은 또 $(n-3)$차원의 면을 갖고 있고…… 이런 식으로 계속 줄여나가다보면 결국 0차원 꼭짓점에 도달하게 된다. 지도에 나타난 n차원 '면'의 수를 F_n이라 하자. 그러면 4차원 폴리토프에서 F_0은 꼭짓점의 수이고 F_1은 변의 수, F_2는 면의 수, F_3은 솔리드(폴리토프의 3차원 면)의 수, F_4는 4차원 영역의 수에 해당한다. 정상적인 폴리토프라면 $F_4 = 1$이다.

2차원에서 오일러의 공식은

$$V - E + F = 1$$

이었다. 방금 정의한 표기법을 적용하면 다음과 같이 쓸 수 있다.

$$F_0 - F_1 + F_2 = 1$$

우리는 11장에서 지도의 '붕괴'를 이용하여 이 공식을 증명한 바 있다. 이 사실을 염두에 두고, 4차원에서 다음의 식을 생각해보자.

$$F_0 - F_1 + F_2 - F_3 + F_4$$

$F_4 = 1$인 폴리토프에서 이 식의 값을 계산해보자. 이 장의 앞부분에 제시된 표에 따르면 각 폴리토프의 계산값은 다음과 같다.

$$5 - 10 + 10 - 5 + 1 = 1$$
$$16 - 32 + 24 - 8 + 1 = 1$$
$$8 - 24 + 32 - 16 + 1 = 1$$
$$24 - 96 + 96 - 24 + 1 = 1$$
$$600 - 1200 + 720 - 120 + 1 = 1$$
$$120 - 720 + 1200 - 600 + 1 = 1$$

약속이나 한 것처럼 한결같이 1이다! 이것이 과연 우연의 일치일까?

3차원 지도의 경우 위의 공식은 다음과 같이 수정될 것이다.

$$F_0 - F_1 + F_2 - F_3$$

아래 그림과 같이 다소 불규칙적인 3차원 입체도형에 대하여 위 식의 값을 계산해보자(그림 156 참조).

그림 156

$$F_0 = 14, \ F_1 = 22, \ F_2 = 11, \ F_3 = 2$$

이므로,

$$14 - 22 + 11 - 2 = 1$$

이다. 이쯤 되면 우연이 아니라 규칙일 가능성이 높다.

n차원 공간에서 위의 식은 다음과 같이 일반화된다.

$$F_0 - F_1 + F_2 - \cdots \pm F_n = 1 \qquad (\dagger)$$

증명은 별로 어렵지 않다. 앞에서 도입했던 붕괴 테크닉을 고차원으로 일반화해서 적용하면 된다. 우리는 꼭짓점과 변을 동시에 붕괴시킬 수도 있고, 변과 면 또는 면과 솔리드…… 일반적으로 m차원 면과 $(m+1)$차원 면을 동시에 붕괴시킬 수 있다(그림 157 참조).

그림 157

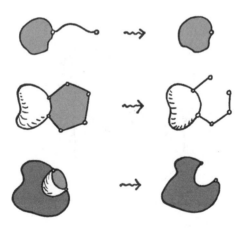

위에 열거한 어떤 붕괴가 일어나도 식 ($\dagger$)의 좌변은 변하지 않는다.

보통 사람을 위한 현대 수학

따라서 붕괴를 계속 일으키면 하나의 점으로 축소되어 결국 1 = 1이 되는 것이다(좀 더 엄밀한 증명을 원한다면 붕괴의 순서까지 고려해야 한다. 그러나 이 정도 설명이면 증명의 핵심은 충분히 전달되었다고 생각한다.).

이와 같이 오일러의 정리는 정리 자체뿐만 아니라 증명과정까지 일반화될 수 있다.

오일러 공식의 n차원 버전은 푸앵카레에 의해 처음 증명되었기 때문에 '오일러-푸앵카레 공식Euler-Poincaré formula'으로 알려져 있다.

대수적 위상수학에 대하여

13장에서 도입한 호모토피와 기본군의 개념도 고차원으로 일반화할 수 있다. 선에서 취한 경로 대신 n차원 초입방체를 사용하고, 선의 끝을 연결하는 대신 그림 158처럼 면을 연결하면 된다. 그리고 군을 얻으려면 경계선이 하나의 점으로 짓눌러진 초입방체를 도입해야 한다.

그림 158

호포토피를 일반화하면 결국 'n차원 경로의 호모토피류를 원소로 갖는 군'으로 귀결된다. 이것은 공간 S의 n번째 호모토피군인 $\pi_n(S)$이며,

기본군 $\pi(S)$는 첫 번째 대수적 불변량인 $\pi_1(S)$에 대응된다.

고차원 호모토피군을 이용하면 π_1으로 알 수 없었던 차이를 감지할 수 있다. 속이 찬 공에 동그란 구멍을 낸 공간을 S라 했을 때 $\pi_1(S)$는 자명하다trivial. 구멍 위에 얹힌 임의의 고리는 점으로 수축될 수 있다. 그러나 '경계선이 점으로 합쳐진' 사각형으로 구멍을 에워싸면(구멍을 종이봉투로 덮은 것과 비슷하다.) 이 사각형은 S 안에서 점으로 수축될 수 없다. 즉, $\pi_2(S)$는 자명하지 않다. π_1으로 감지되지 않았던 구멍이 π_2를 통해 감지되는 것이다.

모든 호모토피군 $\pi_1(S)$, $\pi_2(S)$, $\pi_3(S)$, ⋯⋯를 알고 있으면 S의 정체(적어도 S와 위상동형인 공간)를 알 수 있을 것 같지만 사실은 그렇지 않다. 그러나 푸앵카레는 특별한 경우에 S의 정체를 알 수 있을 것으로 추측했다. 만일 S가 n차원 구와 동일한 π수열을 갖고 있다면 S는 n차원 구이다. $n=2$인 경우 이것은 12장에서 증명했던 '주장 B'와 근본적으로 동일하며, $n \geq 5$인 경우는 스티븐 스메일Stephen Smale이 증명했다.[1] 그러나 $n=3$ 또는 4인 경우는 아직 불분명하다.●

고차원 호모토피가 저차원보다 다루기 쉽다는 것은 다소 놀라운 결과이다. 사실 위상수학자들 사이에는 "4차원은 최악의 차원"이라는 소문이 돌고 있는데, 그 이유는 아직도 미스터리로 남아 있다.

● 푸앵카레 추측의 4차원 버전은 1982년에 마이클 프리드만Michael Freedman에 의해 증명되었고, 3차원 버전은 2002년 그리고리 페렐만Grigori Perelman에 의해 증명되었다.

15장

선형대수

연습문제

독자들은 학창시절 수학시간에 다음과 같은 연립방정식의 해법을 배운 적이 있을 것이다.

$$x + 2y = 6$$
$$3x - y = 4 \qquad (1)$$

첫 번째 방정식에 3을 곱하면

$$3x + 6y = 18$$

이 되고, 여기서 두 번째 방정식을 빼면

$$7y = 14$$

보통 사람을 위한 현대 수학

가 되어 $y = 2$임을 알 수 있고, 이것을 첫 번째 방정식에 대입하면

$$x + 4 = 6$$

이 되어 $x = 2$라는 답을 얻는다.

이번에는 방정식을 조금 바꿔보자.

$$x + 2y = 6$$
$$3x + 6y = 4 \qquad (2)$$

위에서 했던 대로 첫 번째 방정식에 3을 곱하면

$$3x + 6y = 18$$

이 되고, 여기서 두 번째 방정식을 빼면

$$0 = 14$$

가 되어, 답을 구할 수 없다. 물론 교과서에는 이런 문제가 나오지 않는다. 학생들이 당황하지 않도록, 교과서 집필진들이 연습문제를 신중하게 골랐기 때문이다. 답을 구할 수 없는 경우는 또 있다. 예를 들어, 2원 1차 연립방정식●

● 미지수가 두 개이고 방정식의 차수가 1인 연립방정식

$$x + 2y = 6$$
$$3x + 6y = 18 \qquad (3)$$

을 대상으로 위와 같은 과정을 거치면

$$0 = 0$$

이 되어, 역시 답을 구할 수 없다.

우리는 (2)나 (3) 같은 연립방정식과 마주칠 때마다 머리를 갸우뚱하며 '말도 안 되는 방정식'으로 치부해버렸다. 그런데 이처럼 '말도 안 되는 경우'를 항상 분별해낼 수 있을까?

방금 풀었던 연립방정식의 경우는 문제의 원인을 쉽게 찾을 수 있다. 연립방정식 (2)는 서로 모순된 방정식을 열거해놓고 답을 찾으라고 했으니 답이 있을 리 없고, (3)의 경우는 두 방정식이 똑같기 때문에 방정식 하나만 주고 x와 y를 구하라고 한 것이나 다름없다. 물론 이런 경우에 답이 없는 것은 아니다. 사실은 $(x, y) = (2, 2)$와 $(4, 1)$, $(6, 0)$, $(1/2, 11/4)$ 등 무수히 많은 답이 존재한다. 그렇다고 모든 숫자 쌍이 주어진 방정식을 만족하는 것은 아니다. 예를 들어, $x=1$, $y=1$은 방정식 (3)을 만족하지 않는다. 일반적으로 $x=a$로 취했을 때 $y = (6-a)/2$이면 방정식의 해가 될 수 있다. 방정식 (3)을 만족하는 해는 이것뿐이다.

일반적으로 연립방정식은 방정식의 형태에 따라 다음 세 가지 중 하나에 속한다.

보통 사람을 위한 현대 수학

$$\begin{cases} \text{하나의 해 } (x, y)\text{가 존재하는 경우} \\ \text{해가 없는 경우} \\ \text{해가 무수히 많은 경우} \end{cases}$$

그 외에 다른 경우는 없다. 연립방정식의 해가 2개, 3개, 4개⋯⋯ 등 유한한 다수로 나오는 경우는 없다는 뜻이다. 연립방적식의 해는 아예 없거나 1개 또는 무한개이다(엄밀한 증명은 생략한다. 그러나 이어지는 내용을 읽다보면 그럴 수밖에 없음을 알게 될 것이다.).

미지수와 방정식의 수가 많아지면 '말도 안 되는' 경우가 쉽게 눈에 띄지 않지만, 전체적인 거동은 미지수가 두 개인 경우와 똑같다. 예를 들어, 다음과 같은 4원 1차 연립방정식을 생각해보자.

$$x + 4y - 2z + 3t = 9$$
$$2x - y - z - t = 4$$
$$5x + 7y + z - 2t = 7$$
$$3x - 2y - 8z + 5t = 21$$

첫 번째 식에 2를 곱하고 두 번째 식에 3을 곱하여 두 방정식을 더하고, 여기서 세 번째 방정식을 빼면

$$3x - 2y - 8z + 5t = 23$$

이 되어, 네 번째 방정식과 모순을 일으킨다. 물론 이렇게 된다는 것을 첫눈에 간파하기란 결코 쉽지 않다. 네 번째 방정식의 우변을 21에서 23으로 바꾸면 방정식 하나는 있으나 마나 한 것이 되어 세 개의 방정식

이 남는데, 주어진 연립방정식의 미지수는 네 개이므로 무수히 많은 해가 존재하게 된다.

미지수의 수가 방정식의 수보다 많은 경우에도 해가 존재하지 않을 수 있다. 예를 들어,

$$x + y + z + t = 1$$
$$2x + 2y + 2z + 2t = 0$$

은 해가 없다.

그러므로 연립방정식이 주어졌다고 해서 답이 존재한다는 보장은 전혀 없다. 이들의 거동은 방정식의 형태에 따라 천차만별이고, 한눈에 예측하기도 어렵다. 모든 연립방정식에 단 하나의 해가 존재한다면 풀이 과정이 다소 어려워도 참아낼 수 있겠지만, 현실은 그렇지 않다. 그러나 다행히도 해가 없거나 무수히 많은 연립방정식은 그들만의 독특한 패턴을 갖고 있으며, 이것을 감지하는 방법도 개발되어 있다.

기하학적 해석

그래프를 그려보면 연립방정식 (1), (2), (3)의 차이가 확연하게 드러난다. (1)의 경우에는 두 방정식이 그림 159처럼 한 점에서 교차하는 직선에 해당하기 때문에, 단 하나의 해(교점)가 존재한다.

반면에 연립방정식 (2)를 그래프로 그려보면 기울기가 같은 평행선이 되어 만나지 않고, 따라서 해도 존재하지 않는다(그림 160).

그림 159

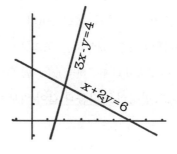

그림 160

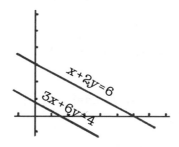

연립방정식 (3)은 두 직선이 완전히 포개지기 때문에 직선 위의 모든 점을 해로 간주할 수 있다. 즉, 이 경우 무수히 많은 해가 존재한다(그림 161).

그림 161

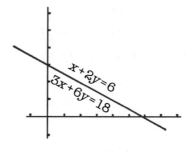

두 직선으로 만들 수 있는 경우는 이 세 가지뿐이다. 그래서 1차 연립방정식의 해의 개수는 0, 1, 무한개 중 하나이다.

연립방정식을 기하학적으로 해석하는 또 다른 방법이 있다(일반적인 특성을 연구할 때에는 이 방법이 더 유용하다.). (x, y) 외에 또 하나의 좌표세트 (X, Y)를 상정하고, 방정식을 다음과 같이 써보자.

$$x + 2y = X$$
$$3x - y = Y$$

그러면 방정식 (1)은 $(X, Y) = (6, 4)$로 만드는 (x, y)를 찾는 문제로 재해석된다.

무엇이 어떻게 달라졌는지 확인하기 위해, 몇 가지 (x, y)에 대하여 (X, Y)를 계산해보자.

(x, y)	(X, Y)
$(0, 0)$	$(0, 0)$
$(0, 1)$	$(2, -1)$
$(0, 2)$	$(4, -2)$
$(1, 0)$	$(1, 3)$
$(1, 1)$	$(3, 2)$
$(1, 2)$	$(5, 1)$
$(2, 0)$	$(2, 6)$
$(2, 1)$	$(4, 5)$
$(2, 2)$	$(6, 4)$

이 결과를 그림으로 표현하면 다음과 같다.

보통 사람을 위한 현대 수학

그림162

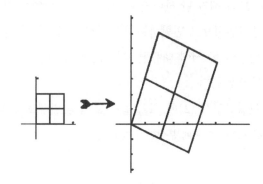

(x, y)를 (X, Y)로 변환하면 (x, y)평면의 정사각형이 (X, Y)평면에서 평행사변형으로 바뀐다.

우리의 방정식은 표의 마지막 줄에서 만족된다. 즉, $x=2$, $y=2$일 때 $X=6$, $Y=4$이다. 물론 이것은 단순한 우연일 뿐이다. 그러나 위의 그림으로부터 많은 사실을 알아낼 수 있다. (X, Y)평면에서 임의의 점 (α, β)를 취하면, (x, y)평면에는 여기 대응되는 점이 반드시 존재한다. 왜냐하면 그림 162의 평행사변형은 왼쪽의 작은 정사각형을 잡아늘이고 회전시켜서 만든 것이기 때문이다. 즉, (α, β)가 포함된 평행사변형은 정사각형에서 온 것이므로, 정사각형 내부에는 (α, β)에 대응되는 점이 존재할 수밖에 없다. 예를 들어, $(\alpha, \beta) = (4\frac{1}{2}, 3)$으로 잡으면(평행사변형의 중심), 이 점은 정사각형의 중심인 $(1\frac{1}{2}, 1\frac{1}{2})$에 대응된다. 물론 방정식을 직접 풀어서 확인할 수도 있다.

$$x + 2y = 4\frac{1}{2}$$
$$3x - y = 3$$

의 해는 $x = 1\frac{1}{2}, y = 1\frac{1}{2}$이므로 우리의 예상과 일치한다.

그림 162를 보면 해가 단 하나만 존재하는 것도 당연한 결과이다. 정사각형을 평행사변형으로 변환하는 과정에서 정사각형의 서로 다른 두 점이 평행사변형의 한 점에 대응될 수는 없기 때문이다. 즉, 이 변환은 중복을 허용하지 않는다.

이번에는 연립방정식 (2)에 위와 같은 조작을 가해보자(방정식 (2)와 (3)은 좌변이 같으므로 한 번에 분석할 수 있다.).

$$x + 2y = X$$
$$3x + 6y = Y$$

이 관계를 만족하는 (X, Y)는 $Y = 3X$라는 직선 위에만 존재한다(그림 163).

그림 163

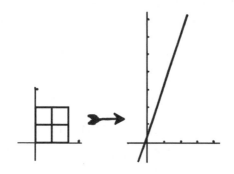

위의 방정식에 의거하여 (x, y)평면에 변환을 가했더니, 평행사변형이 아니라 직선이 된 것이다. 연립방정식 (2)의 경우에는

$$X = 6, \quad Y = 4$$

를 만족하는 해를 찾아야 하는데, (6, 4)는 직선 위의 점이 아니다. 따라서 이런 경우에는 해가 존재하지 않는다. (x, y)평면의 어떤 점도 이 변환하에서는 $Y = 3X$라는 직선 위에 놓이지 않는다는 뜻이다. 반면에 연립방정식 (3)은

$$X = 6, \ Y = 18$$

인 경우인데, 이것은 직선 위의 점에 해당한다. 게다가 무수히 많은 (x, y)가 (6, 18)에 대응되므로 무수히 많은 해가 존재하게 된다.

그뿐만 아니라 (x, y)평면에서 주어진 방정식을 만족하는 (x, y)도

$$x + 2y = 6$$

이라는 직선 위에 존재한다.

그러므로 각 연립방정식의 특성은 다음과 같은 변환

$$T(x, y) = (X, Y) = (x + 2y, 3x - y)$$

또는

$$S(x, y) = (X, Y) = (x + 2y, 3x + 6y)$$

의 기하학적 특성에 의해 결정된다.

일반적으로 연립방정식

$$ax + by = X$$
$$cx + dy = Y$$

의 특성을 분석할 때에는

$$U(x, y) = (ax + by, cx + dy)$$

라는 변환을 눈여겨볼 필요가 있다.

3원 1차 연립방정식

$$ax + by + cz = X$$
$$dx + ey + fz = Y$$
$$gx + hy + kz = Z$$

의 경우 다음과 같은 변환이 적용된다.

$$V(x, y, z) = (ax + by + cz, dx + ey + fz, gx + hy + kz)$$

이런 변환을 '선형변환linear transformation'이라 하고, 선형변환을 연구하는 수학분야를 '선형대수linear algebra'라 한다.

패턴에 관한 힌트

앞서 제시한 변환 T를 이용하면 연립방정식 (1)을 집합론적으로 분석할 수 있다. 여기서 중요한 질문은 이것이다. (6, 4)는 T의 치역에 속하는가? T의 치역은 T가 취할 수 있는 값 $T(x, y)$의 집합이므로, (6, 4)가 이 집합에 속하려면 (6, 4) = $T(x, y)$ = $(x+2y, 3x-y)$를 만족하는 x와 y가 존재해야 한다. 이것은 연립방정식 (1)을 집합론의 용어로 재서술한 것이다.

다른 두 개의 방정식도 마찬가지다. 이 경우에는 '(6, 4), 또는 (6, 18)은 선형변환 $S(x, y)$ = $(x+2y, 3x+6y)$의 치역에 속하는가?'라는 질문으로 시작된다.

T는 정사각형을 평행사변형으로 바꾸는 변환이었으므로 T의 치역은 평면 전체이다. 그러나 S의 치역은 앞에서 확인한 바와 같이 하나의 직선으로 한정된다.

일반적인 연립방정식을 분석하려면 선형변환의 치역을 알아야 한다. 지금까지 나온 사례는 평면과 직선이었다. 그 외에 다른 경우는 없을까?

다른 경우가 있다. 다음의 방정식

$$0x + 0y = X$$
$$0x + 0y = Y$$

는 선형변환 $F(x, y)$ = $(0, 0)$에 대응되는데, F의 치역은 단 하나의 점 $\{(0, 0)\}$밖에 없다(집합의 원소임을 강조하기 위해 괄호 '{ }'를 붙였다. 치역은 집합이다!).

두 개의 방정식으로 이루어진 2원 1차 연립방정식은 이것이 전부이다. 즉, 선형변환의 치역은 평면이거나 직선이거나 또는 점이다. 물론 여기서 말하는 평면이란 실수평면 $\mathbf{R}^2$ 전체를 의미한다.

치역이 평면이면 방정식에는 단 하나의 해가 존재한다. 치역이 직선인 경우에는 해가 있을 수도, 없을 수도 있는데, (X, Y)가 직선 위에 있으면 무수히 많은 해가 존재하고, 그렇지 않으면 해가 존재하지 않는다. 그리고 치역이 점이면 $(X, Y) = (0, 0)$인 경우에만 해가 존재하며, (x, y)평면의 모든 점이 해가 될 수 있다. 즉, $\mathbf{R}^2$에 속하는 모든 (x, y)가 방정식을 만족한다는 뜻이다.

해가 존재하는 경우에 한하여 '해공간solution space'이라는 개념을 도입해보자. 지금까지 등장한 사례는 다음과 같다.

치역	해공간
평면	점
선	선
점	평면

미지수가 세 개인 3원 1차 연립방정식의 경우 치역과 해공간은 점, 선, 평면, 그리고 공간($\mathbf{R}^3$ 전체)이 될 수 있다.

치역	해공간
공간	점
평면	선
선	평면
점	공간

보다시피 치역이 좁을수록 해공간은 넓어진다. 그러나 치역이 좁을수록 해를 구하는 과정은 까다로워진다.[●]

보통 사람을 위한 현대 수학

이것은 일반적인 현상이다. 해가 존재하는 공간을 $\mathbf{R}^n$으로 확장하면 '치역의 차원 + 해공간의 차원 = n'의 관계가 있음을 알 수 있다. 예들 들어 $\mathbf{R}^7$에서 치역이 3차원인 선형변환은 4차원 해공간을 갖는다.

이 책에서는 아직 '차원dimension'을 정의하지 않았다. 사실 선형대수는 차원에서 출발한다고 해도 과언이 아니다. 차원의 개념과 정의는 교과서를 읽어보는 것이 최선이지만,[1] 연립방정식은 특성이 뚜렷하기 때문에 굳이 차원을 따지지 않아도 패턴별로 분류할 수 있다.

행렬

영국의 수학자 아서 케일리Arthur Cayley는 선형변환을 수학적으로 표현하는 좋은 방법을 생각해냈다. $T(x, y) = (X, Y)$라는 선형변환이

$$ax + by = X$$
$$cx + dy = Y \qquad (4)$$

로 주어졌을 때, 좌변의 계수를 정사각형으로 배열하여

$$\begin{pmatrix} a & b \\ c & d \end{pmatrix}$$

● 치역이 전 공간이면 해는 단 하나뿐이고, 치역이 선이면 해는 특정한 직선 위의 모든 점이거나 존재하지 않는다. 그러나 치역이 점으로 좁아지면 해는 전 공간으로 확장된다.

로 써보자. 괄호 안에 수가 가로세로로 나열된 형태를 '행렬matrix'이라 한다. 지금의 경우는 'T의 행렬'인 셈이다. 사용할 변수(x, y, X, Y)가 결정된 상태에서 행렬을 안다는 것은 곧 T를 알고 있다는 뜻이다. 여기에 다음과 같은 열벡터column vector

$$\begin{pmatrix} x \\ y \end{pmatrix} \qquad \begin{pmatrix} X \\ Y \end{pmatrix}$$

를 도입하면 방정식 (4)를 다음과 같은 형태로 쓸 수 있다.

$$\begin{pmatrix} a & b \\ c & d \end{pmatrix} \begin{pmatrix} x \\ y \end{pmatrix} = \begin{pmatrix} X \\ Y \end{pmatrix} \qquad (5)$$

단, 좌변에서 행렬과 열벡터의 곱은 다음과 같이 정의한다.

$$\begin{pmatrix} ax + by \\ cx + dy \end{pmatrix}$$

그리고 두 개의 열벡터가 같아지려면 각 성분들끼리 같아야 한다.

이 표기법은 미지수가 세 개 이상인 경우로 쉽게 확장할 수 있다. 예를 들어, 세 개의 미지수로 이루어진 3원 1차 연립방정식은 다음과 같이 쓸 수 있다.

$$\begin{pmatrix} a & b & c \\ d & e & f \\ g & h & k \end{pmatrix} \begin{pmatrix} x \\ y \\ z \end{pmatrix} = \begin{pmatrix} X \\ Y \\ Z \end{pmatrix}$$

보통 사람을 위한 현대 수학

선형변환을 다루다보면 여러 개의 변환을 연속적으로 적용하는 경우가 종종 있다. 이런 경우에는 또 다른 변수 $\mathbf{X}$, $\mathbf{Y}$와 $U(X, Y) = (\mathbf{X}, \mathbf{Y})$인 변환 U 가 등장하여

$$AX + BY = \mathbf{X}$$
$$CX + DY = \mathbf{Y} \qquad (6)$$

의 관계를 만족한다. 이것을 행렬방정식으로 쓰면 다음과 같다.

$$\begin{pmatrix} A & B \\ C & D \end{pmatrix} \begin{pmatrix} X \\ Y \end{pmatrix} = \begin{pmatrix} \mathbf{X} \\ \mathbf{Y} \end{pmatrix} \qquad (7)$$

변환의 곱은 앞에서 정의한 바 있다. 이 규칙에 따르면

$$UT(x, y) = U(X, Y) = (\mathbf{X}, \mathbf{Y})$$

이다. UT도 하나의 행렬로 나타낼 수 있다. 식 (4)과 (6)에 따르면

$$\begin{aligned} \mathbf{X} &= AX + BY \\ &= A(ax + by) + B(cx + dy) \\ &= (Aa + Bc)x + (Ab + Bd)y \end{aligned}$$

$$\begin{aligned} \mathbf{Y} &= CX + DY \\ &= C(ax + by) + D(cx + dy) \\ &= (Ca + Dc)x + (Cb + Dd)y \end{aligned}$$

이므로, 계수를 추출하여 행렬식으로 바꾸면

$$\begin{pmatrix} Aa{+}Bc & Ab{+}Bd \\ Ca{+}Dc & Cb{+}Dd \end{pmatrix} \begin{pmatrix} x \\ y \end{pmatrix} = \begin{pmatrix} \mathbf{X} \\ \mathbf{Y} \end{pmatrix}$$

이다. 따라서 행렬 UT는 다음과 같은 행렬로 쓸 수 있다.

$$\begin{pmatrix} Aa{+}Bc & Ab{+}Bd \\ Ca{+}Dc & Cb{+}Dd \end{pmatrix}$$

그런데 식 (7)에 (5)를 대입하면

$$\begin{pmatrix} A & B \\ C & D \end{pmatrix} \begin{pmatrix} a & b \\ c & d \end{pmatrix} \begin{pmatrix} x \\ y \end{pmatrix} = \begin{pmatrix} \mathbf{X} \\ \mathbf{Y} \end{pmatrix}$$

이므로, 두 행렬의 곱을 다음과 같이 정의하면 완벽한 행렬대수 체계가 만들어진다.

$$\begin{pmatrix} A & B \\ C & D \end{pmatrix} \begin{pmatrix} a & b \\ c & d \end{pmatrix} = \begin{pmatrix} Aa{+}Bc & Ab{+}Bd \\ Ca{+}Dc & Cb{+}Dd \end{pmatrix}$$

2장에서 다뤘던 변환 $G(x,y) = (x, -y)$와 $H(x,y) = (y, -x)$를 예로 들어보자. $(X,Y) = H(x,y)$라 하면

$$X = y \ = 0 \cdot x + 1 \cdot y$$
$$Y = -x = (-1) \cdot x + 0 \cdot y$$

보통 사람을 위한 현대 수학

로 쓸 수 있으므로 H에 대응되는 행렬은

$$\begin{pmatrix} 0 & 1 \\ -1 & 0 \end{pmatrix}$$

이다. 또한 $G(X, Y) = (\mathbf{X}, \mathbf{Y})$라 하면

$$\mathbf{X} = X = 1 \cdot X + 0 \cdot Y$$
$$\mathbf{Y} = -Y = 0 \cdot X + (-1) \cdot Y$$

이므로, G에 대응되는 행렬은

$$\begin{pmatrix} 1 & 0 \\ 0 & -1 \end{pmatrix}$$

이다. 따라서 GH를 행렬로 표현하면

$$\begin{pmatrix} 1 & 0 \\ 0 & -1 \end{pmatrix} \begin{pmatrix} 0 & 1 \\ -1 & 0 \end{pmatrix}$$

이 되고, 위에서 정의한 곱셈규칙에 따라 계산하면

$$\begin{pmatrix} 1 \cdot 0 + 0 \cdot (-1) & 1 \cdot 1 + 0 \cdot 0 \\ 0 \cdot 0 + (-1)(-1) & 0 \cdot 1 + (-1) \cdot 0 \end{pmatrix} = \begin{pmatrix} 0 & 1 \\ 1 & 0 \end{pmatrix}$$

이 된다. 2장에서 확인한 바와 같이

$$GH(x, y) = G(H(x, y))$$
$$= G(y, -x)$$
$$= (y, x)$$

인데, 이것은 행렬곱을 이용한 결과

$$\mathbf{X} = 0 \cdot x + 1 \cdot y$$
$$\mathbf{Y} = 1 \cdot x + 0 \cdot y$$

와 일치하는 것을 알 수 있다.

우리는 행렬을 정의함으로써 멋진 대수 체계를 구축했다. 행렬을 이용하면 선형변환을 쉽게 계산할 수 있는데, 구체적인 내용은 월터 소이어Walter W. Sawyer의 책을 읽어보기 바란다.[2]

삼각함수의 덧셈정리(가법정리)도 행렬을 이용해 증명할 수 있다. 2장에서 회전변환을 잠시 논한 적이 있는데, 2차원 직교좌표의 한 점 (x, y)를 원점을 중심으로 각도 θ만큼 회전시키면 $(x \cos\theta - y \sin\theta, \ x \sin\theta + y \cos\theta)$가 된다. 이 변환을 행렬로 표현하면

$$\begin{pmatrix} \cos\theta & -\sin\theta \\ \sin\theta & \cos\theta \end{pmatrix}$$

이다. 그러므로 θ만큼 돌린 후 다시 ϕ만큼 돌렸다면, 이 변환에 해당하는 행렬은

보통 사람을 위한 현대 수학

$$\begin{pmatrix} \cos\phi & -\sin\phi \\ \sin\phi & \cos\phi \end{pmatrix} \begin{pmatrix} \cos\theta & -\sin\theta \\ \sin\theta & \cos\theta \end{pmatrix}$$

이며, 행렬의 곱셈규칙에 따라 계산하면

$$\begin{pmatrix} \cos\phi\cos\theta - \sin\phi\sin\theta & -\cos\phi\sin\theta - \sin\phi\cos\theta \\ \sin\phi\cos\theta + \cos\phi\sin\theta & -\sin\phi\sin\theta + \cos\phi\cos\theta \end{pmatrix}$$

그런데 이 변환은 한 번에 각도 $(\phi+\theta)$만큼 회전시킨 변환과 동일하므로, 위의 행렬은 다음의 행렬과 같아야 한다.

$$\begin{pmatrix} \cos(\phi+\theta) & -\sin(\phi+\theta) \\ \sin(\phi+\theta) & \cos(\phi+\theta) \end{pmatrix}$$

두 행렬이 같으려면 각 요소들끼리 같아야 하므로,

$$\cos(\phi+\theta) = \cos\phi\cos\theta - \sin\phi\sin\theta$$
$$\sin(\phi+\theta) = \sin\phi\cos\theta + \cos\phi\sin\theta$$

이다. 이것이 바로 삼각함수의 덧셈정리이다.

추상적 공식화

오늘날 선형변환은 추상대수학의 한 분야로 흡수되어 좌표를 도입할 필요가 없어졌다.

실수평면 $\mathbf{R}^2$에서 두 개의 점 (p, q)와 (r, s)를 취하여, 이들의 합을 다음과 같이 정의해보자.

$$(p, q) + (r, s) = (p + q, r + s)$$

실수 α에 대한 곱셈은 다음과 같이 정의한다.

$$\alpha(p, q) = (\alpha p, \alpha q)$$

이 연산을 이용하면 선형변환을 다음과 같이 표현할 수 있다. 선형변환이란 모든 p, q, r, s, α가

$$T((p, q) + (r, s)) = T(p, q) + T(r, s)$$
$$T(\alpha(p, q)) = \alpha T(p, q)$$

를 만족하는 함수 $T : \mathbf{R}^2 \to \mathbf{R}^2$이다(원한다면 앞에서 다뤘던 선형변환들이 이 조건을 만족하는지 확인해볼 수도 있다.). 첫 번째 식은 군의 동형조건과 매우 비슷한데, 이는 선형변환이 군론과도 깊이 연관되어 있음을 시사한다. 수학자들은 실수평면 $\mathbf{R}^2$에서 덧셈과 곱셈의 특성을 분석하고, 이 것을 $\mathbf{R}^3, \mathbf{R}^4, \mathbf{R}^5, \cdots\cdots$으로 확장하여 다음과 같은 체계를 완성했다.

$\mathbf{R}$에 대한 벡터공간vector space V는 덧셈과 곱셈이 적용되는 집합으로 정의된다. u와 v가 V의 원소이고 α가 실수일 때, 덧셈과 스칼라곱은 각각 다음과 같이 표기한다.

$$u + v \qquad \alpha u$$

$u + v$와 αu도 V의 원소이다.

V는 다음의 공리를 만족해야 한다.

(1) V는 덧셈에 대하여 가환군이며, 항등원 0을 갖고 있다.

(2) 모든 $\alpha \in \mathbf{R}$에 대하여 $\alpha 0 = 0$이다.

(3) 모든 $v \in V$에 대하여 $v0 = 0$이다.

(4) 모든 $v \in V$에 대하여 $1v = v$이다.

(5) 모든 α, $\beta \in \mathbf{R}$, $v \in V$에 대하여 $(\alpha + \beta)v = \alpha v + \beta v$이다.

(6) 모든 $\alpha \in \mathbf{R}$, $v, w \in V$에 대하여 $\alpha(v + w) = \alpha v + \alpha w$이다.

(7) 모든 α, $\beta \in \mathbf{R}$, $v \in V$에 대하여 $\alpha \beta v = \alpha(\beta v)$이다.

벡터공간의 사례는 여러 가지가 있다. 표준적인 사례로는 $\mathbf{R}$, $\mathbf{R}^2$, $\mathbf{R}^3$, ……을 들 수 있는데, 이것이 전부가 아니다. 다항식환polynomial ring $\mathbf{R}[x]$도 벡터공간이며, $\mathbf{R}[x, y]$, $\mathbf{R}[x, y, z]$, ……도 마찬가지다. 이들은 모두 무한대 차원을 갖고 있다. 벡터공간은 미분방정식의 해와 군론, 그리고 현대해석학에서도 중요한 이슈로 부각된다.

벡터공간을 도입하면 선형변환은 $T : V \rightarrow W$라는 함수로 정의할 수 있다. 여기서 V와 W는 임의의 벡터공간이며, T는 모든 $u, v \in V$, $\alpha \in \mathbf{R}$에 대하여 다음의 조건을 만족한다.

$$T(u + v) = T(u) + T(v)$$
$$T(\alpha u) = \alpha T(u)$$

이 추상적인 체계에서 우리는 선형변환과 관련된 모든 것을 증명할 수 있다. 게다가 특정 좌표를 도입하지 않았기 때문에 증명이 매우 직접적이면서 명쾌하다.

그러나 특별한 경우에는 행렬계산이 수반될 수도 있다.

선형대수를 제대로 이해하려면 다음 세 가지를 통일된 관점에서 바라봐야 한다.

(ⅰ) 저변에 깔려 있는 기하학적 동기

(ⅱ) 추상대수학적 체계

(ⅲ) 행렬계산법

물론 학생들에게는 결코 쉬운 일이 아니다. 그래서 대부분의 교과서는 위의 세 가지 관점 중 하나에 집중되어 있다. 그러나 한 가지 관점에 편향된 채 추상대수학을 파고들다보면 수많은 문제에 직면하게 된다. 복잡한 행렬식을 아무리 열심히 풀어도 기하학적 이해가 수반되지 않으면 별 의미가 없다.

16장

실해석학

"합이 엄밀하게 결정되는 무한급수는 거의 하나도 없다."

– 닐스 헨리크 아벨의 편지에서

현대 수학은 대수학과 위상수학, 그리고 해석학analysis이라는 세 개의 주 춧돌 위에 세워진 학문이다(수학적 논리는 벽돌을 이어 붙이는 회반죽 역할 을 한다.). 앞의 두 가지는 어느 정도 설명이 되었으므로, 이제 마지막 세 번째 기둥을 논할 때가 되었다.

해석학을 이해하려면 여러 가지 기술적인 개념에 익숙해져야 한다. 그렇지 않고서는 해석학을 제대로 논할 수 없다. 과거의 수학자들도 순 진한 마음으로 해석학에 입문했다가 도저히 극복할 수 없는 난관에 부 딪히곤 했다.

해석학의 핵심은 무한급수와 극한, 미분, 적분과 같은 '무한대 처리 법'으로 요약된다. 수학에서 온갖 어려움을 양산하는 무한대의 유령을 포획하여 길들이는 것, 이것이 바로 해석학에 주어진 임무이다.

무한대 더하기

다음과 같이 무한히 이어지는 덧셈을 무한급수infinite series라 한다.

$$1 + \frac{1}{2} + \frac{1}{4} + \frac{1}{8} + \cdots \qquad (1)$$

뒤에 붙은 '…'은 이 덧셈이 끝없이 반복된다는 뜻이다. 언뜻 생각하면 답을 내기가 불가능할 것 같다. 무한히 긴 연산을 유한한 시간 안에 마무리하는 것은 상식적으로 불가능하기 때문이다. 아무리 부지런한 사람도, 세계에서 가장 빠른 컴퓨터도, 위의 덧셈을 곧이곧대로 수행할 수는 없다. 한 가지 역설적인 문제를 생각해보자. 지금 전등 스위치가 꺼진 상태에서 1초 후에 스위치를 켜고, 1/2초 후에 스위치를 끄고, 다시 1/4초 후에 스위치를 켜고, 1/8초 후에 스위치를 끄고…… 이런 식으로 점멸상태를 바꿔나간다면 2초 후에 스위치는 어떤 상태일까?

아무도 알 수 없다. 따라서 급수 (1)이 명확한 답을 갖는다는 보장도 없다. 18세기의 수학자들은 수열과 급수를 연구하면서도 이런 문제에 별다른 주의를 기울이지 않았다. 당시에는 수학기호를 아무리 복잡하게 섞어놓아도 의미심장하게 보였고, 수학자들은 이런 순진한 생각에서 벗어날 때까지 혹독한 대가를 치르며 오랜 세월을 기다려야 했다.

그러나 급수 (1)에 답이 존재한다면, 가장 그럴듯한 답은 아마도 '2'일 것이다. 왜냐하면

$$1 + \frac{1}{2} \qquad\qquad = \frac{3}{2}$$

$$1 + \frac{1}{2} + \frac{1}{4} \qquad\qquad = \frac{7}{4}$$

$$1 + \frac{1}{2} + \frac{1}{4} + \frac{1}{8} \qquad\qquad = \frac{15}{8}$$

$$\cdots$$

$$1 + \frac{1}{2} + \frac{1}{4} + \frac{1}{8} \cdots + \frac{1}{2^n} \qquad = 2 - \frac{1}{2^n}$$

이기 때문이다. $n+1$번째 항인 $1/2^n$에서 더하기를 멈추면 $-1/2^n$만큼 오차가 발생하는데, n이 커질수록 $1/2^n$은 급속하게 작아지므로 n을 충분히 크게 잡으면(즉, 충분히 많은 항을 더하면) 오차를 무한정 작게 줄일 수 있다.

이 결과를 18세기식 논리로 설명하면 다음과 같다. $n+1$번째 항까지 더한 후 $n = \infty$를 대입하면 좌변은 $\infty+1$번째 항까지 포함되지만, $\infty+1 = \infty$이므로 급수 (1)과 일치한다. 그리고 우변은

$$2 - \frac{1}{2^\infty} = 2 - \frac{1}{\infty} = 2 - 0 = 2$$

이므로, 급수 (1)의 합은 2가 되어야 한다.

이 정도면 설득이 되었는가? 학창시절에 수학을 배운 사람이라면 대충 고개를 끄덕이며 넘어갈 법도 하다. 그러나 잠깐! 이것은 결코 증명이라고 할 수 없다. 이유는 여러 가지가 있는데, 중요한 것 세 가지만 추리면 다음과 같다. 첫째, 급수 (1)에 수학적 의미가 있다고 가정해야 하고, 둘째, 무한급수가 유한급수처럼 대수적 연산 규칙을 따른다고 가정해야 하고, 셋째, ∞라는 기호가 숫자처럼 거동한다고 가정해야 한다. 이 모든 가정의 타당성을 과연 입증할 수 있을까?

무한급수를 섣불리 다뤘다간 역설적 결과에 봉착하기 십상이다. 사람들은 이런 사례를 접할 때마다 '아하! 그럴 수도 있겠네?'라며 웃고 넘기지만, 사실 이것은 수학적 재앙이다. 말이 나온 김에 몇 가지 예를 들어보자.

무한급수

$$S = 1 - 1 + 1 - 1 + 1 - 1 + \cdots$$

을 두 개 항씩 짝지어 계산하면

$$S = (1 - 1) + (1 - 1) + (1 - 1) + \cdots$$
$$= 0 + 0 + 0 + \cdots$$
$$= 0$$

이다. 그러나 괄호를 오른쪽으로 한 칸 밀어서 다시 계산하면

$$S = 1 - (1 - 1) - (1 - 1) - (1 - 1) - \cdots$$
$$= 1 - (0 + 0 + 0 + \cdots)$$
$$= 1 - 0$$
$$= 1$$

이 된다. 또한

$$1 - S = 1 - (1 - 1 + 1 - 1 + 1 - 1 + \cdots)$$
$$= 1 - 1 + 1 - 1 + 1 - 1 + \cdots$$
$$= S$$

이므로, $S = 1/2$이다.

개중에는 이 계산에 기초하여 $0 = 1$을 증명한 후 '유有는 무無에서 창조될 수 있다.'고 주장하는 사람도 있었다. 어설픈 무한대 연산을 이용하여 신의 존재까지 수학적으로 증명한 것이다!

해석학의 초창기에는 'S의 세 가지 값이 모두 옳을 수도 있다.'는 불길한 생각이 널리 퍼져 있었으며, 장기적 안목으로 손익을 따져볼 겨를

도 없었다. 그 후 수학자들은 그동안 별 생각 없이 사용해왔던 무한대 연산이 무의미하다는 것을 서서히 깨닫기 시작했다. 무엇보다도 무한대에 수학적 의미를 부여하는 것이 급선무였다. 뛰어난 천재들이 이 직업을 완료한 후에는 무한대를 다루는 데 많은 제한이 뒤따랐으며, 과거처럼 유별난 법칙을 가정할 수도 없게 되었다(개중에는 운 좋게 살아남은 법칙도 있다.).

'극한'이란 무엇인가?

말 많고 탈 많은 무한급수 S를 자세히 살펴보자. 처음 몇 항을 더한 결과는 다음과 같다.

$$
\begin{aligned}
1 &= 1 \\
1 - 1 &= 0 \\
1 - 1 + 1 &= 1 \\
1 - 1 + 1 - 1 &= 0 \\
1 - 1 + 1 - 1 + 1 &= 1
\end{aligned}
$$

보다시피 1과 0이 반복된다. n이 아무리 커져도 어떤 '극한값'에 수렴하지 않고 1과 0을 오락가락할 뿐이다.

합을 1로 간주하면 더한 항의 수가 짝수일 때 1만큼 오차가 생기고, 0으로 간주하면 항의 수가 홀수일 때 1만큼 오차가 생긴다. 오차를 줄이고 싶다면 차라리 $S = 1/2$이라고 결론짓는 게 낫다!

급수의 일반적인 형태는

보통 사람을 위한 현대 수학

$$a_1 + a_2 + a_3 + \cdots$$

로 쓸 수 있다. 여기서 모든 a_n은 실수이다. 이 급수의 '근삿값'은

$$b_1 = a_1$$
$$b_2 = a_1 + a_2$$
$$b_3 = a_1 + a_2 + a_3$$
$$b_4 = a_1 + a_2 + a_3 + a_4$$
$$\cdots$$

이다. n이 아주 큰 수일 때 b_n이 어떤 극한값으로 수렴하면, 이 값을 급수의 값으로 정의할 수 있다. 그런데 여기서 말하는 '극한'이란 대체 무슨 뜻인가?

일단 n번째 항까지 더하고 멈췄을 때 발생하는 오차부터 살펴보자. n이 충분히 크고 무한급수에 극한값이 존재한다면 이 오차는 아주 작아야 한다. 그러나 아직 더하지 않은 부분

$$a_{n+1} + a_{n+2} + a_{n+3} + \cdots$$

도 또 하나의 무한급수이므로, 이런 식으로는 아무런 결론도 내릴 수 없다.

그렇다면 위에서 언급한 근삿값

$$b_1, b_2, b_3, b_4, \cdots$$

에서 '극한'의 의미를 찾아보자.

무한급수 (1)은 아무래도 '2'라는 값을 가질 것 같으니, 이 급수를 집중적으로 공략하는 게 좋을 것 같다. n번째 항까지 더한 근삿값 b_n은

$$b_n = 2 - \frac{1}{2^{n-1}}$$

이다. 무한급수의 값과 근삿값의 차이 $b_n - 2$는 우리가 원하는 만큼 작게 만들 수 있다. 예를 들어, 오차 범위를

$$-\frac{1}{1,000,000} \leq b_n - 2 \leq \frac{1}{1,000,000}$$

로 한정하면

$$1/2^{n-1} \leq 1/1,000,000$$

이 되어야 하는데, 이 조건은 $n \geq 21$일 때 만족된다. 오차 범위를 더 줄여서

$$-\frac{1}{1,000,000,000,000} \leq b_n - 2 \leq \frac{1}{1,000,000,000,000}$$

로 한정하면 $n \geq 41$이어야 한다.

이로부터 새로운 정의를 내릴 수 있다. 충분히 큰 n에 대하여

$$b_n - l$$

을 원하는 만큼 작게 만들 수 있을 때, 'b_n은 극한 l로 향한다tend.'고 말한다.[1]

극한으로 향하는 급수를 '수렴하는convergent' 급수라 한다(극한 l은 실수여야 한다. 아직은 ∞를 논할 단계가 아니다.).

b_n의 '극한'을 정의했으니, 이제 무한급수

$$a_1 + a_2 + a_3 + a_4 + \cdots$$

에 의미를 부여할 수 있다. 무한급수의 근삿값 b_n의 극한이 l로 주어졌을 때(즉, 극한이 존재할 때), 무한급수는 "수렴한다."고 말한다. 물론 앞에서 다뤘던 골치 아픈 S처럼 극한이 존재하지 않는 경우도 있다.

이제 우리는 무한급수의 값을 논할 수 있게 되었다. 그러나 이것은 급수가 수렴한다는 것을 증명할 수 있을 때만 가능하다(다소 부자연스럽긴 하지만, 수렴하지 않는 급수에 값을 할당하는 방법도 있다. 일부 이론에 따르면 S의 값은 1/2인데, 구체적인 내용은 독자들을 헷갈리게 할 것 같아 생략한다.).

합을 논할 수 있게 되었으니, 대수법칙을 빼놓을 수 없다. 무한급수의 중간에 괄호를 끼워 넣거나, 더하는 순서를 우리 마음대로 변경할 수 있을까?

수렴하는 급수라 해도, 이런 조작이 항상 가능한 것은 아니다. 예를 들어,

$$K = 1 - \frac{1}{2} + \frac{1}{3} - \frac{1}{4} + \frac{1}{5} - \frac{1}{6} + \cdots$$

은 수렴하는 급수로서, 수렴값은 $\log_e 2 \cong 0.69$이다.

그런데 K에 약간의 조작을 가하면

$$2K = 2 - \frac{2}{2} + \frac{2}{3} - \frac{2}{4} + \frac{2}{5} - \frac{2}{6} + \frac{2}{7} - \frac{2}{8} + \frac{2}{9} - \frac{2}{10} + \cdots$$

$$= 2 - 1 + \frac{2}{3} - \frac{1}{2} + \frac{2}{5} - \frac{1}{3} + \frac{2}{7} - \frac{1}{4} + \frac{2}{9} - \frac{1}{5} + \cdots$$

$$= (2 - 1) - \frac{1}{2} + \left(\frac{2}{3} - \frac{1}{3}\right) - \frac{1}{4} + \left(\frac{2}{5} - \frac{1}{5}\right) - \cdots$$

$$= 1 - \frac{1}{2} + \frac{1}{3} - \frac{1}{4} + \frac{1}{5} - \frac{1}{6} + \cdots$$

$$= K$$

가 되어, $1.38 = 0.69(2K = K)$라는 황당한 결과가 얻어진다. 대체 무엇이 잘못되었을까?[2]

완전성 공리

수렴에 대한 우리의 정의는 한 가지 약점을 갖고 있다. 무한급수의 수렴 여부를 증명하기 전에, 급수가 수렴하는 극한 l을 미리 짐작해야 한다는 것이다. 급수 (1)은 극한이 2라는 것을 미리 알고 있었기에 수렴한다는 것을 쉽게 증명할 수 있다. 극한값을 미리 예측하지 않고 수렴여부를 테스트하는 방법은 아직 논하지 않았다.

여기서 진도를 더 나가려면 앞에서 잠시 언급하고 넘어갔던 '오차항'

$$a_{n+1} + a_{n+2} + a_{n+3} + \cdots$$

에 집중해야 한다. 수렴하는 급수라면 오차는 매우 작다. 이 아이디어를 좀 더 정교하게 다듬어서 수렴여부를 판단하는 기준으로 사용할 수 있을까?

보통 사람을 위한 현대 수학

우선, 오차의 근삿값부터 살펴보자('오차의 오차'를 따지겠다는 뜻이니 왠지 실패할 것 같지만 일단 시도해보자.).

$$a_{n+1}$$
$$a_{n+1} + a_{n+2}$$
$$a_{n+1} + a_{n+2} + a_{n+3}$$
$$\cdots$$
$$a_{n+1} + \cdots + a_{n+m}$$

위에 열거한 오차들이 모두 작다고 가정하자. 즉, 모든 m에 대하여

$$-k \leq a_{n+1} + \cdots + a_{n+m} \leq k$$

를 만족하는 작은 양수 k가 존재한다고 가정하자. 그러면 모든 오차항은 'k보다 작거나 같다.'고 할 수 있다.

다시 말해서, 수렴하는 급수는 다음의 조건을 만족한다. 임의의 양수 k를 취했을 때, 임의의 m에 대한 '근사적 오차'가

$$a_{n+1} + \cdots + a_{n+m} \leq k$$

를 만족하는 n이 존재한다(물론 n값은 k에 따라 달라질 수 있다.).

또는 역으로, 위와 같은 n이 존재하면 오차는 무한정 작아질 수 있다. 이런 경우에 급수는 수렴하는 것으로 간주한다.

이 아이디어의 장점은 무한급수가 등장하지 않고 극한을 미리 짐작할 필요도 없다는 것이다. 우리가 고려한 것은 무한급수에서 떼어낸 '유

한급수' 뿐이다. 그 대신 논리가 다소 복잡해지긴 했지만 이 정도면 참
을 만하다.

　바로 이 시점에서 '실수'가 등장한다. 모든 수가 유리수라고 가정하
면 유리수로 이루어진 무한급수의 극한을 유리수 l로 정의할 수 있고,
분석한 오차항도 유리수의 범주를 넘지 않을 것이다.

　이제 $\sqrt{2}$를 10진법으로 써보자.

$$\sqrt{2} = 1.414213 \cdots$$

이 값은 다음과 같은 무한급수로 간주할 수 있다.

$$1 + \frac{4}{10} + \frac{1}{100} + \frac{4}{1000} + \frac{2}{10000} + \frac{1}{100000} + \frac{3}{1000000} \cdots$$

따라서 이 급수를 n번째 항까지 더했을 때 발생하는 오차는

$$\underbrace{0.00\cdots0}_{n개}\underbrace{999\cdots9}_{m개}$$

를 넘지 않는다. m이 아무리 커도(즉, 9가 아무리 길게 이어져도) 이 값은
$1/10^n$보다 작다. 그런데 n이 충분히 크면 $1/10^n$은 무한히 작아지므로,
이 급수는 특정 값으로 수렴한다.

　위의 무한급수가 수렴한다면 그 값은 분명히 $\sqrt{2}$일 것이다. 그런데 다
들 알다시피 $\sqrt{2}$는 유리수가 아니다.

　그럼에도 불구하고 급수의 각 항은 분명히 유리수이다. 무리수의 존
재를 모르는 사람이라면 위의 급수가 유리수로 수렴한다고 하늘 같이

믿겠지만, 현실은 그렇지 않다. 이런 난처한 상황에 직면한 이유는 아마도 유리수의 명단에 $\sqrt{2}$ 같은 수가 누락되어 있기 때문인 것 같다. 구멍 난 곳을 때우려면 실수를 도입해야 한다.

논리의 정확성을 기하려면 '완전성 공리completeness axiom'로 알려진 새로운 공리를 도입해야 한다. 이 공리가 추가되면 오차가 무한히 작아지는 무한급수가 실수의 범주 안에서 극한값을 갖는다는 사실이 명확해진다.

연속성

10장에서 위상수학을 다룰 때 잠시 언급했던 '연속함수'는 해석학에서도 매우 중요한 개념이다.

다음과 같은 함수를 생각해보자.

$$f(x) = 1 - 2x - x^2$$

이 함수의 그래프는 끊어진 곳 없이 매끈하게 이어진다(그림 164참조).

그림 164

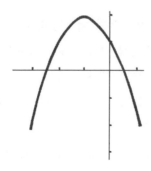

반면에 우편물의 무게와 배송료의 관계를 그래프로 그려보면 그림 165처럼 전혀 연속적이지 않다.

그림 165

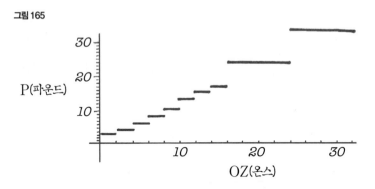

첫 번째 함수는 연속이고, 두 번째 함수는 불연속이다.

해석학의 초창기에 수학자 대부분은 수학적으로 말끔하게 정의된 함수가 모두 연속함수라고 생각했다. 그러나 이것은 희망사항일 뿐, 현실은 참으로 가혹했다. 예를 들어,

$$g(x) = x + \sqrt{(x-1)(x-2)}$$

의 그래프는 그림 166과 같다.

그러므로 함수의 연속성을 논할 때에는 각별한 주의를 기울여야 한다. 오일러는 연속함수를 "손을 자유롭게 움직이면서 그릴 수 있는 곡선"이라고 했지만, 이런 정의는 별 도움이 안 된다. 프랑스의 수학자 오귀스탱 코시Augustin Cauchy는 연속함수를 "변수를 무한소infinitesimal*만큼 바꿨을 때 함숫값도 무한소만큼 변하는 함수"로 정의했다. 무한소의 뜻을 알고 있다면 꽤 훌륭한 정의인데, 안타깝게도 당시에는 제대로 아는

그림 166

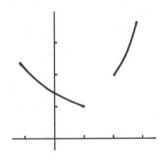

사람이 없었다. 수학자들은 어설픈 생각으로 이 분야에 뛰어들었다가 수많은 역설을 양산했고, 그 바람에 무한대의 개념까지 모호해져버렸다.

요즘은 연속함수를 정의할 때 '비도약非跳躍, no jump'이라는 개념을 사용한다. 도약의 폭이 넓건 좁건 간에, 일단 함수에서 도약이 일어나기만 하면 연속성은 사라진다. 미세한 도약을 감지하기 위해 함수를 현미경으로 관찰한다고 가정해보자.◆ 도약이 일어나는 곳에 초점을 맞추면 함수는 그림 167과 같은 형태로 보일 것이다.

그림 167

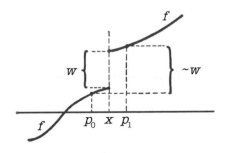

● 무한히 작은 양
◆ 정말로 그래프에 현미경을 들이댄다는 뜻이 아니라, 함수의 작은 영역에서 일어나는 수학적 현상을 설명하기 위해 현미경 관찰을 예로 든 것뿐이다.

도약의 폭을 w라 하자. 도약이 일어난 곳을 x라 하고, x의 조금 왼쪽에 있는 점을 p_0, 조금 오른쪽에 있는 점을 p_1이라 하면 $f(p_0)$와 $f(p_1)$은 거의 w만큼 차이가 날 것이다. 그러나 p_0와 p_1이 x로부터 너무 멀리 떨어져 있으면 $f(p_0)$와 $f(p_1)$에 대해 어떤 정보도 얻을 수 없다.

실수함수 f의 연속성은 다음과 같이 정의된다. 'x 근방에 있는 두 점 p_0와 p_1을 충분히 가깝게 가져감에 따라 $f(p_0)$와 $f(p_1)$의 차이를 우리가 원하는 대로 작게 만들 수 있을 때, f는 x에서 연속이다.'[3] 연속함수란 '모든 x에서 연속인 함수'를 말한다.

이 정의의 장점은 함수가 연속임을 직접 증명할 수 있다는 것이다. 예를 들어, 다음의 함수

$$f(x) = x^2$$

이 $x = 0$에서 연속임을 증명해보자. $-k \sim 0$ 사이의 한 점 p_0와 $0 \sim k$ 사이의 한 점 p_1을 취하면($k > 0$)

$$-2k^2 \leq p_0{}^2 - p_1{}^2 \leq 2k^2$$

을 만족한다. 즉, $p_0{}^2$과 $p_1{}^2$의 차이가 $2k^2$ 이내이므로, k를 충분히 작게 잡으면 $p_0{}^2 - p_1{}^2$을 원하는 만큼 작게 만들 수 있다. $2k^2 \leq 1/1,000,000$을 원한다면 $k \leq 1/10,000$로 잡으면 되고, 다른 값에 대해서도 마찬가지다. 그러므로 $f(x) = x^2$은 $x = 0$에서 연속이다. 이제 모든 x에서 연속임을 증명하려면 이 논리를 $x = 0$뿐만 아니라 모든 x에 대하여 펼쳐야 하는데, 계산은 좀 복잡하지만 그리 어렵지 않다.

함수는 어떤 점에서 연속이고 다른 점에서 연속이 아닐 수도 있다. 우

편요금 함수는 $x = 2, 4, 6, 8, 10, 12, 14, 16, 24, 32$온스에서 불연속이지만 이 점들을 제외한 모든 점($0 \sim 32$ 사이)에서는 연속이다.

개중에는 '정의는 할 수 있지만 거동방식을 예측하기 어려운' 함수도 있다. 예를 들어,

$$h(x) = \begin{cases} 0 & (x\text{가 무리수일 때}) \\ 1/q & (x = p/q\text{가 유리수일 때}) \end{cases}$$

는 모든 무리수에서 연속이지만 x가 유리수인 점에서는 연속이 아니다. 더욱 희한한 사실은 '모든 유리수에서 연속이고 무리수에서 연속이 아닌 함수'를 찾을 수 없다는 것이다!

물론 이것은 극히 예외적인 경우에 속한다.

앞에서 내린 연속함수의 정의는 우리의 직관과 많이 다름에도 불구하고 해석학에서 완벽하게 작동한다. 그러나 직관적으로 이해하기 쉬운 정의가 존재할 수도 있다. 최근에는 다소 복잡한 수학 체계를 이용하여 '무한소'의 개념을 개선하려는 시도가 있었는데, 이 작업이 제대로 이루어진다면 코쉬의 정의는 좀 더 엄밀해질 것이다. 그러나 나는 표준에서 벗어난 해석학을 학생들에게 가르치는 것이 결코 바람직하지 않다고 생각한다. 수학의 기초 개념을 쌓아가는 학생들에게 지나치게 미묘한 논리는 오히려 해가 될 수 있기 때문이다.

사실 학생들에게 해석학을 가르치는 길에는 왕도가 없다. 누구나 만족할 만한 교육법이 있으면 좋겠지만, 그런 것은 (적어도 지금은) 존재하지 않는다.

해석학의 정리 증명하기

'산을 올라가는 사람'과 관련된 수수께끼가 하나 있다. 어느 날, 그는 오전 9시에 등반을 시작하여 오후 6시에 정상에 있는 산장에 도착했고, 날이 저문 관계로 그곳에서 하룻밤을 묵었다. 다음 날 아침, 그는 9시에 하산을 시작하여 오후 6시에 출발점으로 되돌아왔다. 여기서 질문, 하루 간격으로 등반가가 같은 시간 같은 장소에 있었던 적이 단 한 번이라도 있었을까?

꽤나 복잡한 문제 같지만 풀이는 아주 간단하다. 다음날 아침 그가 하산을 시작할 때, 어제 등반을 마쳤던 그의 유령이 다시 나타나 어제 했던 행동을 똑같이 반복한다고 가정해보자. 그러면 같은 시간에 출발하여 한 사람은 내려가고 한 사람(유령)은 올라갈 것이므로, 중간 어디에선가 반드시 만날 수밖에 없다. 그리고 이들이 만났다는 것은 같은 시간, 같은 장소에 존재한 적이 있었다는 뜻이다.●

바로 여기에 해석학의 정수精髓가 숨어 있다. 우리는 등반가의 경로가 연속이라고 가정했다. 만일 유령의 경로가 특정 고도에서 중간 고도를 거치치 않고 더 높은 고도로 점프했다면(그래야 유령답다!), 등반가는 하산 중에 유령과 마주치지 않을 수도 있다.

이틀에 걸친 등반가의 경로를 나타내는 다양한 그림 중에서 경로문제의 답이 가장 쉽게 드러나는 형태는 그림 168과 같다. 그림 169와 같이 경로가 불연속인 경우는 없다.

해석학 문제를 다룰 때에는 그림에 기초한 논리를 펼칠 수 없다. 그림은 얼마든지 거짓말을 할 수 있기 때문이다. 우리의 최선은 정의에서 출

● 도중에 간간이 쉬거나 왔던 길을 되돌아가는 등 변칙적으로 등하산을 했다면 문제의 조건을 만족하는 시점이 여러 개일 수도 있다.

그림 168

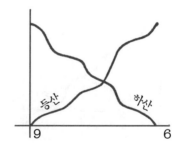

그림 169

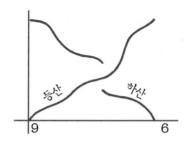

발하여 엄밀한 논리를 펼치는 것뿐이다(물론 간간이 그림을 참고하면 많은 도움이 된다!). 우리가 증명해야 할 정리는 다음과 같다. '실수에 x에 대하여 정의된 두 연속함수 $f(x)$와 $g(x)$가 두 점 a, b에서

$$f(a) < g(a), \quad f(b) > g(b)$$

이면, a와 b 사이의 어딘가에

$$f(c) = g(c)$$

를 만족하는 c가 반드시 존재한다.'(그림 170 참조)

그림 170

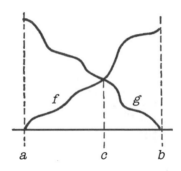

증명은 다음과 같이 이루어진다. a와 b 사이의 구간을 10등분하면 그 중에는 f가 g보다 큰 구간도 있고 작은 구간도 있다. 이 중 f가 처음으로 g보다 커지는 구간을 골라서 그것을 다시 10등분한다(그림 171 참조). 이 작은 구간에서 f가 처음으로 g보다 커지는 구간을 골라 다시 10등분하고…… 이런 식으로 반복했을 때, 각 단계에서 구간의 끝점을

$$p_1, p_2, p_3, \cdots$$

라 하자. 여기에 완전성 공리를 적용하면 위의 수열은 a와 b사이의 실수 p로 수렴한다는 것을 증명할 수 있다. 연속성의 정의를 이용하여 약간의 계산을 수행하면 $f(p) = g(p)$임을 증명할 수 있다.

그림 171에서 $a = 0, b = 1$이면

$$p_1 = 0.5$$
$$p_2 = 0.58$$
$$p_3 = 0.583$$
$$\cdots$$

그림 171

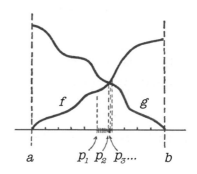

과 같이 진행될 것이고, 이 과정을 반복하면 앞의 수열은

$$p = 0.583 \cdots$$

으로 수렴한다. 여기서 완전성 공리는 위와 같은 10진수가 존재한다는 것을 분명하게 보여주고 있다. 각 단계에서 구간을 10등분한 것은 10진 표기법에 맞추기 위한 선택이었을 뿐, 반드시 그럴 필요는 없다. 예를 들어, 구간을 계속 2등분해도 되고, 19등분이나 1066등분을 해도 결론은 달라지지 않는다.

이 정리는 유리수에 대해 성립하지 않기 때문에, 완전성 공리가 없으면 증명 자체가 불가능하다. 예를 들어, 함수

$$f(x) = 1 - 2x - x^2$$

은 x가 유리수일 때 연속함수이며, $f(0) = 1$, $f(1) = -2$이다. 위의 정리가 유리수에 대하여 참이면 0과 1 사이에

$$1 - 2p - p^2 = 0$$

을 만족하는 p가 존재해야 하는데, 방정식의 해인 $p = \sqrt{2} - 1$은 유리수가 아니다. 그러므로 완전성 공리가 없으면 이 난관에서 헤어날 방법이 없다.

엄밀한 증명을 '쓸데없는 초과 노동'으로 치부할 수도 있다. 정리가 기하학적으로 자명한데, 굳이 증명하겠다고 매달릴 필요는 없지 않은가? 사실 18세기 수학자들이 이런 자세를 고수했기 때문에 19세기 수학계에 커다란 혼란이 초래되었다. 논리적 기초 없이 수학적 객체를 직관적으로 이해하면, 그 안에 도사리고 있는 심각한 문제를 간과하기 쉽다.

'논리적 기초가 부족하다'는 이유로 좋은 아이디어를 폐기할 필요는 없다. 그러나 논리적 근거 없이 진도를 너무 많이 나가면 대형사고에 직면하기 십상이다.

확률이론

확률은 도박에서 탄생한 이론이다. 카드게임이나 주사위놀이를 할 때 가장 중요한 질문은 다음과 같다. '내가 이길 확률이 최대가 되는 것은 어떤 경우이며, 그때의 확률은 얼마인가?'[1]

게임에서 나올 수 있는 경우의 수는 대부분이 유한하기 때문에, 이 질문의 답은 다양한 조합을 고려하여 얻을 수 있다. 즉, '모든 가능한 경우의 수'를 헤아리면 된다. 예를 들어, 동전을 던져서 세 번 연속 앞면이 나올 확률을 알고 싶다면, 나올 수 있는 모든 가능한 경우를 나열하면 된다.

$$HHH \quad HHT \quad HTH \quad HTT$$
$$THH \quad THT \quad TTH \quad TTT$$

보다시피 가능한 경우는 총 여덟 개이고, 그중 하나가 우리의 조건을 만족하므로(HHH) 답은 1/8이다.

물론 이것은 앞면이 나올 확률 H와 뒷면이 나올 확률 T가 같다는 가정하에 그렇다. 그러나 '1/2의 확률'을 제대로 정의하지 않으면 '확률이 같다.'는 말을 정의할 수 없고, 이것이 정의되지 않으면 아무것도 증명할 수 없다.

이 문제를 피해가기 위해 동전을 던지면서 확률을 일일이 관측해도 또 다른 문제에 봉착한다. H와 T의 확률이 같다면, 동전을 충분히 많이 던졌을 때 앞면과 뒷면이 같은 횟수만큼 나와야 하는데, 실제로는 그렇지 않다. 시행 횟수가 홀수이면 도저히 같을 수가 없고, 짝수만큼 시행했다 해도 다른 경우가 훨씬 많다. 지금 당장 동전을 손에 쥐고 허공에 20회 던져서, 앞면이 정확하게 10회가 나오는지 확인해보라(만일 운 좋게 10회가 나왔다면 같은 시행을 여러 번 반복해보라. 그래도 앞면이 계속 10회 나오는가?).

우리는 시행 횟수가 충분히 클 때 H와 T의 값이 1/2이라는 극한으로 수렴하기를 원한다. 문제는 이 극한이 해석학에서 흔히 말하는 극한의 개념과 다르다는 것이다. 확률은 그리 크지 않지만, 동전에 어떤 조작을 가하지 않았는데도 H가 줄지어 나올 수도 있다. 그러나 이런 확률까지 고려한 '극한'의 개념을 구축하려면 '확률이 그리 크지 않다.'는 말의 의미를 정확하게 정의해야 하고, 이것은 다시 '확률'을 정의하는 문제로 귀결된다!

수학자들은 1930년대에 '공리적 확률이론axiomatic probability theory'을 도입한 후로 비로소 이 문제를 피해갈 수 있었다. 순수 수학과 응용 문제를 구별함으로써 논리적 결함이 없는 수학을 구축한 것이다. 이 이론은 실험을 통해 사실 여부를 테스트할 수 있다. 공리적 확률이론이 성공할 수 있었던 비결은 공리적 기하학의 성공비결과 같다.

조합적 확률

일단 "확률이 같다."는 말의 의미가 잘 알려져 있다고 가정하자. 그러면 사건 E가 일어날 확률 $p(E)$는 다음과 같이 정의된다.

$$p(E) = \frac{\text{사건 } E \text{가 일어나는 방법의 수}}{\text{모든 가능한 사건이 일어나는 총 횟수}}$$

(모든 사건이 일어날 확률은 동일하다고 가정한다.)

주사위 두 개를 던졌을 때 나올 수 있는 경우의 수는 총 36가지이며, 이 중 합이 6인 경우는 다섯 가지가 있다(1+5, 2+4, 3+3, 4+2, 5+1).

따라서 합이 6일 확률은

$$\frac{\text{합이 6인 경우의 수}}{36} = \frac{5}{36}$$

이다.

이 계산에 관련된 수는 모두 양수이고, '사건 E가 일어나는 방법의 수'는 아무리 많아봐야 '모든 가능한 사건이 일어나는 총 횟수'보다 클 수 없으므로, 확률 $p(E)$는

$$0 \le p(E) \le 1$$

이어야 한다. $p(E) = 0$이면 사건 E는 절대로 일어나지 않으며, $p(E) = 1$이면 무조건 일어난다.

조합적 확률이론은 사건을 조합하는 방법에 중점을 둔 이론이다. 서로 다른 두 개의 사건 E 또는 F가 일어날 확률은 어떻게 계산할 수 있을까?

주사위 한 개를 던져서 5나 6이 나올 확률은 6이 나올 확률의 두 배다. 즉,

$$p(E \text{ 또는 } F) = 1/3$$

이다. 일반적으로 사건 E가 일어날 수 있는 방법의 수를 $N(E)$, F가 일어날 수 있는 방법의 수를 $N(F)$라 하고, 모든 가능한 사건이 일어나는 경우의 수를 T라 하면

$$p(E \text{ 또는 } F) = N(E \text{ 또는 } F)/T$$

이다. 여기서 $N(E \text{ 또는 } F)$는 얼마인가? E와 F가 동시에 일어나지 않는다면

$$N(E \text{ 또는 } F) = N(E) + N(F)$$

이므로

$$
\begin{aligned}
p(E \text{ 또는 } F) &= (N(E) + N(F))/T \\
&= (N(E))/T + (N(F))/T \\
&= p(E) + p(F) \qquad (1)
\end{aligned}
$$

이다.

그러나 사건 E와 F가 동시에 일어날 수 있다면 $N(E) + N(F)$는 중복된 부분까지 더한 것이므로 올바른 답을 줄 수 없다.

예를 들어,

$$E = \text{소수가 나올 확률}$$
$$F = \text{홀수가 나올 확률}$$

이라면, E는 2, 3, 5에 해당하고(1은 소수가 아니다.) F는 1, 3, 5에 해당하여, E 또는 F가 일어나는 경우는 총 네 가지(1, 2, 3, 5)밖에 없다. 따라서

$$p(E) = 1/2, \quad p(F) = 1/2, \quad p(E \text{ 또는 } F) = 2/3$$

이 된다. 일반적으로는

$$N(E \text{ 또는 } F) = N(E) + N(F) - N(E \text{ 그리고 } F) \qquad (2)$$

로 쓸 수 있다. $N(E) + N(F)$에서 $N(E \text{ 그리고 } F)$를 빼야 중복된 경우가 제거되기 때문이다. 위의 사례에서 'E 그리고 F'는 두 가지 방법으로 일어날 수 있으므로(3, 5)

$$4 = 3 + 3 - 2$$

가 되어 비로소 올바른 식이 얻어진다.

보통 사람을 위한 현대 수학

식 (2)의 양변을 T로 나누면

$$p(E \text{ 또는 } F) = p(E) + p(F) - p(E \text{ 그리고 } F) \qquad (3)$$

이다.

다시 집합론으로

집합론을 이용하면 확률의 개념을 한층 더 분명하게 표현할 수 있다. 주사위 한 개를 던졌을 때 나올 수 있는 결과는 다음과 같은 집합을 형성한다.

$$X = \{1, 2, 3, 4, 5, 6\}$$

그리고 사건 E와 F는 X의 부분집합이다.

$$E = \{2, 3, 5\}$$
$$F = \{1, 3, 5\}$$

이들 사이의 관계를 다이어그램으로 표현하면 그림 172와 같다.

'E 또는 F'에 해당하는 사건은 {1, 2, 3, 5}로 $E \cup F$와 같고, 'E 그리고 F'에 해당하는 사건은 {3, 5}로 $E \cap F$와 같다. 확률 p는 X의 모든 부분집합의 집합 $\mathcal{E}$에 대하여 정의된 함수로서, 실수의 집합 $\mathbf{R}$를 공역으로 갖는다. 일반적으로 p는 0과 1 사이의 실수구간, 즉 [0, 1] 사이에 존재

그림 172

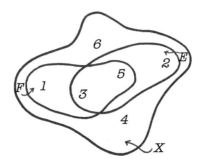

한다.

이로부터 아래 요소로 이루어진 '유한확률공간finite probability space'을
정의할 수 있다.

(i) 유한집합 X

(ii) X의 모든 부분집합으로 이루어진 집합 $\mathcal{E}$

(iii) 모든 $E, F \in \mathcal{E}$에 대하여 $p(E \cup F) = p(E) + p(F) - p(E \cap F)$를
만족하는 함수 $p : \mathcal{E} \to [0, 1]$

공리적 확률이론은 확률공간에서 완벽하게 작동한다. 그러나 유한확
률공간만 고려하고자 한다면 정의를 내릴 때 세심한 주의를 기울여야
한다. 대부분의 응용 문제에서 X는 무한집합인 경우가 많기 때문이다.
예를 들어, 사람의 키는 특정 범위 안에서 어떤 값도 가질 수 있으므로,
무수히 많은 가능성을 갖고 있다.

독립성(독립 사건)

확률이론에 종종 등장하는 또 하나의 기초연산으로, '연달아 일어나는 사건의 확률 계산하기'가 있다. 첫 번째 시도에서 사건 E가 나타나고 두 번째 시도에서 사건 F가 나타날 확률은 얼마인가? 예를 들어, 주사위를 연속해서 두 번 던졌을 때, 첫 시도에서 5가 나오고 두 번째 시도에서 2가 나올 확률은 얼마인가?

모든 가능한 경우는 36가지인데, 그중 우리가 원하는 사건은 '5가 나온 후 2가 나오는 사건' 단 하나뿐이므로 확률은 1/36이다.

앞의 사례와 마찬가지로 소수가 나오는 사건을 E, 홀수가 나오는 사건을 F라 하면, E는 세 가지 방법으로 일어날 수 있고 F도 세 가지 방법으로 일어날 수 있다. 이들을 조합하면 총 $3 \times 3 = 9$가지 경우가 가능하므로, '주사위 두 개를 연속적으로 던졌을 때 첫 시도에 소수가 나오고 두 번째 시도에 홀수가 나올 확률'은 9/36 = 1/4이다.

일반적으로 첫 번째 시도에서 나올 수 있는 경우의 수를 T_1이라 하고, 그중에서 E에 해당하는 경우의 수를 $N(E)$라 하자. 그리고 두 번째 시도에서 나올 수 있는 경우의 수를 T_2라고 하고, 그중에서 F에 해당하는 경우의 수를 $N(F)$라 하자. 그러면 두 번의 시도에서 나올 수 있는 총 경우의 수는 $T_1 \times T_2$이다. T_1에서 어떤 결과가 나왔건 T_2에서는 모든 결과가 똑같은 확률로 나올 수 있기 때문이다. 그러므로 첫 시도에서 사건 E가 일어나고 두 번째 시도에서 사건 F가 일어날 확률은 다음과 같다.

$$p(E \text{ 다음에 } F \text{가 일어날 확률}) = \frac{N(E) \times N(F)}{T_1 T_2}$$

$$= \frac{N(E)}{T_1} \times \frac{N(F)}{T_2}$$

$$= p(E) \times p(F) \qquad (4)$$

이런 경우에 E와 F를 '독립 사건independent event'이라 한다. 첫 번째 시도의 결과가 두 번째 시도에 아무런 영향도 미치지 않는다는 뜻이다.

그러나 '주사위를 두 번 던져서 눈금의 합이 4가 될 확률'을 계산한다면 상황은 크게 달라진다. 처음 시도에서 4 또는 그 이상의 눈금이 나왔다면, 원하는 사건이 일어날 확률은 0이다. 또는 첫 시도에서 1, 2 또는 3이 나왔다면 합이 4가 될 확률은 1/6이다.

독립성의 개념은 확률공간에서 체계화할 수 있으며, 현실세계에 응용할 때는 사건이 독립적으로 일어난다는 가정하에 이론을 적용한 후, 실험으로 확인하면 된다.

역설적 주사위

확률에 대한 우리의 직관은 틀리는 경우가 많다. 주사위 A, B, C, D에 다음과 같은 눈금이 새겨져 있다고 가정하자.

$$
\begin{aligned}
A &: 0 \quad 0 \quad 4 \quad 4 \quad 4 \quad 4 \\
B &: 3 \quad 3 \quad 3 \quad 3 \quad 3 \quad 3 \\
C &: 2 \quad 2 \quad 2 \quad 2 \quad 7 \quad 7 \\
D &: 1 \quad 1 \quad 1 \quad 5 \quad 5 \quad 5
\end{aligned}
$$

보통 사람을 위한 현대 수학

(0이나 7은 원래 주사위에 없는 눈금이지만, 누군가가 주사위 면에 이런 값을 새겼다고 가정하자)

주사위 A와 B를 동시에 던졌을 때, A의 눈금이 B보다 높을 확률은 얼마인가?

주사위 B에는 3이라는 눈금밖에 없으므로, A를 던져서 4가 나오면 이기고 0이 나오면 진다(사실 주사위 B를 던질 필요도 없다.). 그런데 A의 눈금 여섯 개 중 네 개가 4이므로

A가 B를 이길 확률은 2/3이다.

똑같은 게임을 B와 C로 해보자. C에서 2가 나오면 B가 이기고, 7이 나오면 C가 이긴다. 따라서

B가 C를 이길 확률은 2/3이다.

그런데 이 게임을 C와 D로 할 때에는 상황이 좀 복잡해진다. D에서 1이 나올 확률은 1/2이고, 이 경우에는 무조건 C가 이긴다. 또한 D에서 5가 나올 확률도 1/2인데, 이 경우에 C에서 7이 나오면 C가 이기고, 2가 나오면 D가 이긴다. 그런데 C에서 7이 나올 확률은 1/3이므로, 이 게임에서 C가 이길 확률은

$$\frac{1}{2} \cdot 1 + \frac{1}{2} \cdot \frac{1}{3} = \frac{1}{2} + \frac{1}{6} = \frac{2}{3}$$

이므로,

C가 D를 이길 확률은 2/3이다.

마지막으로, D와 A로 같은 게임을 해보자. D에서 5가 나오면 D가 무조건 이기고, D에서 1이 나오면 A에서 0이 나와야 D가 이긴다. 따라서 D가 이길 확률은

$$\frac{1}{2} \cdot 1 + \frac{1}{2} \cdot \frac{1}{3} = \frac{2}{3}$$

이다. 즉,

D가 A를 이길 확률은 2/3이다.

이길 확률이 높은 주사위를 '우월한 주사위'라 하자. 그러면 다음과 같은 먹이사슬 관계가 형성된다.

A는 B보다 우월하다
B는 C보다 우월하다
C는 D보다 우월하다
D는 A보다 우월하다.

우리의 계산에는 아무 문제가 없는데 결과는 참으로 역설적이다. 만일 이런 주사위로 게임을 한다면 상대방이 주사위를 먼저 고르도록 유도하는 게 상책이다. 그가 어떤 주사위를 선택하건, 그보다 우월한 주사위가 반드시 존재하기 때문이다(승률이 무려 2:1이다!).

직관적으로 생각할 때 A가 B보다 우월하고 B는 C보다 우월하고, C

보통 사람을 위한 현대 수학

가 D보다 우월하면 A는 D보다 우월할 것 같지만, 이 문제에선 그렇지 않다. 우월함을 판단하는 게임의 규칙이 매번 달라지기 때문이다. 삼돌이가 테니스 경기에서 삼식이를 이기고, 삼식이는 체스게임에서 삼룡이를 이기고, 삼룡이가 배드민턴 경기에서 삼순이를 이겼다 해도, 삼순이는 동전 밀어내기 게임에서 삼돌이를 이길 수 있다.

이항정리

앞면과 뒷면이 나올 확률이 같지 않은 동전을 상상해보자(동전을 심하게 구부리면 확률이 크게 달라질 수 있다.).

이런 동전은 다양한 확률적 과정의 모형이 될 수 있다. 예를 들어, '반드시 6이 나와야 하는 주사위게임'은 '앞면이 나올 확률이 1/6이고 뒷면이 나올 확률이 5/6인 동전으로 하는 게임'과 동일하다. 갓 태어난 아이들의 성별분포도 이와 비슷하여, 남자아이일 확률, 즉 p(남아) = 0.52이고, p(여아) = 0.48이다.

일반적으로

$$p = p(앞면)$$
$$q = p(뒷면)$$

이라 하자. 모든 경우의 확률을 다 더하면 1이 되어야 하므로 $p + q = 1$이다. 즉,

$$p(앞면) + p(뒷면) = p(앞면 \text{ 또는 } 뒷면) = 1$$

이다. 여기에 독립 사건이론을 적용하면 동전을 1, 2, 3회 던졌을 때 나올 수 있는 각 경우의 확률을 다음과 같이 계산할 수 있다.

$$
\begin{array}{lll}
H \quad p & HH \quad p^2 & HHH \quad p^3 \\
T \quad q & HT \quad pq & HHT \quad p^2q \\
 & TH \quad pq & HTH \quad p^2q \\
 & TT \quad q^2 & HTT \quad pq^2 \\
 & & THH \quad p^2q \\
 & & THT \quad pq^2 \\
 & & TTH \quad pq^2 \\
 & & TTT \quad q^3
\end{array}
$$

앞면이 특정 횟수(0, 1, 2 또는 3)만큼 나올 확률을 계산하려면 H의 개수가 같은 경우의 확률을 더해줘야 한다. 예를 들어, 동전을 세 번 던져서 앞면이 두 번 나오는 경우는 HHT, HTH, THH이고, 이들의 확률은 p^2q이므로 총 확률은 $3p^2q$이다. 다른 경우의 확률도 비슷한 방법으로 계산할 수 있는데, 결과는 다음과 같다.

앞면이 나온 횟수

		0	1	2	3
실행 횟수	1	q	p		
	2	q^2	$2pq$	p^2	
	3	q^3	$3pq^2$	$3p^2q$	p^3

이 표의 가로줄은 다음 전개공식과 같다.

$$(q + p) = q + p$$
$$(q + p)^2 = q^2 + 2pq + p^2$$
$$(q + p)^3 = q^3 + 3pq^2 + 3p^2q + p^3$$

보다시피 우변의 항들이 표와 정확하게 일치한다. 표에는 명시하지 않았지만 네 번째 가로줄은 다음과 같다.

$$(q + p)^4 = q^4 + 4pq^3 + 6p^2q^2 + 4p^3q + p^4$$

실행횟수가 4일 때 이 결과와 일치하는지 확인해보기 바란다. 표의 n번째 가로줄은

$$(q + p)^n$$

의 전개공식과 같을 것이다. 이것은 결코 우연이 아니다. 예를 들어, $(q+p)^5$를 전개하려면

$$(q + p)(q + p)(q + p)(q + p)(q + p)$$

를 계산해야 하는데, q가 세 번 곱해진 항(q^3이 포함된 항)은 다음과 같은 곱셈에서 출현한다.

$$q \ q \ q \ p \ p$$
$$q \ q \ p \ q \ p$$
$$q \ q \ p \ p \ q$$

$$q\ p\ q\ q\ p$$
$$q\ p\ q\ p\ q$$
$$q\ p\ p\ q\ q$$
$$p\ q\ q\ q\ p$$
$$p\ q\ q\ p\ q$$
$$p\ q\ p\ q\ q$$
$$p\ p\ q\ q\ q$$

이것은 동전을 다섯 번 던졌을 때 앞면이 두 번, 뒷면이 세 번 나오는 경우의 수와 동일하다.

$$T\ T\ T\ H\ H$$
$$T\ T\ H\ T\ H$$
$$T\ T\ H\ H\ T$$
$$T\ H\ T\ T\ H$$
$$T\ H\ T\ H\ T$$
$$T\ H\ H\ T\ T$$
$$H\ T\ T\ T\ H$$
$$H\ T\ T\ H\ T$$
$$H\ T\ H\ T\ T$$
$$H\ H\ T\ T\ T$$

이 규칙은 일반적인 경우에도 똑같이 성립한다. H와 T로 이루어진 n개의 배열에서 H가 r개, T가 $(n-r)$개인 경우의 수를 $\binom{n}{r}$로 표기하면, n번 시행에서 앞면이 r번 나올 확률은

$$\binom{n}{r} p^r q^{n-r}$$

이다. $\binom{n}{r}$의 계산도 별로 어렵지 않다. 이것은 'n개 중에서 r개를 취하는 방법의 수'와 같으므로 약간의 논리를 거치면

$$\binom{n}{r} = \frac{n(n-1)(n-2)\cdots(n-r+1)}{r(r-1)(r-2)\cdots 1}$$

임을 알 수 있다. 다섯 번 실행해서 앞면이 두 번, 뒷면이 세 번 나오는 경우는

$$\binom{5}{2} = \frac{5 \cdot 4}{2 \cdot 1} = 10$$

이 되어 앞의 결과와 일치한다.

일반적인 전개공식은 다음과 같다.

$$(q + p)^n = q^n + npq^{n-1} + \cdots + \binom{n}{r} p^r q^{n-r} + \cdots + p^n$$

이것이 바로 '이항정리'로, 처음 알아낸 사람은 뉴턴이다. 물리학자였던 그가 확률에 이토록 조예가 깊었다니, 말년에 물리학을 잠시 접고 조폐 국장이 된 것도 우연은 아닌 것 같다.

동전을 n번 던졌을 때 앞면이 나오는 평균 횟수를 위의 공식으로 계산하면 np가 되고, 따라서 앞면이 나올 확률은 $np/n = p$이다. 이로써 우리는 '평균 출현 횟수'에 기초한 확률의 개념을 완벽하게 구축한 셈이다. 이항정리를 더욱 강력한 형태로 표현한 '대수의 법칙Law of Large Numbers'[*]은 수학적 모형과 현실적 확률 사이의 관계를 보여주고 있다.

무작위 걷기

확률이론에 자주 등장하는 문제가 또 하나 있다. 이 문제는 결정체 안에서 반사되는 전자의 궤적이나 액체 위에 부유하는 입자의 운동을 계산할 때 사용된다.

시간 $t=0$일 때 $x=0$에서 하나의 입자가 운동을 시작한다. $t=1$일 때 $x=-1$일 확률은 1/2이고, $x=+1$일 확률도 1/2이다. 시간 t에서 입자의 위치를 x라 하면, $t+1$일 때 입자의 위치는 $x-1$ 또는 $x+1$이다(두 경우의 확률도 1/2로 같다.). 이런 입자의 운동을 일반적으로 논할 수 있을까?

왼쪽으로 이동한 경우를 L, 오른쪽으로 이동한 경우를 R라 했을 때, 입자가 다음과 같은 과정을 거쳐왔다면

$$LRRRRLLRLRLLLRLLLLLLLRRLRR$$

입자의 경로는 그림 173과 같을 것이다(아래쪽 세로 방향을 시간 t의 방향으로 잡았다.). 이것은 매우 전형적인 패턴이다. L과 R 중 하나를 고를 때 동전을 던질 수도 있고, 주사위를 던져서 홀수$=L$, 짝수$=R$로 정할 수도 있다.

1차원 선에서 2차원 평면으로 무대를 넓히면 입자는 위, 아래, 좌, 우로 갈 수 있고 각 경우의 확률은 1/4로 줄어든다. 또는 3차원 공간으로 확장하여 여섯 가지 경우(전후, 좌우, 상하)를 주사위로 정할 수도 있다.

여기서 우리의 관심을 끄는 질문은 다음과 같다. '입자가 특정 위치 X에 도달할 확률은 얼마인가?'(아무리 긴 시간이 걸려도 상관없다.)

● 시행횟수가 충분히 많으면 경험적 확률과 수학적 확률이 거의 같아진다는 법칙

그림 173

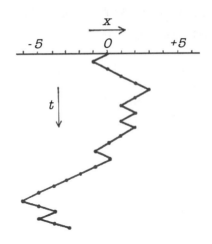

언뜻 생각하면 X가 출발점에서 멀수록 확률이 작아질 것 같지만, 사실은 그렇지 않다. 모든 X에 대하여 확률은 똑같다. 무작위 걷기에 관한 한, 모든 점은 완전히 동등하다.

1차원 또는 2차원 무작위 걷기에서 이 확률은 1이다. '입자는 임의의 위치 X에 반드시 도달한다.'는 말은 거의 참이다('거의'라는 수식어를 붙인 이유는 도달하지 않는 경우도 있기 때문이다. 예를 들어, 입자가 오른쪽으로 많이 치우쳐서 두 번 다시 출발점으로 오지 않는 경우도 있는데, 이 확률은 0이다. 시행 횟수가 무한대이면 '확률=1'은 '반드시 일어난다.'는 뜻이 아니며, '확률=0'은 '불가능하다.'는 뜻이 아니다.[2]).

그러나 3차원에서 이 확률은 0.24밖에 안 된다.

1차원 또는 2차원 공간에서 길을 잃었을 때 무작위로 한 걸음씩 걸으면 언젠가는 집(출발점)에 도달할 수 있지만, 3차원 공간에서 이런 식으로 집을 찾을 확률은 1/4이 채 안 된다.

그러나 모든 경우에 집을 찾을 때까지 무한대의 시간이 걸린다. 임의의 시간 t_0에서 출발하여(t_0는 5초일 수도 있고, 서기 3000년일 수도 있다.) 무작위 걷기를 계속 해나간다면, 대부분의 경우 당신은 출발점으로부터 멀리 떨어진 곳에서 헤매고 있을 것이다.

18장

컴퓨터와 응용

"유체역학을 연구하는 한 과학자가 러시아에서 출간된 논문의 영어 번역본을 읽다가 '물양(water sheep)'이라는 단어를 보고 깜짝 놀랐다. 알고 보니 그 논문은 컴퓨터로 번역되었는데, '물양'에 해당하는 원래 단어는 '수압펌프(hydraulic ram)'였다."

- 컴퓨터 학계에 구전되는 일화

　　엄밀히 말해서 컴퓨터는 수학의 일부지만, 훈련과정이 사뭇 다르기 때문에 독립된 분야로 운영되고 있다. 개념적으로 보면 컴퓨터는 현대 수학에 포함되지 않으며, 현대 기술의 산물에 가깝다. 그럼에도 불구하고 각 학교의 현대 수학 교육과정에는 컴퓨터에 관한 내용이 포함되어 있다. 컴퓨터는 수학을 현실세계에 적용하는 강력한 도구이기 때문이다.

　　전반적으로 컴퓨터는 수학이론에서 아무런 역할도 하지 않는다. 수학문제를 컴퓨터에 입력하려면 문제를 푸는 데 필요한 절차를 (적어도 원리적으로는) 모두 알고 있어야 한다. 우리의 주된 관심사가 문제의 답이 아니라 '해결방법'이라면, 문제 자체는 답 못지않게 중요한 의미를 가진다. 그러나 답을 원한다면(사실 응용 문제는 '답'이 전부이다.) 원리적으로 작동하는 풀이법만으로는 충분하지 않고, 현실적으로 작동하는 풀이법이 필요하다. 수학에서 컴퓨터가 중요하게 취급되는 이유는 원리와 현실 사이의 공백을 메워주기 때문이다.

　　수학자들이 컴퓨터에 관심을 갖는 또 한 가지 이유는 현재 개발 중인 개념을 구체화하는 데 도움이 되기 때문이다.

　　이 장에서는 컴퓨터 디자인의 이면에 가려져 있는 수학적이고 실질적인 개념과 몇 가지 응용 분야를 소개하고자 한다. 기술적인 내용은 컴퓨터 관련서적을 따로 읽는 것이 좋다.[1]

2진표기법

기본적으로 컴퓨터는 '계산기'다. 숫자의 형태로 데이터를 입력하고(가끔은 숫자가 아닐 수도 있다.) 처리방법을 알려주면, 지시받은 대로 일련의 연산을 수행하여 결과를 출력한다. 요즘 사용되는 대부분의 컴퓨터는 '전자 디지털 컴퓨터'이다. 즉, 소형 전기회로에 숫자를 디지털 형태로 처리하고 저장한다. 물론 다른 원리로 작동하는 컴퓨터도 있다. 광학컴퓨터는 빛을 이용하고, 유체컴퓨터fluidic computer는 유체나 기체의 증기로 작동한다. 다음 절에서는 볼 베어링ball bearing으로 작동하는 컴퓨터의 원리를 간략하게 소개할 예정이다(이 책의 초판은 1975년에 출간되었다.).

우리는 숫자를 아무렇지 않게 사용하고 있지만, 사실 숫자는 현실세계에 존재하는 실체가 아니다. 그래서 컴퓨터는 숫자를 직접 다룰 수 없다. 컴퓨터에서 숫자로 연산을 수행하려면 좀 더 '물리적인 형태'로 표현해야 한다. 아날로그 컴퓨터에서 숫자 x는 'x 단위로 흐르는 전류'로 표현된다. 그러나 이런 식으로는 정확성을 유지하기 어렵고 융통성에도 한계가 있으며, 속도가 느려서 실용성이 떨어진다. 컴퓨터의 계산효율을 높이려면 무언가 다른 요소가 필요하다.

숫자를 표현하는 가장 간단한 방법은 두 개의 안정한 상태('스위치 on'과 '스위치 off')에 수를 할당하는 것이다. 이것은 '전류가 흐르는 상태'와 '전류가 흐르지 않는 상태'에 해당한다. 또는 자석이 자화된 방향(남북 또는 북남)에 따라 숫자를 할당할 수도 있다. 어떤 경우이건 가능한 경우의 수는 두 가지뿐이므로, 이런 장치를 이용하여 숫자를 계산하고 저장하려면 2진수를 사용하는 것이 최선이다.

우리가 사용하는 수 체계는 10진법이다. 이 표기법에 따르면

$$365 = (3 \times 10^2) + (6 \times 10) + (5 \times 1)$$
$$1066 = (1 \times 10^3) + (0 \times 10^2) + (6 \times 10) + (6 \times 1)$$

이다. 각 자리는 10의 거듭제곱을 의미하는데, 반드시 10일 필요는 없다. 6진법을 사용하면 각 자리의 숫자들은 다음과 같은 의미를 갖는다.

$$1 = (1 \times 1)$$
$$2 = (2 \times 1)$$
$$3 = (3 \times 1)$$
$$4 = (4 \times 1)$$
$$5 = (5 \times 1)$$
$$10 = (1 \times 6) + (0 \times 1)$$
$$11 = (1 \times 6) + (1 \times 1)$$
$$12 = (1 \times 6) + (2 \times 1)$$
$$\dots$$
$$55 = (5 \times 6) + (5 \times 1)$$
$$100 = (1 \times 6^2) + (0 \times 6) + (0 \times 1)$$
$$\dots$$

손가락이 여섯 개인 생명체가 수를 개발했다면 아마도 이런 표기법을 사용했을 것이다.

보통 사람을 위한 현대 수학

가장 단순한 진법은 2의 거듭제곱을 자릿수로 사용하는 2진법binary system이다. 우리의 선조들이 물건을 헤아릴 때 손가락 대신 두 팔을 사용했다면 지금 우리는 2진수 체계를 사용하고 있을 것이다. 2진법은 0과 1로 이루어진 숫자표기법으로, 그 의미는 다음과 같다.

$$1 = (1 \times 1) \quad [= 1]$$
$$10 = (1 \times 2) + (0 \times 1) \quad [= 2]$$
$$11 = (1 \times 2) + (1 \times 1) \quad [= 3]$$
$$100 = (1 \times 2^2) + (0 \times 2) + (0 \times 1) \quad [= 4]$$
$$101 = (1 \times 2^2) + (0 \times 2) + (1 \times 1) \quad [= 5]$$
$$110 = (1 \times 2^2) + (1 \times 2) + (0 \times 1) \quad [= 6]$$
$$111 = (1 \times 2^2) + (1 \times 2) + (1 \times 1) \quad [= 7]$$
$$1000 = (1 \times 2^3) + (0 \times 2^2) + (0 \times 2) + (0 \times 1) \quad [= 8]$$
$$1001 = (1 \times 2^3) + (0 \times 2^2) + (0 \times 2) + (1 \times 1) \quad [= 9]$$
$$\cdots$$

(괄호 '[ ]' 안의 숫자는 해당 2진수를 10진법으로 바꾼 값이다.)

2진수에서도 일상적인 덧셈과 뺄셈, 곱셈, 나눗셈을 실행할 수 있다. 단, 1을 초과하는 수는 앞자리로 넘어가야 한다(10진법 계산에서 숫자가 9를 초과할 때 앞자리로 넘어가는 것과 같은 이치.). 2진수의 덧셈은 아주 간단하여, 아래 적은 것이 전부이다.

$$0 + 0 = 0$$
$$1 + 0 = 1 \qquad (+)$$
$$0 + 1 = 1$$
$$1 + 1 = 0 \quad (앞자리로 1이 넘어감)$$

곱셈표는 더욱 간단하다.

$$0 \times 0 = 0$$
$$0 \times 1 = 0 \qquad (\times)$$
$$1 \times 0 = 0$$
$$1 \times 1 = 1$$

전 세계의 초등학생들은 구구단을 외우느라 고생이 많은데, 2진법을 사용하는 문화권의 학생들은 인생이 참으로 편할 것이다!

표 (+)와 (×)를 이용하면 2진수와 관련된 모든 계산을 수행할 수 있다. 예를 들어, 11011×1010을 표준 곱셈법으로 실행한 결과는 다음과 같다.

$$
\begin{array}{r}
11011 \\
1010 \\
\hline
11011000 \\
110110 \\
\hline
100001110 \\
\hline
1111
\end{array}
$$

(맨 아랫줄의 작은 '1'은 앞자리로 1이 넘어갔음을 의미한다.)

11011을 10진수로 환산하면 16+8+2+1=27이고 1010은 8+2=10이며, 100001110=256+8+4+2=270이다. 27×10=270이므로, 두 수를 곱한 결과는 진법에 상관없이 동일하다.

2진수와 10진수는 표기법이 다를 뿐이며, 근본적으로는 동일한 수임을 기억하기 바란다.

볼베어링 컴퓨터

2진수의 덧셈표(+)와 곱셈표(×)를 기계에 어떻게 구현할 수 있을까? 전자회로에 거부감을 느끼는 독자들도 있을 테니, 100% 역학적으로 작동하는 '볼베어링 덧셈 계산기ball-bearing adding machine'를 직접 만들어보자. 베어링 대신 전기를 사용한다는 점만 빼면, 전자컴퓨터의 작동원리도 볼베어링 계산기와 거의 비슷하다.

먼저 할 일은 덧셈표(+)에 입각하여 연산이 수행되도록 부품을 설계하는 것이다. 이 부품은 두 개의 '안정한 상태'를 갖고 있으며(편의상 이것을 '0'과 '1'로 표기하자), 둘 중 하나의 상태에 놓여 있다가 입력이 들어오면 다음과 같은 규칙에 따라 반응한다.

입력	초기 상태	나중 상태	출력
0	0	0	0
0	1	1	0
1	0	1	0
1	1	0	1

'초기 상태'는 덧셈을 수행할 두 숫자 중 하나이고 '입력'은 그 나머지 숫자이다. 그리고 '나중 상태'는 두 숫자의 합이고 '출력'은 자리올림수(앞자리로 넘겨지는 수)이다.

볼베어링 한 개를 입력 '1'에 대응시키고 볼베어링 0개를 입력 '0'에 대응시키면 그림 174와 같은 '덧셈계산기'를 만들 수 있다. 여기에는 전기장치나 스프링 같은 것이 전혀 없으며, 오직 중력이 모든 것을 알아서 처리해준다.

그림 174

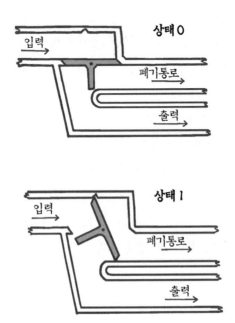

구체적인 작동원리는 다음과 같다.

(i) 장치가 상태 0에 있을 때 입력 0이 들어오면(즉, 아무것도 들어오지 않으면) 상태는 계속 0으로 유지된다.

(ii) 장치가 상태 1에 있을 때 입력 0이 들어오면 상태는 계속 1로 유지된다.

(iii) 상태가 0일 때 입력 1이 들어오면(즉, 볼베어링 하나가 굴러 들어오

보통 사람을 위한 현대 수학

면) T자 모양의 밸브가 시계 방향으로 돌아가면서 상태 1로 변하고, 볼베어링은 폐기통로로 나간다. 따라서 출력은 0이다.

(iv) 상태가 1일 때 입력 1이 들어오면 T자형 밸브가 원위치로 돌아가면서 볼베어링은 출력채널로 나간다. 따라서 이 경우에 출력은 1이다.

그러므로 이 장치는 우리가 원하는 대로 작동한다.

이제 덧셈유닛 여러 개를 조합하면 큰 스케일의 덧셈장치를 만들 수 있다. 그림 174의 덧셈유닛을 그림 175처럼 간단하게 표현하자.

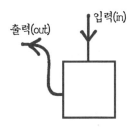

그림 175

출력(out)　　입력(in)

이들을 이어서 만든 덧셈장치는 그림 176과 같다.

그림 176

이 장치를 이용하여 11011000 + 110110을 계산해보자(이 덧셈은 앞에서 11011 × 1010을 계산할 때 실행한 바 있다.). 우선 각 유닛을 첫 번째 숫

자에 맞추고, 입력은 볼베어링을 이용하여 두 번째 숫자에 맞춘다(그림 177 참조).

그림 177

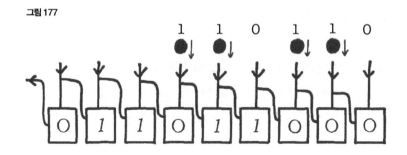

볼베어링을 오른쪽에서 왼쪽으로 하나씩 더해나가면 계산과정을 재현할 수 있다. 첫 번째 슬롯(볼베어링이 굴러가는 통로)에는 볼베어링이 없고 두 번째 슬롯의 볼베어링은 상태를 0에서 1로 바꾼 후 폐기통로로 나간다. 그러면 장치의 상태는

$$0\ 1\ 1\ 0\ 1\ 1\ 0\ 1\ 0$$

이 된다. 그 후 세 번째 슬롯에 볼베어링이 굴러 들어가면

$$0\ 1\ 1\ 0\ 1\ 1\ 1\ 1\ 0$$

이 되고, 네 번째 슬롯에서는 아무 일도 일어나지 않는다. 다섯 번째 슬롯에 볼베어링이 굴러 들어가면 해당유닛의 상태가 1에서 0으로 바뀌면서 1이 출력되어 여섯 번째 유닛으로 전달된다.

$$0\ 1\ 1\ 0\ 0\ 1\ 1\ 1\ 0$$
$$1 \leftarrow$$

그러면 여섯 번째 유닛의 상태가 0에서 1로 바뀌고 볼베어링이 폐기통로로 나가면서 전체적인 상태는

$$0\ 1\ 1\ 1\ 0\ 1\ 1\ 1\ 0$$

이 된다. 마지막으로 여섯 번째 유닛에 볼베어링이 유입되면 다음과 같은 일련의 변화가 일어난다.

$$0\ 1\ 1\ 0\ 0\ 1\ 1\ 1\ 0$$
$$1 \leftarrow$$

$$0\ 1\ 0\ 0\ 0\ 1\ 1\ 1\ 0$$
$$1 \leftarrow$$

$$0\ 0\ 0\ 0\ 0\ 1\ 1\ 1\ 0$$
$$1 \leftarrow$$

$$1\ 0\ 0\ 0\ 0\ 1\ 1\ 1\ 0$$

이 결과는 앞에서 얻었던 답과 일치한다.

각 단계에서 볼베어링이 어떻게 덧셈을 구현하는지 일일이 확인해보기 바란다. 다른 문제를 만들어서 풀어보는 것도 바람직하다. 이 기계장

치가 오직 중력만으로 작동하도록 설계하는 것도 흥미로운 문제 중 하나인데, 해답은 그림 174에 거의 나와 있다.

전자컴퓨터에서는 볼베어링 대신 전류펄스가 사용되고 T자형 밸브 대신 회로소자가 사용되지만, 기본 개념은 똑같다.

2진수의 곱셈도 이와 비슷한 과정을 거쳐 이루어진다(원리적으로 곱셈은 덧셈의 반복이다.). 몇 개의 유닛으로 이루어진 기본회로를 여러 개 조합하면 다재다능하면서도 정확한 계산기를 만들 수 있다. 전자회로는 반응이 매우 빨라서 계산에 소요되는 시간을 크게 단축할 수 있다.

컴퓨터의 구조

지금까지 소개한 아이디어를 잘 활용하면 계산을 수행하는 '산술유닛 arithmetic unit'을 만들 수 있다. 그러나 산술유닛 자체는 새로운 상황에 대한 적응력이 없어서 컴퓨터를 설계하려면 더 많은 요소가 필요하다. 컴퓨터의 기본구조는 다음과 같다.

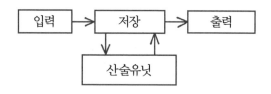

컴퓨터의 저장장치는 기본적으로 두 가지 기능을 갖고 있다. 첫째는 입력에 해당하는 숫자를 저장하는 기능이고, 두 번째는 컴퓨터가 수행해야 할 연산 과정, 즉 프로그램을 저장하는 기능이다. 컴퓨터는 프로그램을 읽음으로써 계산지침을 판단하고, 계산을 수행하고, 결과를 저장

보통 사람을 위한 현대 수학

한 후 다음 단계로 넘어가 동일한 과정을 반복한다.

계산지침의 첫 번째 사례는 기계가 이해할 수 있는 언어인 '기계어'로 특별한 목적에 특화된 매우 정확한 언어이다. 예를 들어, '메모리의 17번째 위치를 제거하여 계산유닛에 추가하라.'거나, '두 개의 숫자를 산술유닛에서 더하라.'는 등의 명령은 기계어를 통해 하달되며, 두 개의 숫자를 곱할 때에도 매우 긴 지침이 필요하다.

이런 이유로 개발된 것이 일상적 언어에 가까운 '프로그램 언어'이다. 예를 들어,

$$C = A + B$$

는 'A에 저장된 수와 B에 저장된 수를 더해서 C에 저장하라.'는 뜻이다. 운영자가 프로그램 언어로 임무지침서를 작성한 후 컴파일러 프로그램 compiler program을 거치면 컴퓨터가 알아들을 수 있는 기계어로 번역되어 본격적인 계산이 시작된다.

프로그램 언어에는 여러 가지 종류가 있는데, 알골Algol과 포트란 Fortran, 그리고 코볼Cobol(상업용) 등이 가장 널리 사용되고 있다.* 공장에서 출시된 컴퓨터는 컴파일러 프로그램이 내장된 상태로 사용자에게 배달된다.

컴퓨터가 다양한 상황에서 융통성을 발휘할 수 있는 것은 전적으로 프로그램 덕분이다. 프로그램을 잘 설계하면 컴퓨터에게 어떤 지침도 하달할 수 있으며(물론 논리적 모순이 없는 지침에 한한다.), 엄청나게 많은 일을 하나의 컴퓨터로 수행할 수 있다. 프로그래머는 적어도 하나 이상

● 이 책은 C언어가 개발되기 전에 출간되었다

의 언어를 알고 있어야 하는데, 그다지 어려운 과제는 아니다. 언어 자체를 익히는 것보다 프로그램을 효율적으로 짜는 것이 훨씬 어렵다.

프로그램 짜기

컴퓨터를 이용하여 문제를 해결하라는 과제가 당신에게 주어졌다고 가정해보자. 당신이 프로그램 언어를 알고 있다면 어디서 시작해야 할까?

첫 번째 단계는 문제를 '컴퓨터가 수행할 수 있는 작은 부분'으로 나눈 후, 이들을 하나로 조합하는 프로그램을 작성하는 것이다.

예를 들어, 당신에게 주어진 문제가 다음과 같은 2차방정식이라고 생각해보자.

$$ax^2 + bx + c = 0$$

이 방정식의 해가

$$x = \frac{-b \pm \sqrt{b^2 - 4ac}}{2a}$$

라는 것은 누구나 알고 있지만, 다짜고짜 이것을 답으로 출력하도록 명령하는 것은 별로 좋은 생각이 아니다. $b^2 - 4ac < 0$이면 제곱근 안이 음수가 되어 컴퓨터가 제곱근을 계산할 수 없고, $a = 0$이면 분모가 0이 되어 나눗셈이 불가능하기 때문이다.

컴퓨터가 제곱근을 계산할 수 있고 양수와 음수를 판별할 수 있다고 가정하면, 전체 풀이과정을 그림 178과 같이 분해할 수 있다. 이런 도표를 '순서도flow chart(또는 흐름도)'라 한다.

이 순서도에는 몇 가지 가능성이 고려되어 있다. $a=0$이면 우리의 문제는 2차가 아닌 1차방정식이 된다. 따라서 방정식의 실수해는 없을 수도 있고, 하나일 수도 있으며, 두 개일 수도 있다.

그림 178

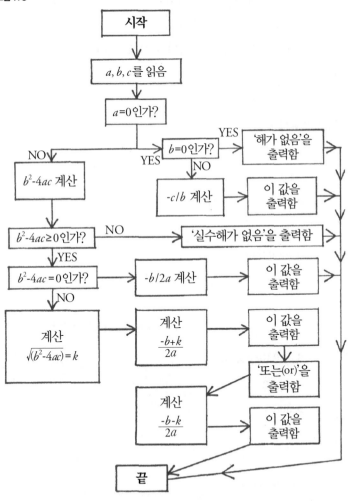

다음 단계는 순서도를 프로그램 언어로 바꾸는 것이다. 그런데 여기서 약간의 어려움이 발생한다. 프로그램은 순차적으로 실행되는데, 순서도는 선택의 여지가 생길 때마다 두 갈래(yes 또는 no)로 갈라지기 때문이다. 이 문제를 극복하려면 프로그램을 여러 부분으로 분할해서 yes, no의 여부에 따라 특정 부분이 실행되도록 설계해야 한다.

알골에 기초한 가상의 언어로 작성된 2차방정식 해법 프로그램을 여기 소개한다(프로그램은 A, B, C, D, E라는 다섯 부분으로 나뉘어져 있다.). 이것을 순서도와 비교해보면 전체적인 흐름을 이해하는 데 많은 도움이 될 것이다.

2차방정식 해법 프로그램

A : *begin* real $a, b, c, k, u, v, w, x, y$

read a, b, c

if a=0 then go to B

$y = b^2 - 4ac$

if $y \geq 0$ then go to C

print NO REAL SOLUTION

end

B :   if b = 0 then go to E

$x = -c/b$

print x

end

C :   if y = 0 then go to D

$$k = \sqrt{y}$$

$$u = (-b+k)/2a$$

$$v = (-b-k)/2a$$

print u

print OR

print v

end

D : $w = -b/2a$

print w

end

E :   print NO SOLUTION

end

'real $a, b, c, k, u, v, w, x, y$'는 변수를 지정하는 선언문declaration으로, 수를 입력할 변수와 수의 종류(위의 경우에는 실수)를 결정한다. 'read'는 사전에 준비된 데이터 테이프data tape에서 a, b, c의 값을 읽어들이라는 명령문이고,● 'if P then go to X'는 P가 참이면 현재의 프로그램을 중단하고 X에 해당하는 부분으로 점프하라는 뜻이다. 단, P가 참이 아니면 프로그램은 계속 실행된다. 다른 명령문도 뜻을 한눈에 알 수 있다(print 는 그다음에 이어지는 문구를 출력하라는 뜻이고, end는 프로그램을 완전히 종료하라는 뜻이다.). 컴퓨터는 도중에 'go to'를 만나지 않는 한, 프로그램을

● 물론 요즘은 테이프를 쓰지 않는다!

한 줄씩 순차적으로 실행한다.

간단한 프로그램이지만, 프로그램의 원리를 이해하는 데 어느 정도 도움이 될 것 같아 소개해보았다. a, b, c에 몇 가지 값을 입력하여 어떤 답이 나오는지 확인해보는 것도 좋은 연습문제가 될 것이다.

실제 프로그램 언어의 구체적 사용법에 관해서는 관련서적을 참고하기 바란다.[2]

컴퓨터의 사용*

컴퓨터는 언제나 사용 가능하다. 계산할 양이 많으면 언제든지 컴퓨터의 도움을 받을 수 있다. 다만, 적지 않은 비용이 발생한다는 게 문제다. 그래서 컴퓨터를 사용할 때에는 다음의 질문을 가장 먼저 떠올려야 한다. '내가 얻으려는 결과는 컴퓨터 사용료를 기꺼이 지불할 정도로 가치가 있는가?'

컴퓨터는 주로 기업과 정부에서 정보를 분류하고 보관하는 목적으로 사용되고 있다. 여기에 한마디 덧붙이고 싶은 말은 '컴퓨터 에러'라는 것이 본질적으로 '프로그래머가 저지른 실수'라는 점이다.

연구자들은 컴퓨터를 활용하여 실험데이터를 분석하고, 그래프를 그리고, 결과를 표로 정리하고, 다양한 통계적 방법을 적용할 수 있다. 심지어 손으로 도저히 풀 수 없는 문제도 컴퓨터를 이용하면 수치해석적 방법으로 답을 구할 수 있다. 물론 컴퓨터를 통해 얻은 다량의 정보에 감탄만 하고 있으면 정보의 가치를 판단하는 눈이 흐려지기 쉽다. 논리

● 앞의 내용도 그렇지만 특히 이 절의 내용은 지금의 현실에 전혀 부합되지 않으니, '40년 전에는 이랬다.'는 정도로 이해하고 넘어가주기 바란다.

가 제아무리 뛰어나다 해도, 틀린 질문이나 잘못된 실험에 기초한 프로그램으로는 결코 유용한 정보를 얻을 수 없다. 그러나 컴퓨터는 이미 다양한 분야에서 자신의 위력을 유감없이 발휘하고 있다. 과학자들은 컴퓨터를 이용하여 단백질분자의 구조를 알아냈고 유전자 암호를 해독했으며, 소립자의 물리적 특성과 별의 구조까지 알아냈다. 사람을 달에 보낸 것도 컴퓨터 없이는 불가능했을 것이다.◆

컴퓨터는 순수 수학, 특히 유한군론finite group theory에서도 괄목할 만한 업적을 남겼다. 그러나 수학에서 컴퓨터로 해결 가능한 문제는 극소수에 불과하며, 해결이 가능하다 해도 최고성능의 컴퓨터조차 너무 긴 시간이 걸리기 때문에 실용성이 떨어진다.

컴퓨터는 수치해석적 방법 외에 체스(꽤 잘하는 편이다.)나 언어 번역(아직은 초보 단계임) 또는 작곡(일부 단순한 곡에 한함)과 시를 짓는 데 사용되기도 한다. 최근 연구되고 있는 '지능형 컴퓨터'도 하루가 다르게 발전하고 있다.

그렇다면 한 가지 질문이 자연스럽게 떠오른다. "컴퓨터는 과연 스스로 사고할 수 있을까?" 영국의 철학자 톰 조드Tom Joad가 말한 대로, 이 질문의 답은 '사고'를 어떻게 정의하느냐에 따라 달라진다. 두뇌의 기능 중 일부(계산)는 컴퓨터가 훨씬 빠르고 정확하지만, 대부분은 아직 인간의 두뇌가 훨씬 우수하다. 사실 사람이 하는 일 중에는 컴퓨터가 도저히 흉내낼 수 없는 일도 많이 있다. 그러나 질문을 조금 바꿔서 '인간의 사고행위 중에서 기계로 실행할 수 없는 것이 존재하는가?'라고 묻는다면, 나는 과감하게 "No"라고 외치고 싶다. 물론 지금의 컴퓨터로는 두뇌

◆ 사람을 최초로 달에 보낼 때 NASA에서 사용했던 컴퓨터의 메모리용량은 1MB가 채 되지 않았다. 그러나 요즘은 메모리가 수십 GB(수만 MB)에 달하면서 전화기 기능이 덤으로 탑재된 소형 컴퓨터를 초등학생들도 주머니에 넣고 다닌다.

의 기능을 재현할 수 없으며, 인간과 컴퓨터의 닮은 정도는 아무리 좋게 봐줘도 젖소와 우유탱크의 관계를 넘지 못한다. 인간의 기술로는 생각하는 기계를 결코 만들 수 없을지도 모른다(두뇌의 성능이 지나치게 높기 때문일 수도 있고, 그 반대로 성능이 떨어지기 때문일 수도 있다.). 그러나 기계가 두뇌의 기능을 수행하는 것을 원천적으로 차단하는 금지조항 같은 것은 어디에도 없다. 구두끈을 아무리 세게 잡아당겨도 몸이 허공에 떠오를 수 없는 것은 자연을 다스리는 물리법칙 때문이고, 아무리 애를 써도 $\sqrt{2}$가 유리수가 될 수 없는 것은 수를 다스리는 법칙 때문이지만, 컴퓨터에는 이런 제한이 없다. 인간의 몸은 물질로 이루어져 있고 이 물질은 자연에 존재하는 다른 물질과 동일한 법칙을 따르고 있으므로, 인간의 몸은 기계와 크게 다르지 않다. 물론 인간은 이 세상 어떤 기계보다 복잡하고 정교하지만, 인간처럼 작동하는 기계를 만드는 것이 원리적으로 불가능하다면 인간은 처음부터 존재하지 않았을 것이다.

그렇다고 해서 인간이 깡통따개와 동격이라는 뜻은 아니다. 실제로 많은 사람은 인간의 행동과 감정, 창조력, 영혼 등이 물리법칙보다 위대한 존재라고 믿고 있다. 이는 매우 바람직한 생각이다. 그러나 인간이 위대한 존재로 진화할 수 있었던 것은 결국 물리법칙 덕분이었다. 이 점을 인정한다고 해서 인간의 존엄성이 훼손되지는 않는다. 그저 물리학의 가치가 높아질 뿐이다!

19장

현대 수학의 응용

지금까지 우리는 수학을 대수학과 위상수학, 해석학, 논리학, 기하학, 정수론, 확률 등 여러 분야로 나눠서 개별적으로 다뤄왔다. 그러나 각 분야를 구별하는 명확한 경계선은 존재하지 않으며, 분류 방식도 엄격한 체계를 따른 것이 아니라 필요할 때마다 가지를 치는 식으로 이루어졌다. 17세기에 데카르트가 기하학과 대수학의 관계를 최초로 발견했을 때 수학자들은 커다란 충격을 받았고, 19세기 초에 프랑스의 젊은 수학자 에바리스트 갈루아Évariste Galois가 군론을 이용하여 다항방정식을 풀었을 때에도 수학자들은 경악을 금치 못했다. 또한 20세기 초에 자크 아다마르Jacques Hadamard와 샤를장 드 라 발레푸생Charles-Jean de la Vallée Poussin이 해석학을 이용하여 소수에 관한 추론을 증명했을 때에도 수학계는 한바탕 충격에 휩싸였다. 그러나 현대의 수학자들은 더 이상 이런 일에 놀라지 않는다. 단순히 놀라지 않는 정도가 아니라, 아예 작정을 하고 이런 일을 찾아 헤매고 있다. 하나의 문제를 풀기 위해 해석학에서 출발했다가 위상수학으로 옮겨간 후, 대수학을 거쳐 정수론에서 답을 찾는 것은 요즘 수학계의 일상다반사다.

수학의 모든 분야는 이런 식으로 긴밀하게 연결되어 있기 때문에, '수학의 몸체'를 논하는 것은 나름대로 의미가 있다(1장의 주제가 바로 이것이었다.). 어떤 분야에서건 중요한 진보가 이루어지면 수학 전체에도 긍정적인 영향을 미치게 된다. 이런 점에서 볼 때 수학은 '작은 것들이 조화롭게 연결된 총체'인 셈이다. 단, 우리의 지식에 간간이 빈 곳이 있고 각 분야 사이의 상호관계가 불분명하기 때문에 완벽한 조화라고는 할 수 없다.

그러므로 수학의 일부를 특정 분야에 응용하는 것은 수학 전체를 응용하는 것과 크게 다르지 않다. '수학은 응용력을 통해 자신의 존재 가치를 입증해야 한다.'고 주장한다면, 한 분야의 응용만으로 수학 전체의 응용력이 입증된다는 것도 사실로 인정해야 한다. 바이올린을 연주할 때 다리를 사용하지 않는다고 해서 바이올리니스트의 다리를 자를 수 없듯이, 응용 분야가 많지 않다는 이유로 수학에서 군론을 제외할 수는 없다.

전통적으로 수학은 크게 순수 수학과 응용 수학으로 분류된다. 순수 수학자들은 추상적인 구름모자를 머리에 덮어쓴 채 자신만의 길을 걸어왔으며, 수학의 순수함을 지킨다는 명목으로 응용 문제를 기피해왔다. 반면 응용 수학자들은 수학에 현실을 접목하여 사회의 여러 분야에서 다양한 업적을 남겼다.

대부분의 학문이 그렇듯이 수학도 매우 방대한 학문이기 때문에 한 사람이 수학의 모든 분야를 연구할 수 없다. 그래서 현대의 수학자들은 특정 분야에 특화되어 있다. 그중 현실세계와 직접적인 관련이 없는 분야는 순수 수학에 속하고, 현실세계에 응용 가능한 분야는 응용 수학에 속한다. 그러나 순수 수학으로 알려진 분야에서 중요한 응용 문제의 해답이 도출되는 경우가 종종 있고, 응용 수학의 대부분은 쓸모 있는 응용 사례를 단 한 건도 보여주지 못했다. 여기서 문득 '화가용 붓'과 관련된 이론을 발표했던 한 수학자의 일화가 생각난다. 그는 방정식을 세우기 위해 붓에 달린 털을 '준-무한평면semi-infinite plane'으로 가정했는데, 실제 붓털은 무한평면은커녕 아주 좁은 영역에 집중되어 있으므로 현실성이 전혀 없었다. 게다가 그가 세운 방정식의 해도 이미 알려져 있었기에 수학적으로도 별 의미가 없는 이론이었다.

그래서 나는 수학을 순수 수학과 응용 수학으로 나누는 대신, (i) 수학 자체와 (ii) 수학의 응용으로 나누고자 한다. 수학자의 본분은 수학 문제를 해결하는 강력한 도구를 개발하는 것이며, 그 도구라는 것은 응용 문제를 통해 모습을 드러내기도 한다. 이것은 더욱 추상적인 수학의 일부일 수도 있고, 아직 풀리지 않은 중요한 문제에 결정적 실마리를 제공할 수도 있다. 1장에서 말했듯이 새로운 수학이론이 개발된 후 실질적 응용이 이루어질 때까지는 꽤 긴 시간이 소요된다. 처음에 순수 수학이라는 이름으로 탄생했다가 100년쯤 지난 후 물리학에 적용된 사례는 헤아릴 수 없을 정도로 많다. 물론 응용이 중요하다는 데에는 이견의 여지가 없지만, 수학의 본질을 이해하려면 좀 더 넓은 관점에서 바라보아야 한다.

이 장에서는 현대 수학의 대표적 응용 사례 세 가지를 살펴볼 것이다. 첫 번째는 선형대수학이 특정 경제문제를 해결하는 데 얼마나 유용한지를 보여주는 사례이고, 두 번째는 현대 입자물리학에 군론이 적용된 사례이다. 세 번째 사례는 불연속과정을 서술하는 최신 버전의 이론으로 생물학과 의학 분야에 부분적으로 적용되고 있으며, 특히 신경신호의 전달과정을 연구하는 데 중요한 실마리를 제공한다.

세 번째 이론은 아직 개발 단계여서 대부분이 추측에 불과하지만, 그 어떤 분야 못지않게 중요하다. 해석학은 연속적 변화과정을 다루는 수학으로 지난 200년 동안 과학의 이론적 기초를 굳건하게 떠받쳐왔다.

보통 사람을 위한 현대 수학

그러나 수학과 물리학, 화학, 공학, 기상학, 생물학, 경제학, 사회학, 정치학, 지구물리학, 유체역학, …… 등을 심도 있게 연구하려면 불연속적 과정에 대한 이해도 한층 더 깊어져야 한다. 이런 점에서 볼 때 불연속적 과정에 대한 연구는 엄청난 잠재력을 갖고 있는 셈이다.

최고의 이익을 위하여!

한 공장에서 두 가지 제품 X와 Y를 생산하고 있다. 두 제품 모두 선반 작업을 거친 후 드릴로 구멍을 뚫어야 한다. 두 가지 공정을 거치는 데에는 각기 다른 시간이 소요되고, 일주일 동안 기계(선반과 드릴)를 가동할 수 있는 시간에도 각기 다른 제한이 있다. 또한 제품 하나당 발생하는 이익에도 차이가 있는데, 구체적인 데이터는 아래 표와 같다.

기계	X	Y	가동한계시간/주
선반	3	5	15
드릴	5	2	10
이익	5	3	

이런 경우에 이익을 최대화하려면 생산량을 어떻게 조절해야 할까?●

  일주일 당 X의 생산량을 x, Y의 생산량을 y라 하자. 기계의 가동한계시간을 초과하면 안 되므로 x와 y는 다음 부등식을 만족해야 한다.

● 표에 대한 추가 설명을 하자면, 제품 X는 선반작업에 3시간, 드릴작업에 5시간이 소요되고 Y는 선반작업에 5시간, 드릴작업에 2시간이 소요된다.

$$3x + 5y \leq 15 \qquad (1)$$
$$5x + 2y \leq 10 \qquad (2)$$

물론 생산량이 음수일 수는 없으므로

$$x \geq 0 \qquad (3)$$
$$y \geq 0 \qquad (4)$$

이다.

그리고 생산에 따른 이득은

$$5x + 3y \qquad (5)$$

이므로, 이 문제는 부등식 (1)~(4)를 만족하면서 (5)를 최대화하는 문제로 귀결된다.

부등식의 해법은 이 책에서 다룬 적이 없으니, 일단 그래프부터 그려 보자. (1)이 만족되려면 (x, y)는 직선 $3x + 5y = 15$보다 아래에 있어야 하고, (2)가 만족되려면 $5x + 2y = 10$보다 아래에 있어야 한다. 그리고 (3)과 (4)에 의해 x와 y는 양수여야 하므로, 부등식 (1)~(4)를 만족하는 (x, y)는 그림 179의 자주색 영역에 해당한다.

이익을 p라고 했을 때, $5x + 3y = p$의 그래프가 그림에 제시되어 있다. 여기서 p의 값이 달라져도 직선의 기울기는 달라지지 않는다. 그리고 이 직선이 오른쪽으로 멀어질수록 p는 커진다.

그러나 $5x + 3y = p$의 (x, y)도 부등식 (1)~(4)를 만족해야 한다. 따라서 이익이 최대가 되는 경우는 이 직선이 자주색 영역을 거치면서 가

그림 179

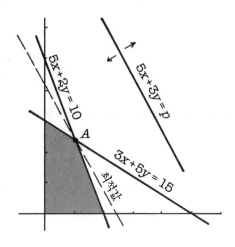

장 오른쪽에 있는 경우 즉 *A*를 지나는 경우이다. *A*의 좌표는 두 직선

$$5x + 2y = 10$$
$$3x + 5y = 15$$

의 교점이므로

$$x = 20/19, \quad y = 45/19$$

이고, 이익은 이 값을 $5x + 3y$에 대입한

$$\frac{100+135}{19} = \frac{235}{19}$$

이다. 즉, 19주일 동안 *X*를 20개, *Y*를 45개 생산했을 때 이익이 최대가 된다.

공장뿐만 아니라 임의의 사업이나 국가경제에도 이와 비슷한 논리를 적용할 수 있다. 단, 국가단위로 가면 제품과 기계의 종류가 엄청나게 많아진다.● 일반적으로 이런 유형의 응용 문제는 몇 개의 미지수가 포함된 선형방정식의 조합과 일련의 부등식으로 주어지며, 부등식은 고차원 공간의 특정영역 안에서 만족된다. 그리고 문제의 답은 다음과 같은 공통점을 갖고 있다.

(ⅰ) 부등식을 만족하는 영역은 항상 볼록면체convex이다.
(ⅱ) 최대이익은 볼록면체가 밖으로 튀어나온 꼭짓점에서 발생한다.

이 사실은 선형대수를 이용하여 어렵지 않게 증명할 수 있다. 미지수가 많으면 볼록면체의 차원이 높아져서 볼록면체를 머릿속에 그리기가 쉽지 않은데, 이런 경우에는 컴퓨터를 이용하면 된다.

국가경제의 이득을 이 방법으로 계산할 때에는 변수가 너무 많아서 가장 빠른 컴퓨터를 동원해도 정확한 답을 얻기 어렵기 때문에 문제를 단순하게 줄일 수밖에 없고, 답에 대한 신뢰도도 그만큼 떨어진다.

흔히 '선형 프로그래밍linear programming'으로 알려진 이 테크닉은 경제학의 표준이론 중 하나로써, 대부분의 수리경제학 교과서에 자세히 소개되어 있다.[1]

● 미지수와 방정식의 수가 많아진다는 뜻이다.

팔정도

과거 한 때 물리학자들은 원자가 세 종류의 입자(양성자, 중성자, 전자)로 이루어져 있으며, 모두 기본입자fundamental particle◆라고 생각했다. 그 후 실험장비가 발달하면서 뉴트리노neutrino(중성미자)와 파이온pion, 뮤온 muon 등 다양한 입자가 추가로 발견되었으나, 이들의 물리적 특성을 일관된 논리로 설명하지 못하여 입자물리학은 한동안 답보 상태에 빠져 있었다.

그러던 중 1964년에 "수학의 군론을 이용하면 입자 체계를 조직적으로 설명할 수 있다."는 사실이 밝혀졌다. 지금부터 그 내용을 설명할 참인데 나는 물리학자가 아니어서 개괄적인 범주를 넘지 못할 것이니, 독자들은 이 점을 감안하고 읽어주기 바란다.

이 이론에서 가장 중요한 요소는 테크닉은 '군의 표현group representation' 이다. 주어진 군 G에 대하여 어떤 벡터공간 V에서 진행되는 선형변환군 G'이 G와 동형일 때, G'을 G의 '표현representation'이라 한다.

$G = \{I, r\}$인 간단한 경우를 예로 들어보자($r^2 = I$). $V = \mathbf{R}^2$으로 잡으면 원점을 통과하는 직선에 대한 반전변환 T를 생각할 수 있고, 항등변환을 I라 하면 $\{I, T\}$는 V의 선형변환군을 형성한다. 또한 $T^2 = I$이므로 $G' = \{I, T\}$는 G와 동형이다.

이런 경우에 벡터공간 V의 차원은 (다소 용어를 남발하는 감이 있지만) 표현의 차원이 된다.

양자역학에서 모든 물리적 객체는 다양한 에너지 상태에 놓일 수 있다. 예를 들어, 수소원자 속의 전자(수소원자는 하나의 양성자와 하나의 전

◆ 더 이상 분해될 수 없는 최소단위의 입자

자로 이루어져 있다.)는 무한히 많은 에너지 상태 중 하나를 점유하고 있으며, 광자를 흡수하거나 방출하면서 다른 에너지 상태로 이동할 수 있다. 물론 이 과정에서 총 에너지는 보존된다.

물리적 객체의 모든 가능한 상태는 그 객체와 관련된 대칭군의 표현에 정확하게 대응된다. 이것은 양자역학의 법칙으로부터 유도된 결과이다.

예를 들어, 공간상의 한 점 P를 점유하고 있는 원자는 완벽한 회전대칭을 갖고 있으며, 여기 해당하는 대칭군은 O_3이다. O_3에는 P의 위치를 유지한 채 일어날 수 있는 모든 3차원 운동이 포함되어 있다. 그런데 3차원 운동은 선형변환이므로 O_3는 선형변환군이며, 표현도 3차원에서 이루어진다(물리학자들은 이것을 '삼중항 표현triplet representation'이라 부른다.).

이 상태에서 공간에 자기장을 걸어주면 자기장이 특정 방향을 향하면서 완벽했던 O_3 대칭이 붕괴되고, 자기장의 방향을 바꾸지 않는 O_2가 새로운 대칭군으로 떠오른다. O_3의 삼중항 표현이 세 개의 1차원 표현 O_2로 갈라지는 것이다. 그래서 자기장이 없을 때는 분광기에 스펙트럼 선이 한 줄로 나타나지만, 자기장을 걸어주면 하나였던 선이 '가까이 붙어 있는 세 개의 줄'로 나타난다. 이때 전자의 에너지는 이론적으로 계산 가능하며, 실험값과도 정확하게 일치한다.

군론은 양자역학에서 자주 사용되는 수학개념 중 하나다. 1938년에 일본의 물리학자 유카와 히데키湯川秀樹는 최초로 양자역학에 군론을 도입하여 파이온이라는 입자의 존재를 이론적으로 예견했다. 그 후 파이온은 1947년에 실험실에서 발견되었는데, 유카와가 예견했던 특성과 정확하게 일치하여 군론의 유용함을 널리 알리는 계기가 되었다.

입자 중에서 바리온baryon(중입자)은 다른 입자보다 유난히 질량이 크다.● 원자핵을 구성하는 중성자(n^0)와 양성자(n^+)를 비롯하여 람다입자

(Λ, lambda), 크시입자(Ξ, xi), 시그마입자(Σ, sigma), 델타입자(Δ, delta) 등이 바리온에 속한다. 이들은 각자 고유의 질량과 전기전하를 갖고 있으며, 전기전하의 양은 항상 기본단위의 정수 배로 나타난다.[◆] 예를 들어, 양성자의 전기전하는 +1이고, 중성자의 전기전하는 0이다.

입자는 질량과 전기전하 외에 다른 속성도 갖고 있는데, 대표적인 것이 스핀spin과 전하스핀isotopic spin, 초전하hypercharge, 그리고 기묘도 strangeness이다.

자연에 가장 흔하게 존재하는 바리온은 크시 이중항(Ξ doublet)과 시그마 삼중항(Σ triplet), 람다 일중항(Λ singlet), 그리고 핵자 이중항 (n doublet)으로, 이들의 질량과 전기전하, 전하스핀(I), 초전하(Y)는 그림 180과 같다(총 2+3+1+2 = 8종이다.).

그림 180

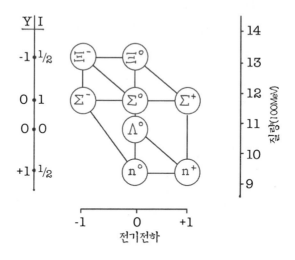

- 바리온은 특정 입자의 이름이 아니라 '쿼크 세 개로 이루어진 입자'를 통칭하는 용어이다.
- ◆ 전기전하의 기본단위는 전자의 전하이다. 즉, 전자의 전기전하를 -1이라 했을 때 쿼크를 제외한 모든 입자는 정수의 전기전하를 가진다.

이들은 SU_3이라는 군의 표현을 이용하여 체계적으로 분류할 수 있다. SU_3의 가장 자연스러운 표현은 8차원이며, 자연에 SU_3 대칭이 불완전하게 구현되어 있으면 대칭군은 $U_2(SU_3$의 부분군)로 줄어든다. 이 과정에서 8차원이었던 표현은 차원이 3, 2, 2, 1인 네 부분으로 갈라지는데, 이들이 각각 Σ 삼중항과 Ξ 이중항, n 이중항, 그리고 Λ 일중항에 해당한다.

또한 이 입자들의 Y와 I, 질량, 그리고 전기전하는 SU_3 이론에서 예견된 값과 정확하게 일치한다. 이런 점에서 볼 때 여덟 종의 바리온은 '한 입자의 여덟 가지 상태'로 해석할 수 있다. 원래 하나의 입자였는데, 자연의 대칭이 살짝 교란되어 여덟 가지 형태로 분리되었다는 것이다.

이것이 바로 입자물리학의 '팔정도 이론八正道~, eightfold way'이다.

SU_3 다음으로 큰 대칭은 10차원인데, 이것이 U_2로 줄어들면 차원이 4, 3, 2, 1인 표현으로 분할되고 입자의 종류도 아홉 개로 늘어나고 여기에는 Δ 4중항quadruplet과 Σ 삼중항, Ξ 이중항이 대응된다(그림 181 참조. 이 그림에서 Σ, Ξ는 그림 180의 Σ, Ξ와 다른 상태에 있기 때문에 질량도 다르다.).

그림 181

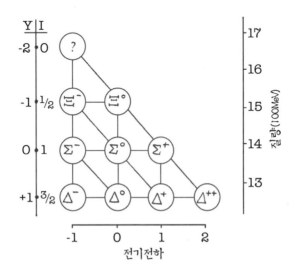

보통 사람을 위한 현대 수학

맨 위에 있는 '?'는 누락된 입자를 나타낸다. 이론적으로는 존재해야 하는데, 발견된 입자목록에 없다는 뜻이다. 이론에 따르면 이 입자는 전기전하 -1, 초전하 -2, 전하스핀 0이고, 질량은 약 1,700MeV로서, 다른 입자와 비교할 때, 매우 부자연스러운 조합이다.

그런데 1964년에 이 희한한 입자가 실험실에서 발견되어 '오메가 마이너스(Ω^-)'로 명명되었다.

이같이 추상적 군론에 기초한 물리학이론은 아직 발견되지 않은 입자의 존재를 예견하는 데 핵심적인 역할을 해왔다.[2]

급변이론

연속변화가 항상 연속적인 영향을 낳는 것은 아니다. 조명기구 중에는 다이얼 모양의 스위치가 달린 것도 있는데, 다이얼을 on에서 off쪽으로 연속적으로 돌리면 조명이 서서히 어두워지지 않고 어느 순간에 갑자기 꺼진다(서서히 어두워지는 조명기구도 있지만, 이것도 어느 순간에 갑자기 꺼지기는 마찬가지다.). 절벽 끝을 향해 연속적으로 걸어갈 때에도 어느 순간 갑자기 불연속적인 결과가 초래된다.

대부분의 수학과 거의 모든 물리학은 지금까지 연속적인 변화만 다뤄왔다. 그러나 세계적으로 저명한 프랑스의 수학자 르네 톰René Thom은 불연속 변화를 심도 있게 다룬 '급변이론catastrophe theory'을 개발하여 수학의 응용 분야를 한층 더 넓혀놓았다.[3]

급변이론이 적용되는 대표적 분야로는 생물학을 들 수 있다. 배아는 각 단계마다 세포분열이라는 불연속적 변화를 겪으면서 팔과 다리가 자라고 신경조직과 뼈, 그리고 근육이 만들어진다. 이 과정을 면밀히 분석하여 배아의 성장과정을 이해하게 되면, 기형의 원인을 밝히고 원인을 제거하는 등 의학과 생물학 분야에서 획기적인 발전을 이룩하게 될 것이다.

물론 이런 수준의 응용은 앞으로 수십 년, 혹은 100년 후에나 가능한 이야기다. 그러나 지금 당장 불연속 과정을 공략할 수 있는 이론은 톰의 급변이론뿐이므로, 관심을 둘 만한 가치가 충분히 있다.

그림 182는 지맨의 급변기계Zeeman's catastrophe machine이다.[4] 이 그림을 보고 직접 만들어보거나 상상력을 발휘하면 앞으로 논의될 내용을 이해하는 데 많은 도움이 될 것이다. 지맨의 급변기계는 중심이 고정된 원판과 원판의 가장자리에 부착된 길이가 같은 두 개의 고무줄로 이루어져 있다. 둘 중 하나의 끝은 F에 고정되어 있고 다른 하나는 자유롭게 움직일 수 있다.

그림 182

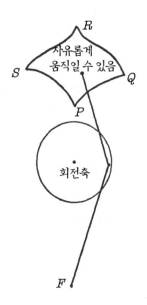

보통 사람을 위한 현대 수학

(두꺼운 판지로 원판을 만들어서 중심을 나무판 위에 압정으로 고정시킨다. 원판의 직경이 5cm일 때, F는 원판 중심으로부터 아래로 12cm쯤 떨어진 곳이 적당하다. 고무줄의 길이는 8cm 정도이며, 탄성이 너무 강하면 원판이 돌지 않으므로 적절한 재질을 골라야 한다. 워셔washer*를 사용하면 도움이 될 것이다. 그리고 고무줄은 가능한 한 원판의 가장자리에 부착하되, 부착점이 제자리에서 자유롭게 돌 수 있어야 한다.)

이 상태에서 고무줄을 이리저리 움직여보면 그림 182의 $PQRS$에 해당하는 다이아몬드 모양의 영역이 눈에 들어올 것이다. 고무줄의 한쪽 끝이 $PQRS$ 바깥에 놓이면 원판이 안정적으로 멈출 수 있는 위치가 하나밖에 없지만, $PQRS$ 안에 놓이면 안정한 위치가 두 개 존재한다.

이뿐만 아니라 자유로운 고무줄을 연속적으로 이동시키다보면 안정한 상태에 있던 원판이 갑자기 완전히 다른 상태로 점프하는 경우도 있다. 예를 들어, 고무줄의 끝이 그림 183의 화살표를 따라 움직이면 다이아몬드($PQRS$) 안에서 밖으로 나갈 때 원판이 점프를 일으킨다.

그림 183

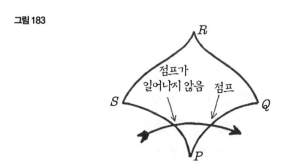

점프가 일어나는 이유는 고무줄에 저장된 에너지가 달라졌기 때문이

● 볼트와 체결 부위 사이에 끼워 넣는 납작한 도넛 모양의 부품

다. 비평형상태에 있는 원판을 손으로 붙들고 있다가 갑자기 놓으면 재빨리 평행상태로 돌아간다. 고무줄에 저장된 에너지는 항상 최솟점을 향해 이동하려는 경향이 있기 때문이다(좀 더 정확하게 말하면 '안정한 에너지를 향해 이동한다.').

*PQRS*의 바깥에서 에너지곡선은 그림 184와 같다(θ는 원판이 돌아간 각도를 나타내는 변수이다.). 이 경우에 평형점은 하나밖에 없다.

*PQRS*의 내부로 들어가면 에너지곡선 가운데가 그림 185처럼 볼록해지면서 최솟점이 두 개로 분리된다. 즉, 에너지를 최소로 만드는 θ가 두 개 존재하며, 따라서 안정한 상태도 하나에서 두 개로 늘어난다.

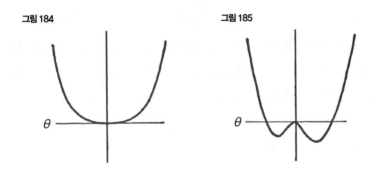

그림 184　　　　　**그림 185**

두 개의 최솟점 사이에는 최댓점이 존재한다. 그러나 이곳은 안정한 점이 아니라 불안정한 점이다. 원판이 이 상태에 놓여 있을 때 외부에서 약간의 충격만 가해도 에너지는 '경사로를 따라 굴러 떨어져서' 최솟점으로 이동한다. 그러나 조심스럽게 균형을 잡으면 원판이 이 상태에 머물게 할 수 있다. 이와 같이 국소적으로 최대인 점을 '불안정한 평형점 unstable equilibrium'이라 한다.

그림 183의 경로를 따라 이동하면 에너지곡선은 그림 186과 같이 순차적인 변화를 겪게 된다.

그림 186

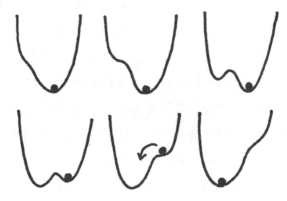

처음에 원판은 최솟점(에너지가 최소인 점)에 놓여 있으며, 연속조건에 의해 '최솟점이 변하지 않는 한' 그 상태를 유지한다. 그러다가 최솟점이 사라지면 아직 남아 있는 최솟점을 향해 이동한다. 이때 원판은 연속적으로 움직이려고 애를 쓰지만, 고무줄의 탄성력을 이기지 못하고 갑자기 점프를 일으킨다.

고무줄의 자유로운 끝과 평형점의 관계를 3차원 그래프로 그려보면 이 거동을 좀 더 쉽게 이해할 수 있다(그림 187 참조).

그림 187

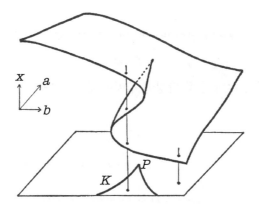

그림 187에는 *PQRS*의 *P*점과 다이아몬드 영역의 일부가 명시되어 있다(그림의 특정부분을 강조하기 위해 방향을 돌려놓았다.). *K*로 표시된 삼각형 영역 내부의 위쪽으로는 곡면의 꼭대기 면과 가운데 접힌 면, 그리고 제일 아래 면에 세 개의 평형점이 존재한다. 이들은 삼각형영역 안에서 위로 가상의 수직선을 그렸을 때 곡면과 만나는 부분이다. 그리고 영역 *K*의 바깥으로 나가면 수직선과 만나는 점이 하나밖에 없다.

*K*를 가로지르는 경로를 따라가다보면 원판은 '꼭대기 곡면의 평형점에 대응되는 위치'에 머물려는 경향을 보인다. 그러나 *K*를 벗어나는 순간 곡면의 낭떠러지를 만나면서 원판이 점프를 일으킨다.

이 과정을 정량적으로 분석하면 다음과 같다. *P*를 원점으로 하는 좌표계 (a, b)를 설정하고, 원판의 평형각도와 관련된 변수를 x라 하자. 그러면 a, b, x가 작은 값일 때 고무줄의 탄성에너지 V는 다음과 같이 쓸 수 있다.

$$V = \frac{1}{4}x^4 + \frac{1}{2}ax^2 + bx$$

평형점을 찾으려면 V가 정상값stationary value을 갖는 지점을 찾아야 한다. 이 점은 그래프의 접선이 수평 방향인 점으로, 극댓점과 극솟점, 그리고 변곡점이 여기 해당한다(그림 188 참조).

그래프의 접선이 수평 방향인 점에서 함수의 미분(1계도함수)은 0이므로(즉, $\frac{dV}{dx} = 0$)

$$x^3 + ax + b = 0$$

보통 사람을 위한 현대 수학

그림 188

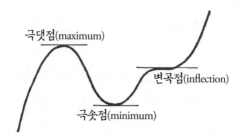

극댓점(maximum)

변곡점(inflection)

극솟점(minimum)

이 되어야 한다. a, b를 특별한 값으로 선택하고 방정식을 만족하는 그 래프를 그려보면 그림 187이 얻어진다.

르네 톰은 이것을 일반적인 경우로 확장하여 일련의 변수

$$x, y, z, \cdots$$

와 또 하나의 변수세트

$$a, b, c, \cdots$$

로 서술되는 역학계를 연구대상으로 삼았다. 여기서 변수 $x, y, z, \cdots$는 거동공간behaviour space의 좌표이고, $a, b, c, \cdots$는 제어공간control space의 좌표이다. 계의 거동은 위치에너지에 좌우되며, 위치에너지의 가장 일 반적인 형태는

$$V = V(x, y, z, \cdots, a, b, c, \cdots)$$

로 쓸 수 있다. 단, V는 미분이 가능해야 한다(그래야 극댓점과 극솟점을

찾을 수 있다.).

$a, b, c, \cdots$의 값이 정해지면 역학계는 V의 정상값에 해당하는 평형점을 갖는다.

지맨의 급변기계는 1차원 거동공간(x)에 제어공간은 2차원(a, b)이었다. 사실 V를 임의의 함수로 잡아도 이와 비슷한 역학계를 만들 수 있으므로 역학계의 종류는 무수히 많다. 그러나 좌표계에 약간의 수정을 가하면 이 중 대부분은 동일한 역학계로 통합된다. 예를 들어, 지맨의 급변기계에서 변수 x를 $2X$로 바꾸면 V는

$$4X^4 + 2aX + b$$

가 되어 원래의 V와 다른 것처럼 보이지만, 새로운 역학계에 대하여 모든 것을 알아내면 원래의 계에 대해서도 모든 것을 알 수 있다. 변수를 바꾸는 것은 그다지 큰 변화가 아니다. 중복된 역학계를 제거하는 가장 쉬운 방법은 계의 위상적 특성을 분석하는 것이다.

물리계에서 일어나는 모든 사건은 네 개의 변수(공간 3+시간 1)로 서술된다. 따라서 제어공간을 4차원으로 제한하면 급변이론을 물리계에 적용할 수 있다(물론 반드시 그럴 필요는 없다.).

르네 톰은 "제어공간을 4차원으로 제한했을 때, 위상적으로 동일하지 않은 불연속은 일곱 가지밖에 없다."는 것을 증명했다. 다시 말해서, 에너지를 최소화하는 물리적 불연속은 일곱 가지 기본형태 중 하나에 속한다.

흔히 '기본급변elementary catastrophe'으로 알려진 일곱 가지 유형은 다음 표와 같다. 이 목록에는 눈에 띄는 규칙이 없고 일곱 종류만 존재하는 이유도 분명치 않다. 그럼에도 불구하고 톰의 정리는 고차원 위상수학

보통 사람을 위한 현대 수학

명칭	위치에너지 V
겹점형	$\dfrac{1}{3}x^3 + ax$
첨점형	$\dfrac{1}{4}x^4 + \dfrac{1}{2}ax^2 + bx$
제비꼬리형	$\dfrac{1}{5}x^5 + \dfrac{1}{3}ax^3 + \dfrac{1}{2}bx^2 + cx$
나비형	$\dfrac{1}{6}x^6 + \dfrac{1}{4}ax^4 + \dfrac{1}{3}bx^3 + \dfrac{1}{2}cx^2 + dx$
쌍곡적 제공형	$x^3 + y^3 + ax + by + cxy$
타원적 제공형	$x^3 - 3xy^2 + ax + by + c(x^2 + y^2)$
포물선적 제공형	$x^2y + y^4 + ax + by + cx^2 + dy^2$

과 해석학, 그리고 추상대수학의 심오한 결과와 깊이 관련되어 있다. 앞
에서도 말했듯이 수학은 여러 분야가 조화롭게 연결된 총체이다(그러나
이 사실을 증명하기란 결코 쉽지 않다.).

기본급변의 기하학적으로 매우 아름다운 형태를 띠고 있다. 그림 189
는 포물선적 제공형의 단면을 컴퓨터그래픽으로 재현한 것이다.[5]

그림 189

톰의 목록에서 첨점형cusp에 해당하는 지맨의 급변기계를 생물학에

적용하면 흥미로운 결과가 얻어진다.

살아 있는 세포는 3차원 덩어리의 형태를 띠고 있지만, 문제를 단순화하기 위해 2차원의 납작한 덩어리라고 가정해보자. 그러면 모든 세포는 2차원 제어공간에 존재하게 된다.

어떤 화학물질의 농도를 기준으로 세포의 거동을 추적해보자(여기서 말하는 화학물질은 염화나트륨일 수도 있고 DNA일 수도 있다. 종류가 무엇이건 기본 원리는 똑같이 작용된다.). 모든 세포는 불연속적인 변화를 겪고 있으므로(우리의 관심을 끄는 이유가 바로 이것이다!) 화학물질의 농도가 제어공간의 영향을 받는 식으로 급변과 관련되어 있음이 분명하다. 이 경우에 가장 그럴듯한 유형은 앞에서 다뤘던 첨점형이다.

세포 내부의 화학물질 농도는 시간에 따라 서서히 변하는데, 이것은 '제어공간 안에서 진행되는 세포의 이동'으로 표현할 수 있다. 세포발육의 네 가지 단계는 그림 190과 같다.

각 단계에서 세포의 위치는 아래쪽 평면에 표시되어 있으며, 접힌 곡면은 화학적 상태를 나타낸다. 마지막 네 번째 그림에서 세포의 중앙을 가로지르는 날카로운 선이 나타나는데, 이 선을 기준으로 왼쪽부분은 화학물질의 농도가 높고, 오른쪽은 농도가 낮다. 사실 이 단계에서 세포는 둘로 분리된다. 분리되지 않고서는 화학물질의 농도가 불연속상태에 놓일 수 없기 때문이다.

물론 이것은 현실을 크게 단순화한 모형에 불과하다. 세포분열은 이보다 훨씬 복잡한 과정을 거쳐 일어난다. 그러나 르네 톰의 불연속과정을 적용하면 각 단계를 일곱 가지 급변 중 하나로 간주할 수 있다.

이것은 '세포는 왜 분열하는가?'라는 오래된 질문에 새로운 답을 제시해준다. 화학적 상태의 위상적 특성이 세포로 하여금 분열하지 않을 수 없도록 만들기 때문이다.

그림 190

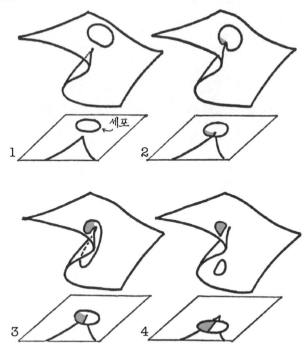

갓 수정된 배아가 자라는 과정도 화학적 변화에 따라 '접힌 곡면'의 결과로 해석할 수 있다. 배아는 분열을 거듭하면서 각 부위가 사지와 신경, 근육 또는 뼈세포로 분화되며, 이 모든 과정은 일곱 가지 급변 중 하나의 형태로 일어난다.

20장

현대 수학의 기초

천문학자와 물리학자, 그리고 수학자가 휴가를 맞아 함께 기차여행을 하다가 스코틀랜드의 한 초원을 지날 때 창밖으로 검은 양 한 마리를 보았다.

천문학자 우와, 스코틀랜드의 양들은 털이 검은색이네?
물리학자 아니야. 스코틀랜드의 양들 중 일부가 검은색이겠지.

대화를 듣고 있던 수학자가 한심하다는 듯 혀를 차며 말했다.

수학자 이봐, 제발 생각 좀 하고 말을 하라고. "스코틀랜드에는 적어
도 몸의 한쪽 면 이상에 검은 털이 나 있는 양이 적어도 한 마
리 이상 방목되고 있는 초원이 적어도 하나 이상 존재한다."
고 했어야지!

수학자들은 매사에 극도로 주의를 기울이는 사람들이다(단, 연구 중일 때만 그렇다.). 그들은 당연히 성립할 것으로 믿었다가 뒤통수를 얻어맞았던 기억을 떠올리며 몸서리를 친다. 정17각형은 작도할 수 있지만 정19각형은 작도가 불가능하고, 멀쩡했던 구의 안팎이 뒤바뀌고,[1] 정수와 유리수는 개수가 같다. 이런 일을 시도 때도 없이 당하면서 매사에 조심스러워졌으니, 어찌 그들을 탓할 수 있겠는가? 수학자들은 정리가 증명될 때까지 모든 판단을 뒤로 미룬다.

물론 모든 수학자가 신중한 것은 아니다. 세계적으로 유명한(또는 유명했던) 수학자 중에는 성급한 판단을 내렸다가 낭패를 본 사람이 의외로 많으며,[2] 운 좋게 실수를 범하지 않은 수학자도 자신이 살얼음판 위를 걷고 있다는 사실을 잘 알고 있다. 그러나 수학정리에 대한 판단을 뒤로 미루는 것과 무시하는 것 사이에는 커다란 차이가 있다. 수학을 연구하는 사람이라면 '당신의 논리에 수긍하기 어렵지만 일단은 그렇다 치고, 그 논리가 어떤 결론에 도달하는지 지켜보겠다.'는 마음자세를 끝

보통 사람을 위한 현대 수학

까지 유지해야 한다. 수학의 역사를 돌아볼 때 '어려운 것'은 큰 문제가 안 된다. '적어도 지금까지는 모든 내용을 완벽하게 이해했다.'고 주장하는 사람은 당장 눈앞에 놓인 문제에 지나치게 집중한 나머지 자신이 잘못된 길로 가고 있음을 인지하지 못하는 경우가 많다. 어려운 부분에 직면하더라도 처음에는 그냥 무시하고 전체적인 그림에 집중하는 것이 바람직하다. 구체적인 내용은 올바른 길로 가고 있다는 확신이 선 뒤에 확인해도 늦지 않다.

이제 앞에서 언급했던 내용의 구체적인 부분을 다듬어보자. 한쪽 면은 검고 반대쪽 면은 하얀 양이 존재하지 않는다고 단정지을 수는 없지만, 그런 양이 극히 드문 것은 사실이다. 그리고 주어진 양이 첫눈에 보이는 모습 그대로인지 아닌지는 별로 중요한 문제가 아니다. 누군가의 옆모습을 보고 '반대쪽 얼굴을 고릴라일 것'이라고 의심하는 사람은 없다. 그러나 수학은 카드로 만든 불안정한 집처럼 가설 위에 가설을 쌓아가는 경향이 있다. 중간에서 임의의 카드 한 장만 빼면 집 전체가 무너지는 형국이다. 미국의 우주개발 초창기에 수백만 달러를 들여 만든 로켓이 발사 직후에 폭발한 적이 있다. 유도시스템을 제어하는 컴퓨터 프로그램에 세미콜론(;) 하나가 누락되어 컴퓨터가 오작동을 일으켰고, 그 사소한 실수 하나 때문에 대형사고가 초래된 것이다. 이와 같이 시스템이 복잡해질수록 위험요소가 많아지고, 작은 결함 하나가 시스템 전체를 망가뜨릴 수 있다.

20세기로 접어들 무렵, 수학자들은 수학의 기초에 의문을 품기 시작했다. 수학은 몇 개의 가정 위에 쌓아올린 방대한 정리의 집합으로, 외형상으로는 '거꾸로 서 있는 피라미드'와 비슷하다. 따라서 가정을 주도면밀하게 분석하여 기초를 가능한 한 견고하게 다져놓아야 한다.

한쪽 면만 검은 양의 출현

독일의 수학자 고틀로프 프레게는 '수'의 개념이 불완전하다는 사실을 인지하고, 확고한 기초를 확립하기 위해 혼신의 노력을 기울였다. 문제의 핵심은 수의 집합을 '원소의 수가 같은 합동류'로 세분하는 것이었는데, 9장에서는 "합동류는 내가 막연하게 짐작하고 있는 '수'와 거동방식이 비슷하기 때문에 같은 것으로 취급하고 싶다."는 자세로 수를 대할 것을 권했었다(213쪽의 '태도 (B)' 참조).

그러나 우리는 이런 태도를 취하는 대신, 수가 존재한다는 것을 하나의 공리로 받아들였다. 사실 이것은 운 좋은 선택이었다. '특정한 성질을 갖는 모든 집합으로 이루어진 집합'의 개념은 문제의 소지가 다분하기 때문이다. 버트런드 러셀은 프레게가 연구를 완료한 직후에 이 점을 상기시켰다.

여기, 커다란 도서관에서 일하는 사서가 있다. 그는 책을 시집, 참고서, 수학교재, 대형서적…… 등 몇 가지 종류로 분류한 후, 각 분야에 속하는 책의 카탈로그(도서목록)를 따로 만들었다. 그런데 카탈로그도 엄연한 책이므로, 어떤 카탈로그(예를 들어, 참고서 목록)에는 자기 자신이 목록에 올라 있고, 또 어떤 카탈로그에는 누락되어 있다. 사서는 이 복잡한 상황을 정리하기 위해 자기 자신이 수록되어 있지 않은 카탈로그의 카탈로그(이것을 C라 하자.)를 따로 만들었다.

그런데 여기서 문제가 발생했다. C의 목록에 자기 자신을 포함시켜야하는 걸까?

포함시킨다면 C는 '자기 자신이 수록되지 않은 카탈로그의 카탈로그'라는 정의에 위배된다. 그러나 C를 포함시키지 않으면 C는 자기 자신이 수록되지 않은 카탈로그가 되므로 C에 포함되어야 한다.

보통 사람을 위한 현대 수학

한 시골마을의 이발사 이야기를 들어본 적이 있는가?[3]

이 역설적 상황이 도서관 사서에게만 해당하는 이야기라면 별로 문제될 것이 없다. 수학과 무관한 참고서적만 골라서 사서에게 맡기면 된다. 그러나 '집합'이라는 수학적 개념도 카탈로그와 똑같기 때문에, 그 안에 포함된 것은 집합의 원소가 될 수밖에 없다.

이 역설을 집합론의 언어로 재서술하면 다음과 같다. 자기 자신을 원소로 갖지 않는 모든 집합의 집합을 B라 했을 때, B는 자기 자신의 원소인가? 답을 생각하다보면 도서관의 카탈로그와 똑같은 역설에 봉착하게 된다(즉, 어떤 결론을 내려도 정반대의 결론이 함께 내려진다.).

따라서 프레게가 사용했던 집합론은 일관성이 없다. 이것은 수학이론이 접할 수 있는 최악의 상황이다.

유일한 해결책은 프레게의 어설픈 집합론을 폐기하고, 그것을 대신할 만한 일관적 이론을 찾는 것이다. 그동안 우리는 어설픈 이론에 지나친 권한을 부여해왔다.

두 가지 해결책

러셀의 역설을 피해가려면 그와 같은 상황이 발생하지 않도록 게임의 규칙을 바꿔야 한다. 단, 새로운 규칙에 제한조건이 너무 많으면 안 된다. 수학이라는 갓난아기를 역설이라는 더러운 목욕물에 담글 수는 없지 않은가.

러셀의 논리를 잘 분석해보면 적어도 두 곳에서 약간의 취약점을 찾을 수 있다.

첫 번째는 집합을 선택할 수 있는 자유도가 매우 크다는 것이다. 만일

B가 집합이 아니라면 B의 원소에는 통상적인 집합론을 적용할 수 없으므로 더 이상 논리를 진행할 수 없게 된다.

두 번째 약점은 우리가 귀류법을 지나치게 신뢰하고 있을지도 모른다는 점이다. 'p가 아니지 않다(not-not-p).'와 'p이다.'가 다른 뜻이라면, 귀류법을 이용한 증명은 수학적 타당성을 상실한다. 우리가 증명한 것은 'B는 B의 원소가 아니면서 B의 원소가 아니지도 않다.'는 것인데, 후자는 전자에 모순되지 않는다.

1930년대에 직관주의intuitionism를 표방한 학파가 등장하여 "귀류법을 포기하면 수학의 상당부분을 잃게 된다."면서 새로운 해결책을 제안했다. 이들은 귀류법을 사용하지 않고 수학의 상당부분을 재구축함으로써 위기에 처한 수학을 구원했는데, 그럼에도 불구하고 수학에는 몇 가지 변화가 필연적으로 초래되었다. "모든 함수는 연속이다."라는 주장이 그 대표적 사례이다.

직관주의자들의 논리는 다음과 같은 식으로 진행된다. 언뜻 생각하기에 'p가 아니지 않다.'는 'p이다.'와 같은 것처럼 보인다. 이는 곧 p가 무엇이건 간에 다음의 두 명제

$$p\text{이다.} \qquad p\text{가 아니다.}$$

중 하나는 참이라는 뜻이다. p의 적용 대상이 유한하다면 이것은 사실이다. 모든 대상을 일일이 확인하여 p의 진위여부를 확인할 수 있기 때문이다. 모든 대상이 p를 만족하면 p는 참이고, 하나라도 만족하지 않으면 p는 거짓이다(즉, 'p가 아니다.'가 참이다.).

그러나 p의 적용 대상이 무한하다면 이런 식으로 결론을 내릴 수 없다. 충분히 많은 대상을 일일이 확인하여 심증을 높일 수는 있지만, 아

보통 사람을 위한 현대 수학

직 확인하지 않은 대상들도 모두 p를 만족한다는 보장이 없기 때문이다. 아무리 많은 대상을 확인해도 상황은 개선되지 않는다. 모든 대상에 대하여 p가 참이거나 거짓임을 증명하지 않는 한, 아무런 결론도 내릴 수 없다. p가 모든 대상에 대하여 참인데 참인 이유가 각기 다르다면, 이 세상 그 누구도 p가 거짓임을 증명할 수 없을 것이다. 게다가 무한히 많은 대상을 일일이 확인할 수 없으므로 p가 참임을 증명할 수도 없다.

"2보다 큰 모든 짝수는 소수 두 개의 합으로 표현된다."는 골드바흐의 추측Goldbach conjecture을 예로 들어보자. 이 추측은 증명되지도, 반증되지도 않았다. 처음 몇 개의 짝수에 대하여 확인해보면 골드바흐의 추측이 참인 것처럼 보인다.

$$4 = 2 + 2 \qquad 18 = 5 + 13$$
$$6 = 3 + 3 \qquad 20 = 7 + 13$$
$$8 = 3 + 5 \qquad 22 = 3 + 19$$
$$10 = 3 + 7 \qquad 24 = 5 + 19$$
$$12 = 5 + 7 \qquad 26 = 3 + 23$$
$$14 = 3 + 11 \qquad 28 = 5 + 23$$
$$16 = 5 + 11 \qquad 30 = 7 + 23$$

위의 목록을 아무리 들여다봐도 규칙이 눈에 띄지 않는다. 그러나 골드바흐의 추측은 규칙이 없어도 참일 수 있다.

그렇다면 "'p이다.'와 'p가 아니다.' 중 하나는 반드시 참이어야 한다."는 우리의 믿음은 수학이 아닌 형이상학이 된다. 이 믿음은 '무한히 많은 객체의 거동방식은 유한한 객체와 같다.'는 가정에 기초한 것인데, 무한대의 희한한 거동방식은 앞에서(특히 9장에서) 여러 번 확인한 바 있으므로 그다지 믿을 만한 가정은 아니다.

우리의 가정이 틀렸다면 러셀의 역설은 "증명할 수 없고 반증할 수도 없는 정리" 중 하나가 된다. 물론 여기서 틀렸다는 말은 잘 새겨서 들어야 한다(이런 말에 의미가 있는지조차 확실치 않다.).

직관주의자들은 '2보다 크면서 10^{100}보다 작은 모든 짝수는 소수 두 개의 합으로 표현할 수 있다.'는 선언으로 만족한다. 이런 정리는 (시간은 오래 걸리겠지만) 참-거짓 여부를 확실하게 판단할 수 있기 때문이다. 그러나 '2보다 큰 모든 짝수는 소수 두 개의 합으로 표현된다.'는 주장은 참이나 거짓이 아닌 모호한 주장일 수도 있다. 이것은 새로운 종류의 진리인 '모호함dubious'의 범주에 속한다.

'집합을 구성하는 자유도를 제한한다.'는 아이디어는 직관주의보다 확실히 덜 과격하다. 새로운 집합론에 따르면[4] 집합과 비슷한 객체는 두 가지가 있는데, 그중 하나가 바로 클래스class(류 혹은 계급)이다. 클래스는 원소로 이루어져 있고 거동방식도 집합과 비슷하지만 다른 클래스의 원소일 필요는 없다. 원소가 될 수 있는 클래스는 집합의 범주에 속한다. 그러므로 아래의 클래스

$$C = \{x \mid P\text{라는 성질을 갖는 } x\}$$

는 'P라는 성질을 갖는 모든 집합 x의 클래스'로 해석되어야 한다. x가 P라는 성질을 갖고 있어도 집합이라는 확신이 없는 한 $x \in C$임을 유추할 수 없다.

러셀의 역설에서 $B \notin B$이면 B는 B의 원소를 정의하는 특성을 가지므로 B의 원소가 된다. 그러나 새로운 집합론에서는 B가 집합이 아닌 한 이런 결론을 내릴 수 없다.

보통 사람을 위한 현대 수학

이제 러셀의 역설을 뒤집어보자. 이 역설로 증명된 것은 B가 집합이 아니라는 사실뿐이다(귀류법으로 증명되었다.). B가 집합이면 역설이 사실이 되므로 모순이다.

집합이 아닌 클래스를 '고유클래스proper class(집합이 아닌 모임)'라 한다. 러셀의 역설은 고유클래스의 존재를 입증했지만, 집합의 조건을 만족하는 클래스도 알려진 것이 없다.

집합이 존재하도록 만드는 유일한 방법은 집합의 존재를 하나의 공리로 내세우는 것이다. 모든 집합론에 필수적인 간단한 공리에 따르면 $\varnothing$는 집합이고 두 집합의 합도 집합이며, 두 집합의 교집합도 집합이다. 이로부터 우리는 공리적 집합론을 구축할 수 있다.

프레게의 초보적 집합론은 현실세계에 존재하는 물체를 모형으로 삼았다. 대부분의 사람들은 현실세계에 자체 모순이 없다고 믿고 있으므로(이것은 대부분의 교리처럼 아무런 근거가 없는 믿음이다.) 프레게의 집합론을 타당한 이론으로 생각하는 경향이 있다. 그러나 이것은 사실이 아니다. 최종 분석과정에서 프레게의 집합론은 현실의 영역을 벗어난 것으로 판명되었기 때문이다.

반면에 공리적 집합론은 현실세계와 완전히 분리된 이론이어서, 수학의 기초로 수용하기 전에 타당성을 검증해야 한다. 물리적 세계에는 공리적 집합론의 타당성을 입증할 만한 증거가 하나도 없다.

힐베르트 프로그램

우선, 타당성을 입증하는 증명 방법부터 결정해야 한다. 자체적 타당성이 의심스러운 증명은 사용할 수 없다.

이 문제를 제일 먼저 떠올렸던 다비트 힐베르트는 "만족스러운 증명이 되려면 컴퓨터로 실행 가능해야 한다."고 생각했다. 모든 단계는 논리적으로 완벽해야 하는데, 컴퓨터가 실행할 수 있을 정도면 이 조건이 충족된다고 생각한 것이다.

또한 힐베르트는 완벽한 증명을 위해서는 수학기호에 담긴 의미를 완전히 무시해야 한다고 주장했다. 그는 수학을 '특정한 규칙하에 종이 위에 그려진 기호를 따라 진행되는 일종의 게임'으로 생각한 것이다. 예를 들어, '1+1'이라는 기호는 수학의 규칙에 따라 '2'라는 기호로 대치된다. 이 게임에서 기호를 어떤 식으로 조합해도

$$0 \neq 0$$

이 될 수 없음을 유한한 단계의 논리로 증명할 수 있다면 타당성은 입증된 것이나 다름없다.

그러나 $0 \neq 0$이라는 조합이 얻어진다면 게임을 통해 $0 \neq 0$을 증명한 것이므로 공리적 집합론은 그 타당성을 잃게 된다. 공리적 집합론이 타당하지 않다면 게임의 규칙을 어기지 않은 채 $0 \neq 0$을 증명할 수 있을 것이다.

힐베르트는 이 내용을 발표한 후 곧바로 증명계획을 수립했다. 이것이 바로 그 유명한 '힐베르트의 프로그램Hilbert's programme'이다. 수학이 완벽한 논리 체계를 갖추려면 힐베르트의 계획은 반드시 실행되어야 했다.

이 무렵에 힐베르트는 다른 문제에도 관심을 갖고 있었다. "모든 수학 문제는 원리적으로 해결 가능한가?" 직관주의자들은 해결 불가능한 문제도 존재한다고 생각했다. 그러나 힐베르트는 문제의 해결 가능성을

보통 사람을 위한 현대 수학

판단하는 명확한 과정이 존재한다고 믿었기에, 이 질문의 답을 구하는 것도 자신의 계획에 포함시켰다.

당시 힐베르트는 전 세계 수학을 선도하는 대가로 인정받고 있었다. 그러나 그의 주장에 회의적이었던 공학도 출신의 젊은 수학자 쿠르트 괴델Kurt Gödel은 1930년에 힐베르트의 프로그램을 무용지물로 만드는 논문을 발표하여 전 세계 수학계를 발칵 뒤집어놓았다.[5] 또 한 사람의 위대한 수학자 폰 노이만Von Neumann은 힐베르트의 계획에 대하여 일련의 강연을 베풀던 중 괴델의 논문을 읽고 곧바로 강연주제를 '괴델의 이론'으로 바꿀 정도였다.

괴델이 증명한 것은 다음 두 가지였다.

(ⅰ) 공리적 집합론이 타당하다면 거기에는 증명할 수도, 반증할 수도 없는 정리가 반드시 존재한다.

(ⅱ) 공리적 집합론의 타당성을 입증하는 구조적 과정은 존재하지 않는다.

(ⅰ)에 따르면 원리적으로 풀 수 없는 수학 문제가 존재하며, (ⅱ)는 타당성을 입증하려는 힐베르트 프로그램을 망쳐놓았다. 전하는 말에 따르면 힐베르트는 괴델의 논문을 접하고 불같이 화를 냈다고 한다.

사태는 괴델이 짐작했던 것보다 훨씬 심각했다. 수학자들은 발등에 떨어진 불을 끄기 위해 필사적으로 노력했으나 산술 체계를 갖춘 모든 공리계에 똑같은 결함이 있는 것으로 드러났고, 문제의 원인은 공리가 아닌 수학 자체에 있었다!

괴델의 수

이 절부터 다음 절까지는 괴델의 정리를 증명할 것이다. 관심이 없는 독자들은 건너뛰어도 상관없다.

간단한 질문에서 시작해보자. 산술식의 종류는 총 몇 개나 될까?(산술식이란 기호 +, -, ×, ÷, (,), =와 숫자 0, 1, 2, 3, 4, 5, 6, 7, 8, 9로 이어진 식을 말한다.)

수의 종류가 무한개이므로 산술식의 종류는 당연히 무한개이다. 그러나 9장에서 말한 대로 무한대에는 헤아릴 수 있는 무한대와 헤아릴 수 없는 무한대가 있다. 둘 중 어느 쪽일까? 실제로 산술식의 개수는 헤아릴 수 있는 무한대이다. 산술식과 정수의 집합 사이에는 일대일 대응 관계가 존재한다.

기호와 숫자를 다음과 같은 규칙에 따라 암호로 만들어보자.

+	-	×	÷	(	)	=	0	1	2	3	4	5	6	7	8	9
1	2	3	4	5	6	7	8	9	10	11	12	13	14	15	16	17

그러면 연산

$$4 + 7 = 11$$

은 다음과 같이 암호화할 수 있다.

$$2^{12} \cdot 3^{1} \cdot 5^{15} \cdot 7^{7} \cdot 11^{9} \cdot 13^{9}$$

여기서 2, 3, 5, 7, 11, 13……은 소수를 순차적으로 나열한 것이고 지수 12, 1, 15, 7, 9, 9는 각각 4, +, 7, =, 1, 1에 대응되는 암호이다.

이와 같은 암호화과정을 거치면 모든 문자열(산술식)을 각기 다른 정수에 대응시킬 수 있다. 예를 들어,

$$720 = 2^4 \cdot 3^2 \cdot 5^1$$

으로 소인수분해되고 4, 2, 1에 대응되는 기호는 각각 ÷, −, +이므로 암호 720은

$$\div \quad - \quad +$$

를 의미한다(연산기호의 무의미한 나열이지만 어쨌거나 문자열에 속한다.).

문자열이 복잡할수록 암호화된 숫자는 커진다. 그러나 모든 문자열은 위와 같은 방법으로 암호화될 수 있으며, 서로 다른 문자열은 각기 다른 정수에 대응된다. 모든 가능한 문자열을 암호길이의 순서로 나열해놓고 비교해보면 문자열의 집합은 가산집합(원소의 수를 헤아릴 수 있는 집합)임을 알 수 있다.

공리적 집합론에는 위에 열거한 기호 외에 ∈, ∪, ∩, { , } 등이 추가로 사용되고 x, y, z, ……와 같은 변수도 등장하지만, 기본 원리는 똑같다. 모든 기호(숫자 포함)를 새로운 숫자에 대응시킨 후, 이 숫자를 일련의 소수에 지수로 얹어놓고 곱하면 된다. 그러므로 공리적 집합론에서 만들 수 있는 모든 가능한 문자열의 집합도 가산집합이다.

괴델의 정리 증명

이 절에서는 각기 다른 두 가지 체계인 공리적 집합론 I와 일상적 산술 체계 A를 다룰 것이다. I는 산술을 공식화한 체계로서 문자열로 바꿀 수 있는 특정 기호로 이루어져 있으며, I의 공리는 문자열로 수행할 수 있는 일을 결정한다.

I는 모든 산술기호들이 일상적인 의미를 갖도록 만들어졌다고 가정하자. 즉, '2+2=4'라는 문자열은 (ⅰ) 아무런 의미도 없거나, (ⅱ) 산술 공식으로 해석될 수 있다. 또한 I의 문자열에 허용 가능한 변화를 가하여 2+2=4가 되었다면, 원래의 산술공식은 A에서 2+2=4에 대한 증명으로 간주된다.

I의 문자열 중에는 하나의 변수 x를 포함하는 것도 있다. 예를 들면 다음과 같은 것들이다.

$$x + 1 = 1 + x$$
$$x(x - 1) = xx - x \qquad (\dagger)$$
$$x + x = 43$$

우리의 관심사는 위와 같은 문자열이다. 편의를 위해 숫자변수 x를 포함하는 문자열을 '사인sign'이라 하자.

a가 사인이고 t가 양수일 때, a에 들어 있는 x에 t를 대입하여 새로운 문자열 $[a:t]$를 만들 수 있다(물론 t는 0, 1, 2, 3, …으로 이루어진 문자열이다.). 예를 들어, a가 $x+1=1+x$라는 사인이고 $t=31$이면, $[a:31]$은 31+1=1+31이라는 문자열이 된다.

모든 사인은 괴델의 수를 갖고 있다. 사인을 순서대로 배열했을 때 n

보통 사람을 위한 현대 수학

번째 사인을

$$R(n)$$

이라 하자. 그러면 개개의 모든 사인들은 $R(n)$ 중 하나에 대응된다.

이제 A에서 정수의 집합 K를 정의하자. $[R(n) : n]$이 I에서 증명 불가능하면 $n \in K$이다.

예를 들어, $R(3)$이 '$x + 4 = 0$'이라는 문자열일 때, $3 \in K$인지 확인해보자. x에 3을 대입하면 $3 + 4 = 0$이 되고, 이것은 A에서 증명 불가능하므로 $3 \in K$이다.

A에서 $x \in K$인 공식은 I에서 공식화될 수 있으며, S라는 문자열로 표현된다. S는 하나의 숫자변수를 포함하고 있으므로 사인이다. 그리고 임의의 $n \in K$에 대하여 문자열 $[S:n]$은 산술적 서술의 형식적 버전 formal version에 해당한다.

S는 사인이므로 $S = R(q)$인 q를 찾을 수 있다. 이제 다음의 문자열

$$[R(q) : q] \qquad (1)$$

가 I에서 증명 불가능하면

$$not\text{-}[R(q) : q] \qquad (2)$$

도 I에서 증명 불가능하다는 것을 증명할 참이다.

(1)이 I에서 증명 가능하면 A에서의 해석은 참이고, I는 A의 공식화된 버전이 되어 $q \in K$가 된다. 그러나 K에 속하면 정의에 의해 증명이

불가능하므로, (1)은 I에서 증명될 수 없다.

(2)가 I에서 증명 가능하면 $not\text{-}(q{\in}K)$는 A에서 참이다. 따라서 $q{\notin}$ K이며, $[R(q):q]$가 I에서 증명 불가능하다는 것은 거짓이므로 $[R(q)$ $:q]$는 I에서 증명 가능하다. 그러므로 I가 타당한 체계라면 (2)는 I에서 증명될 수 없다.

그러므로 문자열 $[R(q):q]$(이것은 I에서 완벽하게 정의된 문자열이다.)는 I에서 증명될 수 없고 반증될 수도 없는 정리를 낳는다. 이것으로 괴델의 첫 번째 정리가 증명되었다.

$[R(q):q]$는 자신의 '증명 불가능성'을 주장하는 내용으로 해석될 수 있다. '이 정리는 증명될 수 없다.'거나, '이 문장은 거짓이다.'라고 주장하는 것과 비슷하다. 그러나 이 정리는 증명될 수 없다는 것은 I에서 형식화될 수 없기 때문에 I와 A 사이를 오락가락한 것이다.

이제 괴델의 두 번째 정리를 증명할 수 있게 되었다. 자신의 증명 불가능성을 주장하는 문자열 $[R(q):q]$를 T라 하고, I의 타당성을 주장하는 임의의 공식을 W라 하자. 우리의 목적은 'W는 I에서 증명될 수 없다.'는 것을 보이는 것이다.

괴델의 첫 번째 정리는 "I가 타당한 체계이면, T는 I에서 증명될 수 없다."는 것이다. 이것을 I에서 서술해보자. "I는 타당한 체계이다."라는 주장은 공식 W에 해당하고, "T는 I에서 증명될 수 없다."는 것은 T 자신에 해당한다. 왜냐하면 T는 자신의 증명 불가능성을 주장하고 있기 때문이다. 따라서 괴델의 첫 번째 정리를 I에서 쓰면

$$W\text{이면 }T\text{이다}$$

가 된다. 그러므로 I에서 W를 증명할 수 있으면 T도 증명할 수 있다.

그러나 우리는 T가 증명될 수 없음을 이미 알고 있기 때문에 W도 증명될 수 없다. 그런데 W는 I의 타당성을 주장하고 있으므로, I 안에서 S의 타당성을 증명하는 것은 불가능하다. 이것이 바로 괴델의 두 번째 정리이다.

결정 불가능성

괴델의 정리는 완벽한 형태로 증명될 수 있다(완전한 증명에는 '구조적 과정constructive procedure'이라는 절차가 포함되어 있다.).[6] 정리 (2)는 힐베르트의 계획을 한 방에 날려버렸지만, 사실 우리의 관심을 끄는 것은 정리 (1)이다. 이 정리에 따르면 일상적인 산술 체계에는 'P이다.'를 증명할 수 없고 'P가 아니다.'도 증명할 수 없는 명제 P가 반드시 존재한다. 이런 명제를 '결정 불가능한 명제undecidable statement'라 한다.

어떤 면에서 보면 이것은 직관주의자들을 부분적으로 옹호하는 결론 같지만, 사실은 '증명 가능성'과 '참'을 동일시할 때만 그렇다. 괴델의 정리는 직관주의자들의 수학에도 똑같이 적용된다.

힐베르트가 제기했던 몇 가지 질문은 대수적 타당성과 비슷한 문제를 갖고 있다. 다음과 같은 디오판토스 방정식Diophantine equation을 생각해보자.

$$x^2 + y^2 = z^3 t^3$$

우리가 원하는 것은 정수해이다. 힐베르트는 주어진 디오판토스 방정식에서 정수해의 존재 여부를 판단하는 방법을 찾고 있었는데, 최근 들어 마티자세비치Matijasević는 그런 방법이 존재하지 않는다는 것을 증명했다[7](그 전에 데이비스Davis와 퍼트넘Putnam, 그리고 로빈슨Robinson도 이 문제를 연구한 바 있다.). '디오판토스 방정식에 해가 존재하는가?'라는 질문 자체가 결정 불가능하다는 것이다.

마티자세비치의 증명에서 유도된 따름정리corollary 중에는 이런 것도 있다. 23개의 변수로 이루어진 방정식

$$p(x_1, x_2, \cdots, x_{23})$$

중에는 양의 정수해가 모든 소수목록과 일치하는 방정식이 존재한다. 간단히 말해서, '소수를 낳는 방정식'이다![8] 이 방정식은 원리적으로 종이에 쓸 수 있지만 너무 복잡하기 때문에 대부분의 책에는 방정식을 쓰는 절차만 소개되어 있으며, 소수이론에 별 도움이 안 되는 것으로 알려져 있다.●

이 문제는 9장에서 다룬 적이 있다. 실수의 카디널 **c**는 $\aleph_0$보다 큰 두 번째 카디널인가? 이것이 바로 연속체 가설로서, 힐베르트는 'yes' 또는 'no'라는 답을 얻고자 했다(이 질문을 최초로 던진 사람은 게오르그 칸토어였다.). 그러나 1963년에 폴 코헨Paul J. Cohen은 "그렇기도 하고 아니기도 하다."는 모호한 답을 내놓았다.[9] 이 질문의 답은 집합론의 다른 공리와 무관하기 때문에, 연속체 가설을 인정하는 공리를 추가해도 집합론의 타당성은 그대로 유지되며(단, 집합론이 처음부터 타당하다는 가정하에 그렇다!), 그 반대의 공리를 추가해도 마찬가지다. 연속체 가설을 부정하면 비칸토어 집합론non-Cantorian set theory이 탄생하므로, 이것은 비유클리드

● 부록 〈다항식과 소수〉 참조─원저자 주

보통 사람을 위한 현대 수학

기하학non-Euclid geometry의 20세기 버전이라고 할 수 있다.

맺음말

사실 힐베르트의 프로그램은 처음부터 이루기 어려운 과제였다. 수학의 기초를 수학으로 확립한다는 것은 구두끈을 잡아당겨서 몸을 공중에 띄우려는 것과 비슷하다. 이 세상에 '완벽한 지식'이라는 것이 과연 존재하는지조차 의심스럽다. 그러나 괴델의 업적은 철학의 범주를 넘어 심오한 교훈을 남겼다. 산술학을 이용하여 산술학의 타당성을 입증하는 것은 원리적으로 불가능하다.

그렇다고 해서 산술학의 타당성을 입증할 방법이 없다는 뜻은 아니다. 이 사실은 게르하르트 겐첸Gerhard Gentzen에 의해 증명되었다.[10] 그러나 그는 초한귀납법transfinite induction을 사용했기 때문에 완전히 인정받지 못했다(자세한 설명은 생략한다.).

그러므로 수학의 기초는 수많은 학자의 노력에도 불구하고 아직도 불안정한 상태이다. 언젠가 누군가가 결정적인 모순을 발견하여 수학 전체가 와해될 수도 있다. 그러나 포기를 모르는 수학자들은 그 후에도 폐허 주변에서 폐품을 재활용하며 화려한 부활을 모색할 것이다.

예나 지금이나 인간의 직관은 순수한 논리를 압도한다. 여러 개의 정리가 서로 잘 맞아 들어가고 그로부터 영감어린 생각을 떠올릴 수 있다면, 논리적 결함이 몇 군데 있다고 해서 수학을 포기할 사람은 없을 것이다. 논리는 언제든지 변할 수 있다. 우리가 변치 않기를 바라는 것은 논리가 아니라 정리이다.

가우스는 수학을 "과학의 여왕"이라고 불렀다. 나는 여기서 한 걸음 더 나아가 수학을 "과학의 황제"라 부르고 싶다. 그 황제가 결국 벌거숭이로 판명될지도 모르지만, 그래도 신하들보다는 위엄이 넘칠 것이다.

부록

"수학은 전문가와 일반인에게 매우 다른 형태로 자신의 모습을 드러낸다. 다른 어떤 과학도 이렇게 유별나지 않다. 일반대중에게 수학은 고대의 유서 깊은 가르침으로, 건조하고 반박할 수 없는 논리로 무장하고 있어서 그 자체로 완벽하게 보인다. 그러나 수학자의 눈에 수학은 젊음이 넘치지만 아직 성숙하지 않은 '미완의 과학'일 뿐이다."

— 찰스 헨리 채프먼, 1892

이 책을 여기까지 읽은 독자라면 수학 전공자가 아니라 해도 '수학의 준전문가'라는 호칭을 받을 만하다. 여기까지 왔다면 수학이 고대의 유서 깊은 가르침이면서, 완성되려면 아직 멀었다는 사실도 알았을 것이다. 수학은 일반대중이 생각하는 것처럼 건조하지도 완벽하지도 않으며, 언제든지 반박될 수 있다. 수학자의 눈에는 "혈기왕성한 미완의 과학"으로 보인다지만 이것도 한 세기 전의 평가일 뿐, 지금은 상황이 많이 달라졌다. 이 책의 1장에서 지적한 대로 요즘 학교에서 가르치는 현대 수학은 사실 현대가 아니라 100년 이상 된 수학이다. 이것이 현대 수학의 전부라면 수학자들은 직업을 바꿔야 한다. 그러나 다행히도 20세기 수학은 역사상 유례를 찾을 수 없을 정도로 빠르고 다양하게 진보해왔다.

이 책의 1~20장은 1973~1974년에 걸쳐 집필된 후 1975년에 출간되었고, 지금은 1980년이다. 그사이에(특히 1977년에) 몇 가지 중요한 발견이 이루어져서 일부 내용은 수정이 불가피했는데, 본문을 수정하는 것보다는 수정된 내용을 부록으로 덧붙여 수학이 얼마나 빠르게 변하는지 독자들에게 보여주기로 했다.

최근 몇 년 사이에 수학계에서 일어난 변화를 일일이 나열하는 것은 별로 좋은 생각이 아니다(결과만 나열해도 배보다 배꼽이 커질 것이다.). 그보다는 이 책에서 다뤘던 내용 중 수정된 것을 골라서 소개하는 것이 바람직하다. 따라서 여기 수록된 내용은 현대 수학의 극히 일부에 불과하다는 사실을 기억하기 바란다.

나는 11장에서 4색 문제를 언급하면서 "……이 문제가 완벽하게 풀린다면 왠지 서운할 것 같다."고 말한 적이 있다. 1852년에 처음 제기되어 1975년까지 풀리지 않았으니, 독자들도 그 후로도 상당기간 동안 풀리지 않을 것이라고 예상했을 것이다. 그러나 모든 이의 예상을 뒤엎고 1976년 4색 문제의 해답이 제시되었다. 증명의 타당성에 대해서는 아직 의견이 분분하지만(그 이유는 잠시 후에 알게 될 것이다.), 적어도 표면적으로는 해결된 것이나 다름없다. 그래서 '최근에 제시된 4색 문제의 해답'을 이 장의 첫 번째 절에서 다루기로 했다. 두 번째 절에서는 소수를 예측하는 다항식을 소개할 예정인데, 여기 나오는 내용 중 일부는 20장에서 언급된 내용과 다른 것도 있다. 그리고 세 번째 절에서는 위상수학을 이용한 역학계의 연구동향을 살펴볼 것이다(이 내용은 14장에서 부분적으로 다루었다.). 특히 '이상한 끌개strange attractor'는 새로 등장한 혼돈이론chaos theory의 핵심 개념으로, 생태학과 지질학, 유체역학 등에서 활발하게 연구되고 있다.

4색 문제

우리는 11장에서 4색 문제와 5색 문제를 다룬 바 있다. 1976년 6월 21일에 일리노이대학교의 수학자 케니스 아펠Kenneth Appel과 울프강 하켄Wolfgang Haken은 "모든 평면지도의 국경은 네 가지 색으로 구별할 수 있다."고 천명했는데,[1] 문제는 계산에 너무 긴 시간이 소요된다는 것이었다. 두 사람이 계산에 쏟은 시간은 약 1,200시간으로, 대형 컴퓨터를 동원하면 300시간까지 줄일 수 있었다. 그러나 도중에 사소한 실수 하나만 저질러도 증명 전체가 완전히 망가진다. 대중의 믿음과 달리 컴퓨터는 프로그램에 오류가 없어도 얼마든지 실수를 범할 수 있다. 아펠과 하켄의 증명은 철학적 질문(인간이 손으로 한 증명은 컴퓨터를 이용한 증명보다 정확한가?)와 함께 몇 가지 의문을 야기했고, 아직은 다른 방법으로 재확인된 적도 없다. 다만, "지금까지 확인된 부분에는 오류가 없다."는 사실만 알려져 있을 뿐이다. 철학적 문제는 차치하고, 대부분의 수학자들은 컴퓨터를 이용한 확인작업이 완전히 끝나면 4색 문제가 증명되었다는 데 동의할 것이다. 철학적 문제가 흥미를 끄는 이유는 "논리적인 증명"과 "만족스러운 증명"의 차이가 처음으로 부각되었기 때문이다. 이 문제는 잠시 후에 다시 다루기로 한다.

11장에서 소개했던 5색 문제의 증명은 1879년에 공개된 *A. B.* 켐페 A. B. Kempe의 증명을 인용한 것이다. 지금부터 그 내용을 간단하게 복습해보자. 우리는 일련의 축약과정을 이용하여 "축약된 지도가 5색 지도이면 축약되기 전의 지도도 5색 지도이다."라는 결론에 도달했다. 축약과정을 여러 번 적용하면 (한 번 축약될 때마다 영역의 수는 감소하므로)영역의 수는 원래 지도와 같거나 작아진다. 최종적으로 얻어진 지도가 다섯 가지 색으로 구별 가능하면 그 전 단계의 지도도 5색으로 구별 가능하고, 그 전 단계의 지도도 구별 가능하여, 결국 원래의 지도는 5색 지도 (다섯 가지 색으로 국경을 구별할 수 있는 지도)가 된다.

원래 켐페의 증명은 5색 문제에서 끝나지 않는다. 그는 축약과정에 특별한 경우를 추가하여 "4색으로도 충분하다."는 쪽으로 논리를 밀어붙였다. 당시 수학자들은 별다른 반론 없이 켐페의 증명을 받아들였으

보통 사람을 위한 현대 수학

나, 1890년에 히우드P. J. Heawood가 오류를 찾아냈다. 다행히도 5색 문제의 증명은 이 오류에도 불구하고 타당한 것으로 판명되었다.

이 책에서 우리가 제시한 증명과 아펠-하켄의 증명, 그리고 오류로 판명된 켐페의 증명은 기본적으로 동일한 논리에 기초하고 있다(켐페는 논리가 틀린 게 아니라 적용하는 과정에서 오류를 범한 것이다.). 우리의 증명을 조금 다르게 수정하면 이 점이 더욱 뚜렷하게 부각된다. 기본 아이디어는 '다섯 가지 이상의 색이 필요한 지도가 존재한다.'고 가정한 후 논리적 모순을 찾는 것이다. 이런 지도 중에서 영역의 수가 최소인 지도를 M이라 하자(이것을 '미니멀 크리미널minimal criminal(최소범죄자)'이라 한다.). 그러면 정의에 의해 영역의 수가 M보다 작은 지도는 다섯 가지 색으로 구별할 수 있다.

그다음으로 지도 M에 그림 109, 110, 111, 112의 배열 중 적어도 하나 이상이 포함되어 있음을 증명한 후, 이 중 하나를 골라서 다음과 같은 논리를 적용한다. 우리가 선택한 배열이 포함되어 있는 임의의 지도 M에 대하여, 이보다 영역의 수가 작은 지도 M'을 만들 수 있음을 보인다. 이때 M'이 5색 지도이면 M도 5색 지도이다. 따라서 우리의 증명대상은 M에서 M'으로 옮겨가게 된다(11장의 마지막 절 '그 밖의 응용'에서는 M의 영역을 통합하여 M'을 얻었다.). 이 논리를 목록에 있는 모든 배열에 적용한다(세부내용은 배열에 따라 조금씩 다르다.).

이 아이디어를 미니멀 크리미널에 적용하면 어떻게 될까? 미니멀 크리미널은 정의에 의해 매우 강력한 특성을 갖고 있다. 영역의 수가 M보다 작은 모든 지도는 다섯 가지 색으로 구별 가능하다. 이는 곧 목록에서 어떤 배열을 택하건, 이보다 작은 지도 M'은 5색 지도라는 뜻이다. 그런데 M'을 대상으로 펼친 일반논리에 따르면 M은 5색 지도이다. 이 논리는 목록에 있는 배열 중 하나가 M에 포함되어 있을 때 성립하는

데, 모든 지도가 목록 중 하나를 반드시 포함하도록 목록을 정했기 때문에 M은 이 중 적어도 하나 이상을 포함하고 있으며, 여기에 앞선 논리를 적용하면 M은 5색 지도가 된다.

그러나 이것은 M이 미니멀 크리미널이라는 애초의 가정에 위배되는 것이다!

이 과정을 좀 더 주의 깊게 살펴보자. 우리는 M이 5색 지도가 아니라는 가정에서 출발하여 5색 지도라는 결론에 도달했고, 이는 곧 우리의 가정이 틀렸음을 의미한다(이것이 바로 8장에서 다뤘던 귀류법이다.). 다시 말해서, M은 미니멀 크리미널이 아니라는 뜻이다. 그러므로 미니멀 크리미널은 존재하지 않으며, 크리미널 자체도 존재할 수 없다(작은 범죄 없이는 큰 범죄도 존재할 수 없다. 좀 더 정확하게 말해서 크리미널이 존재한다면 그중 가장 작은 것이 미니멀 크리미널이다.). 그러므로 모든 지도는 5색 지도이다.

이 논리를 좀 더 명확하게 이해하기 위해 새로운 용어 두 개를 도입하자. 모든 지도에 적어도 하나가 반드시 포함되어 있는 배열의 집합을 '필수집합unavoidable set'이라 하고, 미니멀 크리미널에 포함될 수 없는 배열을 '축약가능배열reducible configuration'이라 하자. 그러면 축약가능배열로 이루어진 필수집합을 구축하는 것으로 증명은 완료된다.

4색 문제에도 이와 동일한 논리를 적용할 수 있다(단, 축약가능성의 조건이 '4색 문제의 미니멀 크리미널에 포함되지 않는 배열'로 수정된다.). 한 세기 전에 켐페가 바로 이 증명을 시도했는데 그림 112를 고려하는 과정에서 실수를 범했고, 그 후 아펠과 하켄은 켐페가 고려했던 네 가지 가능성을 각기 다른 축약가능배열로 대치함으로써 이 문제를 피해갔다. 물론 배열의 규모가 커질수록 가능한 종류가 빠르게 증가하기 때문에, 몇 개의 새로운 배열을 추가로 고려해야 한다. 이렇게 해서 새로운 필수집합을 찾으면 축약 가능성을 테스트한다. 축약 가능하지 않으면 원치 않는 집합을 목록에서 제거한 후 더 큰 집합을 대상으로 동일한 과정을 반복한다. 그래서 이 증명이 위험하다는 것이다. 이것은 마치 자신의 꼬리를 잡기 위해 빙빙 도는 것과 같고, 반드시 꼬리를 잡아야만 성공한다! 아펠과 하켄은 자신의 꼬리를 잡을 수 있을 것 같은 '느낌'을 받았다고 했다(물론 계산이 하나라도 틀리면 모든 것이 수포로 돌아간다.). 그러나 실망스럽게도 그들이 찾은 필수집합은 무려 1,936개의 배열로 이루어져 있었다! 이 숫자는 현재 1,877개까지 줄어들었지만, 앞으로 얼마나 더 줄어들지는 확실치 않다.

느낌이 좋았던 아펠과 하켄은 몇 년 동안 필수집합을 일일이 손으로 적어나갔고, 컴퓨터를 이용하여 필수집합과 축약 가능성을 확인했다. 이 과정에도 다양한 수학적 아이디어가 적용되었는데, 자세한 설명은 생략한다. 어쨌거나 이것은 매우 방대하면서도 오류를 범할 가능성이 매우 높은 위험한 작업이었다.

독자들은 오랜 세월 동안 풀리지 않은 채 악명을 떨쳐왔던 문제가 드디어 풀렸으니, 전 세계의 수학자들이 길길이 뛰며 자축했을 것이라고 생각할지도 모르겠다. 물론 어느 정도는 축하하는 분위기였다. 그러나 수학자들의 흥분은 오래가지 않았고, 수학계에 미친 영향도 다른 문제(일반인에게 잘 알려지지 않은 중요한 문제)가 풀렸을 때보다 크지 않았다. 아펠과 하켄의 업적을 과소평가할 생각은 추호도 없지만 반향이 생각보다 작았던 것은 분명한 사실이며, 여기에는 그럴 만한 이유가 있다.

첫째, 4색 문제는 모든 수학자가 알고 있는 유명한 문제였고 신중한 자세로 도전장을 내민 수학자도 있었지만, 대부분의 수학자들은 별로 중요하게 생각하지 않았다. 지도를 칠하는 데 필요한 색이 4종이건 5종이건, 수학의 주류에는 아무런 영향도 주지 않는다고 생각했기 때문이다. 게다가 답을 알아낸다 해도 그로부터 유용한 후속결과가 얻어진다는 보장이 전혀 없었다. 사실 4색 문제는 수학의 한 지류인 위상수학 중에서도 지엽적인 문제에 속한다. 물론 그렇다고 해서 문제의 난이도까지 평가절하되는 것은 아니다. 아펠과 하켄의 업적에 필적할 만한 결과를 얻어내고 기뻐하지 않을 수학자는 없을 것이다.

둘째, 수학자들은 컴퓨터를 이용한 증명이 과연 믿을 만한지 확신이 서지 않았다. 완전히 끝났다는 확신이 없는 상태에서 박수를 치며 기뻐할 사람이 어디 있겠는가? 예전부터 4색 문제가 풀렸다는 소문이 돌았다가 거짓으로 판명된 사례가 종종 있었기에, 대부분의 수학자는 회의적인 생각을 품고 있었다.

세 번째 이유는 증명 자체의 특성에서 찾을 수 있다. 증명이 완료되었다고 하는데, 아무리 들여다봐도 4색 문제가 왜 참인지 이해가 가지 않는다. 증명과정이 긴 것도 문제지만(컴퓨터와 관련된 내용까지 이해하는 것은 아예 불가능하다!) 논리에 '구조'라는 것이 전혀 없기 때문에 도대체 감을 잡을 수가 없다. 축약가능배열로 이루어진 필수집합은 왜 존재하는가? 지금으로선 "그냥 그렇다."는 답밖에 할 수가 없다. '증명은 완료되었으니 각자 알아서 이해하라.'는 식이다. 새로운 구조를 찾아서 기존의 패턴에 통합하기 위해 노력하는 수학자들에게 이런 식의 증명은 실망만 자아낼 뿐이다.

논리는 수학의 전부가 아니다. 피타고라스의 정리를 증명한 2장의 그림 1은 엄밀한 논리와 거리가 멀지만 막강한 설득력을 발휘하고 있다. 수학을 잘 모르는 사람도 이 그림을 보면 결과의 진실성이 마음속 깊이 와 닿을 것이다. 이와 마찬가지로 5색 문제에 대한 증명도 전체를 하나로 받아들여야 설득될 수 있다. 만족스러운 증명이 되려면 전체적인 내용에서 정리가 어느 위치에 놓여 있는지 충분한 설명이 동반되어야 한다. 아펠과 하켄은 4색 문제에 대하여 완전한 감을 잡고 있었다. 그렇지 않았다면 필수집합을 일일이 적지 못했을 것이다. 그러나 그들의 증명에는 이 과정이 누락되어 있었기에, 다른 사람을 설득하는 데 실패했다.

여기에는 두 가지 가능성이 있다. 하나는 누군가에 의해 좀 더 구조적인 증명이 발견되는 것이다. 이런 일은 과거에도 종종 있었다. 일단 정리가 참으로 판명되면, 다른 방법으로 그것을 증명하기가 훨씬 쉬워진다(적어도 정리가 거짓일지도 모른다는 불안감은 떨쳐버릴 수 있다.). 또 한 가지 가능성은 아펠과 하켄의 생각대로 증명 자체에 문제의 특성이 반영되어 있을지도 모른다는 것이다. 그렇다면 이들이 얻은 결과는 엄청난 우연의 일치이다. 아펠과 하켄은 앞으로 이런 식의 증명이 자주 등장할 것으로 예측했다.

힐베르트 시대의 수학자들은 "정리가 참이면 그것을 증명하는 방법이 반드시 존재한다."고 믿었으나, 괴델은 그 믿음을 여지없이 무너뜨렸다. "정리가 증명 가능하다면, 지적으로 만족스러운 증명 방법이 반드시 존재한다."는 믿음도 같은 운명을 맞이할 가능성이 높다.

다항식과 소수

20장에서 나는 마티자세비치의 소수생성 다항식을 언급하면서 "이 방정식은 원리적으로 종이에 쓸 수 있지만 너무 복잡하기 때문에 대부분의 책에는 방정식을 쓰는 절차만 소개되어 있으며, 소수이론에 별 도움이 안 되는 것으로 알려져 있다."고 말했었다. 마티자세비치가 발견한 다항식에 관한 한 틀린 말은 아니지만, "소수를 생성하는 모든 다항식은 지나칠 정도로 복잡하다."는 뜻으로 오해할 소지가 있다.

결론부터 말하자면 전혀 그렇지 않다.

소수이론에 별 도움이 안 된다는 말도 수정되어야 한다. 소수를 논할 때 다항식에서 출발하는 것은 별로 좋은 방법이 아니지만 다항식에서 유도되는 소수는 그들만의 특성을 갖고 있으며, 이것은 소수다항식이 발견되기 전에는 전혀 모르던 사실이었다.

참고로 존스J. P. Jones와 사토D. Sato, 와다H. Wada, 그리고 윈스D. Wiens가 발견한 소수다항식을 여기 소개한다.[2] 소수의 집합은 변수 $a, b, c, d,$ $e, f, g, h, i, j, k, l, m, n, o, p, q, r, s, t, u, v, w, x, y, z$가 자연수 $0, 1, 2,$ $3\cdots$일 때 다음 다항식의 양수 값의 집합과 동일하다.

$$(k + 2)\{1 - [wz + h + j - q]^2 - [(gk + 2g + k + 1) \cdot (h + j) + h - z]^2 - [2n + p + q + z - e]^2 - [16(k + 1)^3 \cdot (k + 2) \cdot (n + 1)^2 + 1 - f^2]^2 - [e^3 \cdot (e + 2)(a + 1)^2 + 1 - o^2]^2 - [(a^2 - 1)y^2 + 1 - x^2]^2 - [16r^2y^4(a^2 - 1) + 1 - u^2]^2 - [((a + u^2(u^2 - a))^2 - 1) \cdot (n + 4dy)^2 + 1 - (x + cu)^2]^2 - [n + l + v - y]^2 - [(a^2 - 1)l^2 + 1 - m^2]^2 - [ai + k + 1 - l - i]^2 - [p + l(a - n - 1) + b(2an + 2a - n^2 - 2n - 2) - m]^2 - [q + y(a - p - 1) + s(2ap + 2a - p^2 - 2p - 2) - x]^2 - [z + pl(a - p) + t(2ap - p^2 - 1) - pm]^2\}$$

존스를 비롯한 제안자들은 다음과 같이 말했다. "이 다항식은 인수분해가 가능하므로 명백한 역설이다!" 사실이 그렇다. 식의 제일 앞에 $(k+2)$가 곱해져 있는데, 어떻게 소수가 될 수 있다는 말인가?

비밀은 다음과 같다. 위의 괴물 같은 다항식은 $1 - M$의 형태이고, M은 완전제곱의 합이다. 따라서 각 변수에 어떤 수를 대입하건 $M \geq 0$이며, M은 다음과 같은 성질을 갖도록 만들어졌다.

보통 사람을 위한 현대 수학

$$M = 0일\ 때\ k + 2는\ 소수이다 \qquad (\dagger)$$

$(k+2)(1-M)$은 $1-M$이 양수일 때에만 양수이며, 이는 곧 $M=0$인 경우에 해당한다. 따라서 인수분해는 $(k+2)(1)$의 형태이고 $k+2$는 조건 ($\dagger$)에 의해 소수가 된다. 이로써 역설이 해결되었다.

증명은 지나치게 기술적인 내용이어서 생략한다. 이 다항식의 응용과 추가 설명에 대한 내용은 데이비스와 마티자세비치, 로빈슨의 논문에 잘 나와 있다.[3]

혼돈이론

현대 수학에서 응용 가능성이 최근에 알려진 후로 빠르게 성장하는 분야가 있다. 미국의 수학자 스티븐 스메일에 의해 처음으로 소개된 '역학계의 위상이론'이 바로 그것이다(스티븐 스메일은 14장에서 푸앵카레의 추측을 다룰 때 잠시 언급된 적이 있다.). 르네 톰이 창안한 급변이론의 수학적 부분은 근본적으로 이 이론의 일부이다. 현재 급변이론은 다소 특이한 분야에 응용되고 있지만, 기본 개념은 역학계이론에서 출발한다.

19장에서 논했던 르네 톰의 '기본급변이론'은 역학계 위상이론에서 '분기分岐, bifurcation'라 부르는 가장 단순한 사례에 불과하지만, 톰은 자신의 이론에 좀 더 복잡한 경우까지 포함시켰다(톰은 이것을 '일반급변이론generalized catastrophes'이라 불렀다.). 이 중 일부는 최근에 인구변화를 이론적으로 예측하는 '인구모형'의 기초가 되었으며, 그 외에도 다양한 분야에 응용되고 있다. 그래서 나는 기본급변이론이 급변이론의 모든 것이 아님을 강조하고 흥미로운 면을 부각시키기 위해, 이와 관련된 개념을 좀 더 자세히 소개하기로 마음먹었다.

토끼의 개체수가 증가하는 과정을 예로 들어보자. 임의의 시간 t에 토끼의 수를 x마리라 했을 때, 시간 $t + 1$에 토끼의 수가 $5x$로 늘어난다고 하자.● 처음에 100마리로 시작했다면 시간이 T에 도달했을 때 총 개체수는 몇 마리로 불어날까? 계산은 그리 어렵지 않다.

$$t = 0 : 100마리$$
$$t = 1 : 5 \times 100 = 500마리$$
$$t = 2 : 5 \times 5 \times 100 = 2,500마리$$
$$t = 3 : 5 \times 5 \times 5 \times 100 = 12,500마리$$
$$\cdots$$
$$t = T : 5 \times \cdots \times 5 \times 100 = 5^T \times 100마리$$

이것이 바로 그 유명한 '지수적 성장exponential growth'의 전형적 사례로, 박테리아의 개체수에서 인구증가에 이르기까지 광범위하게 적용되는 모형이다. 그런데 대부분의 경우 T가 너무 크면 현실성이 떨어진다. 생명체를 담을 수 있는 우주의 크기가 유한하기 때문이다. 겨우 토끼의 수를 헤아리는데 우주의 크기가 무슨 상관이냐고? 아니다. 상관이 있다. 우리의 토끼들이 114세대를 거치면 총 $5^{114} \times 100$마리가 되는데, 이들을 모두 합하면 관측 가능한 우주의 부피보다 크다!◆ 물론 위의 공식이 적용되는 기간은 그리 길지 않다. 처음에는 지수함수를 따라 빠르게 증가하다가, 음식이 모자라면 출산율이 급속하게 감소하기 시작한다. 이 단계에 이르면 개체수는 정체상태가 되거나(포화) 오히려 감소할 수

● 여기서 1은 '토끼의 개체수가 다섯 배로 증가하는 데 걸리는 시간'으로 이해하면 된다.

도 있다.

 지수함수적 증가규칙을 다른 식으로 표현해보자. 임의의 시간 t에 토끼의 수를 x_t라 하면

$$x_0 = 100$$
$$x_{t+1} = 5x_t$$

이다. 두 번째 식은 '시간이 $t+1$일 때의 x값'을 't일 때의 x값'으로 나타낸 것으로, 이와 같은 식을 점화식recurrence equation이라 한다.

 생태학자들은 개체수의 포화효과를 방정식에 감안하는 다양한 방법을 개발해왔다. 기본 아이디어는 x_t가 커질수록 증가율을 줄이는 것인데, 가장 그럴듯한 방정식은 다음과 같다.

$$x_{t+1} = kx_t(1-x_t)$$

여기서 x_t는 $0 \le x \le 1$인 단위를 사용한다. 그러면 상수 k는

$$0 \le k \le 4$$

를 만족해야 한다. $k > 4$이면 $x_t = 0.5$일 때 $x_{t+1} > 1$이 될 수도 있기 때문이다.

 상수 k는 '아무런 제한조건이 없는' 출산율을 나타낸다. 그러나 뒤에 곱해진 $(1-x_t)$는 x_t가 1에 가까워졌을 때 개체수의 증가를 억제하는 역할을 한다. 이 방정식도 일종의 점화식이지만 더 이상 선형방정식이 아니며, x_t를 t로 표현할 방법이 없다.● 상황을 이해하기 위해 구체적인

숫자를 대입해서 계산해보자. 가장 좋은 방법은 시간 t에 따른 x_t의 변화를 그래프로 그리는 것이다. 몇 가지 k값에 대한 x_t의 그래프는 그림 191과 같다.

그림 191

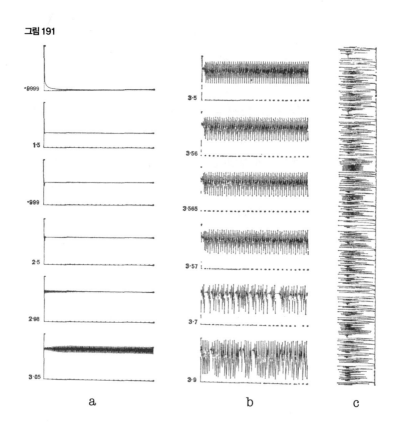

a   b   c

$k = 0.9999$이면 개체수 x_t는 시간에 따라 급격하게 감소하고, $k = 1.5$이면 $x_t = 0.33$을 향해 수렴한다. $k = 2.5$일 때도 수렴하지만 도중에 약간의 진동을 겪고, $k = 3.05$이면 $x_t = 0.5 \sim 0.7$ 사이에서 안정한 상태로 진동한

● 지수함수를 따라 증가하는 사례에서는 $x_t = 100 \cdot 5^t$와 같이 x_t를 t만의 함수로 쓸 수 있었다.

보통 사람을 위한 현대 수학

다. $k=3.5$이면 안정성은 다소 떨어지지만 비슷한 진동 패턴이 나타나면서 $t=4$를 주기로 진폭이 주기적으로 변한다. $k=3.565$이면 진폭이 커지고 $k=3.7$일 때는 진동이 더욱 거칠어지다가 $k=4$에 도달하면 이전의 모든 패턴이 사라진다(그림 191 c).

관심 있는 독자들은 휴대용 계산기를 들고 조용한 곳에 가서 직접 계산해볼 것을 권한다. k값을 바꿔가면서 충분히 큰 t에 대하여 x_t를 계산해보면 그림 191이 가장 전형적인 형태임을 알 수 있을 것이다. k가 4에 가까울 때 나타나는 거친 패턴은 더 큰 k에 대해서도 계속해서 나타나며, 그 후로 k를 아무리 키워도 원래의 얌전한 패턴은 재현되지 않는다. 생태학자들은 이 단계를 "혼돈chaos"이라 부른다.

계산기로 패턴을 확인하면 전체적인 흐름을 이해하는 데 도움이 되지만 특정한 k값에서 어떤 패턴이 나타날지 알 수 없고, 그와 같은 패턴이 나타나는 이유도 알 수 없다. 바로 이 시점에서 역학계 접근법이 위력을 발휘한다.

지금 우리가 다루는 것은 위상수학자들이 말하는 '불연속 역학계discrete dynamical system'이다. 그러나 우리는 불연속 역학계를 $f:X{\rightarrow}X$라는 연속함수로 정의할 것이다(여기서 X는 위상공간이다.). 이렇게 하면 설명은 간단해지지만, 우리가 이미 사용하고 있는 몇 가지 용어를 새로운 이름으로 정의해야 한다. 그리고 이름을 바꾸면 강조하는 부분이 달라진다. 왜냐하면 우리의 관심사는 'f를 반복적으로 적용했을 때 무슨 일이 일어나는가?'이기 때문이다. 대충 말하자면 f는 한 단위의 시간 동안 역학계에 일어나는 변화를 서술하는 함수이며, 우리의 목적은 여러 단위의 시간이 지났을 때 역학계의 상태와 거동방식을 유추하는 것이다.

간단한 예로 X를 원판이라 하고, f를 '$1°$ 돌리는 변환'으로 정의해보자. f를 연속적으로 n번 적용하면 원판은 $1°$씩 n번 돌아가므로 돌아간 총 각도는 $n°$이다. 즉, 시간 t에 원판이 $t°$만큼 돌아가는 연속회전은 $1°$ 간격으로 일어나는 불연속 회전의 연속작용으로 해석할 수 있다.

일반적으로 f가 여러 번 작용된 $f^{(n)}$은 다음과 같이 정의된다.

$$f^{(2)}(x) = f(f(x))$$
$$f^{(3)}(x) = f(f(f(x)))$$
$$\cdots$$

그리고 이 과정에서 X 위의 점 x가 그리는 궤적은 다음과 같은 점들을 거쳐간다.

$$x, f(x), f^{(2)}(x), f^{(3)}(x), \cdots f^{(n)}(x)$$

이 점들을 'x의 궤도orbit'라 하자. 오랜 시간이 지난 후에 x의 위치를 알려면 궤도를 따라가면서 위상공간에서 '점프'가 일어나는 방식을 알아내야 한다.

다소 특별하면서 흥미로운 경우부터 살펴보자. 가장 놀라운 사실은 x가 고정된 점일 때

$$f(x) = x$$

라는 것이다. 회전하는 원반의 경우에는 원판의 중심이 유일한 고정점이고, 앞에서 다뤘던 비선형 점화식에서 $k = 1.5$일 때 고정점은 $x = \frac{1}{3}$이다($1.5 \times \frac{1}{3} \times (1 - \frac{1}{3}) = \frac{1}{3}$).

그다음으로 '주기점periodic point'이라는 개념을 도입하자. f를 특정 횟

수(n이라 하자)만큼 가했을 때 처음 위치로 돌아오는 점을 주기점이라 한다. 따라서 주기점은 f를 n번 가할 때마다 동일한 궤도를 거쳐 원위치로 돌아오게 된다. 점 x가

$$f^{(n)}(x) = x$$

를 만족할 때, x는 '주기가 n인 주기점'이다. 물론 이것은 '$f^{(n)}$의 고정점'과 같다.

1°씩 회전하는 원판의 경우 원판 위의 모든 점 x는 360을 주기로 주기점을 형성한다. $f^{(360)}$을 적용하면 모든 점이 한바퀴 돌아서 원위치로 오기 때문이다. 이것은 불연속 역학계 중에서도 주기가 가장 긴(가장 불연속적인) 계에 속한다!

주기가 n인 주기점의 궤도는 n개의 점으로 이루어져 있다. 모든 점의 궤도들이 시간이 흐를수록 하나의 점으로 충분히 가깝게 모여들 때 그 부위를 '끝개attractor'라 하고, 궤도들이 서로 멀어지는 부위를 '밀개repellor'라 한다(정확한 개념은 훨씬 엄밀하게 정의되어 있지만, 우리의 목적상 이 정도면 충분하다.). 주기적 끝개가 중요하게 취급되는 이유는 그 근처에 있는 모든 점이 '거의 주기적으로' 움직이기 때문이다. 이런 점들의 거동은 긴 주기에 걸쳐 매우 정확하게 예견할 수 있다. 또한 밀개는 그 반대의 이유로 중요하게 취급된다. 밀개 근처의 점들은 시간이 조금만 흘러도 먼 곳으로 가버리기 때문에 거동을 추적하기가 매우 어렵다. 그러나 끝개와 밀개는 서로 밀접하게 연관되어 있어서, 중요한 정보를 얻으려면 둘을 동시에 고려해야 한다.

생태학적 모형을 분석하는 데 필요한 용어는 이 정도로 충분하다. 이로부터 역학계를 구축하기 위해 단위구간 X를

$$X = \{x \in R \mid 0 \le x \le 1\}$$

로 정하고, 다음과 같은 함수를 정의하자.

$$f : X \to X, \quad f(x) = kx(1 - x)$$

앞서 언급했던 점화식으로 표현하면 다음과 같다.

$$x_n = f^{(n)}(x_0)$$

따라서 f가 반복적으로 작용되었을 때 나타나는 x_0의 거동은 f에 대한 궤도에 의해 결정된다.

역학계의 위상수학적 분석은 f와 그 반복형의 그래프를 분석함으로써 이루어진다.[5] 일반적으로 f의 그래프는 그림 192와 같은 형태이다.

그림 192

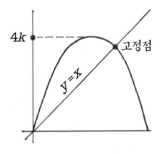

f의 고정점은 f와 대각선 $y = x$가 만나는 점의 x값에 해당한다. 여기서 f를 반복적으로 가했을 때 어떤 변화가 초래되는지 알아보자.

먼저 $k < 1$인 경우부터 살펴보자. 이 경우에 f의 그래프는 직선 $y = x$

보통 사람을 위한 현대 수학

의 위로 올라올 수 없으므로 $x=0$이 유일한 고정점이다. 주어진 x_0에 f를 연속적으로 가했을 때 이동하는 지점은 그림 193과 같이 대각선에 맞닿은 계단을 그림으로써 찾을 수 있다($x=x_0$에서 그린 수평선이 대각선 $y=x$와 만나는 점에서 수직선을 그렸을 때 x축과 만나는 점이 $f(x_0)=x_1$이다. 이 과정을 반복하면 x_1, x_2, …를 구할 수 있다.).

그림 193

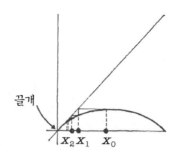

끌개

$X_2 X_1 \quad X_0$

출발점 x_0가 어디이건 간에, f를 반복해서 적용하면 궤도는 빠르게 원점으로 접근한다. 따라서 원점은 끌개이다. 이 경우에 끌개는 원점밖에 없으며, X 전체가 끌개영역basin of attraction(끌개로 끌려가는 점들의 영역)에 속한다. 그래서 $k<1$일 때 개체수가 급격하게 감소했던 것이다(그림 191에서 $k=0.9999$인 그래프와 비교해볼 것).

$1<k<2$이면 새로 등장한 고정점이 끌개로 작용하고, 원점은 밀개가 된다.

이 경우에 궤도는 꾸준히 끌개로 접근하지만 그 근방을 오락가락하지는 않는다. 그림 191에서 $k=1.5$가 바로 이런 경우였다(고정점이 $x=\frac{1}{3}$이라는 것도 앞에서 확인한 바 있다.).

$2<k<3$인 경우에도 그래프는 비슷하지만, 계단이 거미줄모양으로 바뀐다. 즉, f가 반복해서 적용되면 궤도는 나선을 그리며 돌아간다.

그림 194

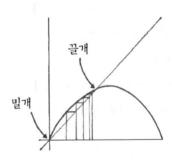

그림 195

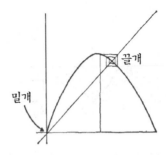

고정점은 여전히 끌개로 작용하지만, 궤도가 끌개로 접근하면서 작은 폭으로 진동한다. 그림 191에서 $k = 2.5$가 이런 경우에 속한다.

그러나 $k > 3$이면 나선형 거미줄이 확장되면서 교점은 밀개가 되고 원점도 여전히 밀개로 작용한다.

그림 196

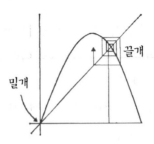

(미분을 이용하면 그 이유를 알 수 있다. 곡선

$$y = 3x(1 - x)$$

와 직선

$$y = x$$

는 $x = 2/3$에서 만나는데, 이 점에서 접선의 기울기는

$$\frac{dy}{dx} = 3 - 6x = -1$$

이므로 직선 $y = x$와 직교한다. $k < 3$이면 두 직선은 예각을 이루고 $k > 3$이면 둔각이다. 이 각도의 차이가 나선의 방향을 결정한다.)

이런 경우에 역학계는 일반적으로 고정점을 향해 접근하지 않는다. 그렇다면 계의 미래는 어떻게 될까?

답을 알려면 f가 두 번 작용된 $f^{(2)}$를 분석해야 한다. 간단한 계산을 거치면

$$\begin{aligned} f^{(2)}(x) = f(f(x)) &= k(kx(1 - x))(1 - kx(1 - x)) \\ &= k^2 x - (k^2 + k^3)x^2 + 2k^3 x^3 - k^3 x^4 \end{aligned}$$

임을 알 수 있다. $k < 3, k = 3, k > 3$인 세 가지 경우에 대하여 $f^{(2)}$의 그래프는 그림 $197a$와 같다.

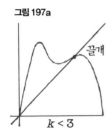
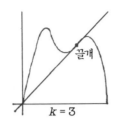
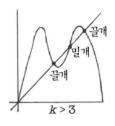

$k \le 3$일 때 $f^{(2)}$는 고정점이 하나이고, $k>3$이면 세 개의 고정점이 존 재한다. 또한 $k \le 3$일 때 고정점은 끌개이며, $k>3$일 때 중간에 있는 고 정점은 밀개, 나머지 두 고정점은 끌개로 작용한다.

다시 말해서, 원래 하나였던 고정점 끌개가 $k=3$을 통과하면서 세 개 (하나의 고정점 밀개와 주기가 2인 두 개의 주기적 끌개)로 분리된다는 뜻이 다(그림 191에서 $k=3.05$인 경우와 비교해보라. 이 경우의 거미줄 다이어그램은 그림 197b와 같은 형태로 나타난다.).

그림 197b

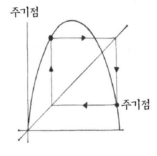

이처럼 하나의 끌개가 두 개로 분리되는 현상을 '분기bifurcation'라 한 다(세 개 이상으로 분리되는 경우도 있다. 그래서 일부 학자들은 'bifurcation' 대 신 'furcation'이라는 용어를 써야 한다고 주장한다.). 이 효과를 새로운 형태 의 다이어그램으로 표현해보자. 주어진 k의 주기점에 대응되는 x의 값

보통 사람을 위한 현대 수학

은 다음과 같은 그림으로 나타낼 수 있다.

그림 198

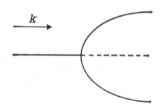

이 그래프를 f의 그래프와 구별하기 위해 '분기그래프bifurcation graph'라 부르기로 한다. 위의 그림에서 끌개는 굵은 선으로, 밀개는 점선으로 표현되어 있다(앞으로는 그래프가 복잡해지는 것을 방지하기 위해 밀개를 생략할 것이다.).

k가 더 커지면 $f^{(4)}$에서 새로운 주기점이 끌개로 등장하고, 분기 다이어그램은 다음과 같은 형태가 된다.

그림 199

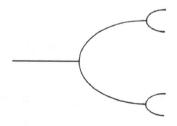

그리고 k = (약)3.57에 도달하면 이 과정은 무한히 빈번하게 일어난다!

그다음은 어떻게 될까? 여기서 다이어그램을 더 그리면 독자들의 눈이 혼란스러워질 것 같아 생략한다. 그러나 그림 200만으로도 무언가

그림 200

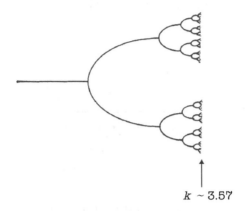

$$k \sim 3.57$$

신기한 현상이 일어난다는 것을 짐작할 수 있다. k를 더 키웠을 때 나타나는 현상은 다음과 같다.

(a) 주기가 3인 끌개가 등장한다.

(b) '모든' 주기를 갖는 주기적 밀개들이 동시에 존재하게 된다.

그 결과 대부분의 점들이 안정한 상태로 수렴하지만, 모두 그런 것은 아니다. 일부 점들은 여러 개의 밀개에 이리저리 떠밀리면서 무작위요동을 겪게 된다. 이것이 바로 생태학자들이 말하는 '혼돈chaos'으로,[6] 그림 191의 $k \geq 3.7$에 해당하는데, 그림에서 보다시피 완전한 혼돈상태는 아니다. 임의의 주기에 대하여 주기점의 수를 계산해보면(모두 밀개여도 상관없다.), $k = 3.832$일 때 다음과 같은 결과가 얻어진다.[7]

0이 아닌   1개의 고정점,

2개로 갈라진   3개의 주기점,

3개로 갈라진   4개의 주기점,

4개로 갈라진	7개의 주기점(4개는 주기가 4이고 3개는 주기가 2이다.),
5개로 갈라진	11개의 주기점,
6개로 갈라진	18개의 주기점(11개는 주기가 6이고 4개는 주기가 3이며,
	3개는 주기가 2이다.),

...

두 번째 세로줄에 나열된 수(1, 3, 4, 7, 11, 18, …)는 피보나치수열 Fibonacci's series로,[8] 모든 수는 앞의 두 수를 더한 값과 같다.

$k = 4$에 도달하면 역학계는 더욱 혼돈스러워진다. 이런 상태에서 주기적 끌개는 자취를 감추고 '이상한 끌개strange attractor'가 등장하여 궤도들이 무작위로 점프를 일으킨다(그림 191c 참조). 그런데 자세히 보면 이것도 완전한 무작위운동이 아니어서, 혼돈계의 통계역학적 특성을 어느 정도 예측할 수 있다.

여기서 말하는 '무작위random'란 정확하게 무슨 뜻인가? 결코 쉽지 않은 질문이다. 계가 무작위적이라는 것은 명백한 구조가 존재하지 않는다는 뜻이지만, 평균적으로 평가하면 "주어진 시간 또는 영역 안에서 특정 값이 반복되는 횟수" 등 다양한 특성을 논할 수 있다. 그러나 과거의 수학자들은 무작위를 '결정 불가능'과 같은 뜻으로 사용했다. 즉, 명확한 규칙에 따라 움직이는 계는 결정 가능하고, 규칙을 따르지 않는 계는 결정 불가능하다.

지금 우리가 다루는 계는 분명히 결정 가능하다($x_{n+1} = kx_n(1 - x_n)$이라는 명백한 규칙을 따른다.). 만일 누군가가 당신에게 반복되는 값의 목록을 보여주면서 아무런 규칙도 말해주지 않는다면, 당신은 규칙이 존재한다는 사실을 전혀 짐작하지 못할 것이다. 그러므로 결정 가능한 거동과 결정 불가능한 거동의 차이점은 그리 명확하지 않다.

이것은 무작위처럼 보이는 자연현상에 새로운 의미를 부여한다. 그 현상은 '정말로' 무작위적인가? 이것은 과연 의미 있는 질문인가? 의미가 없다면 어떤 질문을 해야 하는가?

이상한 끌개와 혼돈은 우리가 다뤘던 역학계에서만 나타나는 현상이 아니다. 이들은 예외적 현상이 아니라 하나의 규칙이며, 변수가 많을수록 계의 거동은 더욱 이상해진다. 유체의 난류가 이상한 끌개 때문에 일어난다는 증거는 도처에 널려 있다. 지구자기장의 방향이 갑자기 바뀌거나 수시로 요동을 치는 것도 이상한 끌개 때문일 가능성이 높다. 경제학자들은 이런 현상이 무해하다고 믿고 있지만, 그들이 꾸준히 연구해온 방정식은 언제든지 혼돈스러운 결과를 낳을 수 있다. 이런 점에서 볼 때 혼돈이론의 중요성은 앞으로 더욱 크게 부각될 것이다.

진정한 수학

나는 수학자들이 하는 일과 그들의 사고방식을 독자들에게 전달한다는 생각으로 이 책을 집필했다. 물론 이것 때문에 주제가 희석되지 않도록 노력한 것도 사실이다. 그리고 대부분의 독자들은 수학계의 최신 연구동향을 알고 싶어하기 때문에, 내용이 다소 어려움에도 불구하고 일부 고급과정을 포함시켰다. 그동안 내가 겪은 바에 따르면 비전문가들이 주제를 파악하는 능력은 의외로 매우 뛰어나다. 요즘 대중과학잡지는 입자물리학이나 분자생물학 등 난해한 기사로 가득 차 있으니, 수학이라고 해서 굳이 예외일 필요는 없다고 생각한다.

그러나 어려운 내용을 대중화하려면 약간의 위험을 감수해야 한다. 가장 큰 문제는 열성적인 독자들이 주제에 담긴 본래의 뜻을 오해할 수

보통 사람을 위한 현대 수학

도 있다는 것이다. 위상수학을 '고무판 기하학'으로 칭하면서 몇 가지 흥미로운 사례를 소개하면 기본 개념을 이해하는 데 도움이 되겠지만, 용어를 좁은 의미로 해석하면 엄청난 오해를 불러일으킬 수도 있다. 도형을 잡아당기고 구부린다니, 그런 조작을 가해서 대체 무엇을 얻는다는 말인가? 도넛에 구멍을 뚫고 털 난 공에 빗질을 하고, 비틀어진 띠에 사는 평면생명체를 상상하고…… 수학이 원래 이런 것이었던가?

대중과학서나 뉴스 기사에는 (전문가들이 볼 때) 가장 중요한 내용이 누락되어 있다. 전문가들은 연구를 수행할 때 논리와 거리가 먼 사고에 깊이 빠져들곤 한다. 중간 과정을 생략한 채 결론으로 점프하는 것은 물론이고, 희한한 문제가 발목을 잡으면 무작정 뒤로 미뤄놓고, 비슷한 사례에서 결론을 유추하고, 검증되지 않은 추측을 남발한다. 그렇다. 이것이 바로 현실이다. 기술적으로 엄밀한 논리는 결론을 내린 후에 보충되는 경우가 태반이다. 영감의 진정한 원천은 엄밀한 논리가 아니라 직관이다. 그렇다고 해서 기술적인 능력을 나중에 습득해도 된다는 뜻은 아니다. 계산을 수행하는 능력은 이 모든 과정에서 핵심적 역할을 하기 때문이다. 이런 능력이 없으면 수학은 자신의 무게를 견디지 못하고 와해될 것이다. 기술 체계가 확립되지 않고 엄밀한 논리를 통한 사고의 한계가 주어지지 않으면, 수학자의 직관은 날카로움을 잃고 한없이 무력해진다.

인간은 어떤 의문에 대하여 '사실이라면 참 멋질 것'이라는 기대감이 생기면 증거가 부족해도 쉽게 믿는 경향이 있다. 과학적 방법론[9](기술적 관점에서 볼 때 수학은 분명히 예술보다 과학에 가깝다.)은 이와 같은 사고의 결함을 극복하는 쪽으로 발전해왔으며, 수학적 엄밀함도 그중 하나다. 19세기에 물리적 유사성이나 과거의 경험에서 얻은 근거 없는 원리에 기초하여 자연현상을 설명하려는 시도는 대부분 실패로 끝났다. 그러나 과학적 발견은 근거가 확실하기 때문에, 한번 자리를 잡으면 그 위에 더 많은 지식을 쌓을 수 있다. 아이작 뉴턴은 결코 겸손한 사람이 아니었음에도 불구하고 "내가 다른 사람들보다 더 멀리 내다볼 수 있었던 것은 거인의 어깨 위에 서 있었기 때문"이라고 했다.

어떤 분야이건 전문기술을 습득하는 과정은 결코 만만치 않다. 게다가 그 필요성을 느끼는 유일한 길은 그것을 직접 습득하는 것뿐이다. 그래서 나는 독자들에게 '앞에서 논의된 주제들은 다른 면을 갖고 있다.'고 강조하고 싶다. 언뜻 경솔해 보이는 생각이 어려움을 해결하는 비책이 될 수도 있기 때문이다. 수학자와 과학자 들은 복잡하고 난해한 개념에 쉬운 이름을 붙이거나 희한한 옷을 입혀서 이해를 도모하곤 한다. 이것은 단순한 개념에 전문용어를 갖다 붙여서 어렵게 만드는 행위와 근본적으로 다르다. '호모토피군'은 난해한 전문용어처럼 들리지만 개념 자체의 난해함에 비하면 그런 대로 단순한 용어이며, 현대 수학의 상당 부분이 여기에 의존하고 있다.

헤어리볼 정리를 수학적으로 서술하면 다음과 같다. '항등함수와 호모토픽하면서 고정점이 없는 연속함수 $f : S^2 \rightarrow S^2$은 존재하지 않는다. 여기서 S^2은 2차원 구이다.' 이 내용을 이해하려면 연속성과 위상공간, 고정점, 호모토피 등 다양한 용어를 알고 있어야 하며, 정리를 증명하려면 위상대수학의 모든 테크닉을 자유자재로 구사할 수 있어야 한다.[10] 이 모든 과정을 거치지 않고서는 헤어리볼 정리가 왜 수학인지조차 이해하기 어렵다. 그러나 이 정리가 '공의 표면에 나 있는 털을 한 방향으로 깔끔하게 빗어 넘기는 것은 불가능하다.'라는 뜻임을 알고 있다면, 구체적인 내용을 몰라도 정리의 기본취지를 이해하는 데 큰 도움이 된다! 이 분야에서 '수학을 하려면' 정리를 다양한 각도에서 해석할 수 있어야 하고, 하나의 해석과 다른 해석의 상호관계를 간파하여 이들 사이

보통 사람을 위한 현대 수학

를 자유롭게 오갈 수 있어야 한다.

전문가에게 헤어리볼 정리는 미분방정식의 해의 존재 여부를 판단하는 데 중요한 정보를 제공해준다. 개의 털을 빗으면서 이런 생각을 떠올릴 수 있을까? 모든 내용을 이미 알고 있지 않은 한 절대로 불가능하다.

학교에서 현대 수학을 가르칠 때에는 직관적 개념과 기술적 내용을 연결시켜야 한다. 나는 이 부분을 가볍게 여기는 것이야말로 교사가 저지를 수 있는 최악의 실수라고 생각한다. 학교에서 위상수학을 배우는 것은 물론 흥미로운 일이지만, 교사의 머릿속에 전체적인 수학지도가 들어 있지 않으면 모호한 내용만 전달하다가 아무런 소득 없이 끝나기 십상이다. 학생들은 강의를 듣고서도 얻은 것이 없으니 실망스럽고, 유능한 학생들이 수학을 멀리하는 부작용까지 낳게 된다. 학교에서는 '현대 수학'과 '고전 수학'을 엄밀하게 구별하고 있지만, 사실 이들은 수학이라는 한 몸체의 다른 면일 뿐이다. 지금도 둘 사이의 중간영역에서 활발한 연구가 이루어지고 있으며, 수학계에서는 이를 대체로 환영하는 분위기다. 여기에 곁들여서 어려운 문제를 피하는 좋지 않은 습관을 버린다면[11] 진정한 진보를 이룰 수 있을 것이다.

감사의 글

《곰돌이 푸*Winnie the Pooh*》에서 인용한 밀른A. A. Milne의 글(4장)과《푸의 모퉁이 집*The House at Pooh Corner*》에서 인용한 밀른의 글(9장)은 판권보유자인 메듀엔사Methurn Co. Ltd와 C. R. 밀른C. R. Milne의 허락하에 게재했다. 그리고 4장의 머리글에서 인용한 리틀우드J. E. Littlewood의 글은 담당 출판사인 메듀엔사의 허락 하에 게재했으며, 8장의 머리글에서 인용한 스테판 서머슨Stefan Themerson의 글은 가버보쿠스 출판사Gaberbocchus Press Ltd.의 허락 하에 게재했다. 12장에 등장하는 곡면분류법은 지만E. C. Zeeman의《위상수학입문*Introduction to Topology*》에 나온 내용을 저자의 허락하에 요약한 것으로, 만일 오류가 있다면 순전히 나의 잘못임을 미리 밝혀두는 바이다. 위에 언급된 모든 관계자들에게 깊이 감사드린다.

주(註)

1장 | 수학 일반

1 네덜란드에서는 집합을 나타낼 때 '모임'을 뜻하는 단어를 사용한다. 지금 영어권에서 통용되고 있는 '집합(set)'은 지난 수백 년 동안 '모임(collection)'으로 해석되어왔다.

2 W. Sierpinsky, *On the Congruence of Sets and Their Equivalence by Finite Decomposition*, Lucknow University Studies, 1954; E. Kasner and J. Newman, *Mathematics and the Imagination*, Bell, 1949 참조.

3 다항방정식

$$a_n x^n + \cdots + a_1 x + a_0 = 0$$

의 일반해가 존재한다면 그 해는 덧셈, 뺄셈, 곱셈, 나눗셈과 제곱근을 이용하여 계수 $a_0, a_1, \cdots a_n$으로 표현할 수 있어야 한다. 예를 들어, 2차방정식

$$ax^2 + bx + c = 0$$

의 일반해는

$$x = \frac{-b \pm \sqrt{b^2 - 4ac}}{2a}$$

이다. 그러나 5차방정식의 경우에는 이와 같은 일반해가 존재하지 않는다는 사

실이 증명되어 있다. 이것을 증명하려면 갈루아이론(Galois Theory)과 추상대수학을 알아야 한다. 갈루아이론에 대해 알고싶은 독자들은 아래 서적을 참고하기 바란다.

Galois Theory, E. Artin, Norte Dame, 1959,

Introduction to Field Theory, I. T. Adamson, Oliver & Boyd, 1964,

Galois Theory, Ian Stewart, Chapman & Hall 1973.

2장 | 움직임 없는 운동

1 C. L. Dodgson, *Euclid and His Modern Rivals*, Macmillan, London, 1879, p.48.

2 나머지 세 개의 역설은 F. Cajori의 *The History of Zeno's Arguments on Motion*, *American Mathematical Monthly*, 1915와 E. Kasner and J. Newman의 *Mathematics and the Imagination*, Bell, 1949, 그리고 Bertrand Russell의 *Mysticism and Logic*에 자세히 나와 있다.

3 여기에는 약간의 추가 설명이 필요하다. 세 개의 점 A, B, C와 세 개의 거리 a, b, c가 주어졌을 때(단, 세 점은 위치가 모두 다르고 일직선상에 놓여 있지 않다.), A와의 거리가 a이고 B와의 거리는 b, C와의 거리는 c인 점이 기껏해야 한 개 존재한다 (물론 존재하지 않을 수도 있다.). 또한 A를 중심으로 반지름이 a인 원과 B를 중심으로 반지름이 b인 원은 기껏해야 두 점에서 만나는데, 이들은 C와의 거리가 같지 않으므로 이 중 C와의 거리가 c인 점은 많아야 한 개이다. 강체는 움직이는 동안 각 점 사이의 거리가 변하지 않으므로, 삼각형에서 일어나는 일을 알고 있으면 그 외의 모든 도형에서 일어나는 일을 알 수 있다.
3차원에서는 원이 구로 대치되기 때문에, 또 하나의 점이 필요하다.

4 변환대상을 왼쪽에 표기하면 이 혼란을 피해갈 수 있다. 예들 들어 X라는 대상에 변환 T를 가한 $T(X)$를 $(X)T$로 표기하는 식이다. 이 표기법에 따르면

$$(X)EF = ((X)E)F$$

는 "X에 E를 먼저 가한 후, 그 결과에 F를 가한다."는 뜻이므로 우리의 읽는 순서와 작용 순서가 일치하게 된다. 익숙해지려면 시간이 좀 걸리겠지만, "자연스러운 표기"를 추구하는 일부 수학자들은 이 표기법을 사용하고 있다.

3장 | 고급 연산으로 가는 지름길

1 요즘은 $x^2+3=0$과 같은 2차방정식의 해가 복소수임을 누구나 알고 있다. 이 방정식의 해는 $x=\pm\sqrt{-3}$이다. 그러나 수학자들이 복소수를 처음 도입하게 된 계기는 2차가 아닌 3차방정식이었다. 예를 들어,

$$x^3 + px + q = 0$$

의 타르탈리아 해(Tartaglia solution)●는

$$x = 3\sqrt{\frac{-q}{2} + \sqrt{\frac{p^3}{27} + \frac{q^2}{4}}} + 3\sqrt{\frac{-q}{2} - \sqrt{\frac{p^3}{27} + \frac{q^2}{4}}}$$

이다. 예를 들어, 3차방정식 $x^3 - 7x + 6 = 0$의 해는 ($p = -7, q = 6$인 경우)

$$x = 3\sqrt{-3 + \frac{10i}{3\sqrt{3}}} + 3\sqrt{-3 - \frac{10i}{3\sqrt{3}}}$$

이다. 여기서 $i = \sqrt{-1}$이다.

그런데 위의 방정식을 인수분해하면

$$x^3 - 7x + 6 = (x - 1)(x - 2)(x + 3) = 0$$

이 되어, $x = 1, 2$ 또는 -3이라는 해가 얻어진다. 두 해법의 결과가 다른 것일까? 아니다. 타르탈리아 해와 인수분해로 얻은 해는 동일하다. 이 점을 확인하기 위해 다음의 계산을 실행해보자.

$$\left(1 + \frac{2i}{\sqrt{3}}\right)^3 = 1 + \frac{3 \times 2i}{\sqrt{3}} + \frac{3 \times 4i^2}{3} + \frac{8i^3}{3\sqrt{3}}$$

● 16세기 이탈리아의 수학자 니콜로 타르탈리아Nicolo Tartaglia, 본명 니콜라 폰타나Nicola Fontana가 발견한 3차방정식의 일반해. 단, 2차 항이 없는 경우에 한하여 적용된다.

$$= 1 - 4 + \frac{18-8}{3\sqrt{3}}\,i$$

$$= -3 + \frac{10i}{3\sqrt{3}}$$

그리고 이와 비슷하게

$$\left(1 - \frac{2i}{\sqrt{3}}\right)^3 = -3 - \frac{10i}{3\sqrt{3}}$$

이므로,

$$x = 1 + \frac{2i}{\sqrt{3}} + 1 - \frac{2i}{\sqrt{3}} = 2$$

가 되어 인수분해법으로 얻은 세 개 의 해 중 하나와 일치한다. 나머지 두 개의 해는 실수가 아닌 복소수이기 때문에 타르탈리아 해로는 구할 수 없다. 일반적으로 3차방정식은 세 개의 해를 갖는다.

2 이 내용은 '현대 수학'을 다루는 교과서에만 등장한다.

3 사실 여기에는 아무런 문제도 없다. 어떤 내용이건 일단 정의부터 한 후, 그 정의에서 시종일관 벗어나지 않으면 된다. 자연수의 곱셈과 뺄셈 또는 음수의 곱셈과 뺄셈도 이와 같은 방식으로 정의된 것이다. 출처에 대해 고민할 필요 없이 일단 연산을 정의해서 수행하고, 연산결과가 이치에 맞으면 그것으로 충분하다.

4 여기서 말하는 합동(congruent)은 삼각형의 합동과 다른 뜻이지만 "크기와 무관하다."는 공통점이 있다. b와 c의 차이($b-c$)가 크기에 상관없이 a의 배수이기만 하면 둘은 합동이고, 두 삼각형은 크기에 상관없이 각 변의 길이 비율이 같기만 하면 합동이다.

5 k가 "2의 거듭제곱수"가 아닐 때, $2^k + 1$이 소수가 아니라는 것은 쉽게 증명할 수 있다. 아마도 페르마는 이 사실에 기초하여 잘못된 추측에 도달했을 것이다. 페르마가 내린 수학적 결론들 중 틀린 것으로 판명된 결론은 이것뿐이며, 페르마 스스로 미심쩍어했던 추측도 이것 하나뿐이었다.

6 E. T. Bell, *Men of Mathematics*, vol. 1, Penguin Books, 1965, p.73.

7 Hardy and Wright, *An Introduction to the Theory of Numbers*, Oxford University Press,

1962, 6장 참조.

8 페르마의 마지막 정리(Fermat's Last Theorem)는 "페르마가 마지막으로 제시한 정리"가 아니라 "페르마가 제시한 수학정리들 중 가장 나중에 증명된 정리"라는 뜻으로, 내용은 다음과 같다.

n이 3 이상의 정수일 때($n = 3, 4, 5, \cdots$), 방정식

$$x^n + y^n = z^n$$

을 만족하는 정수해 x, y, z는 존재하지 않는다(단 x, y, z는 모두 0이 아니다.).

$n = 2$인 경우에는 $3^2 + 4^2 = 5^2$을 비롯하여 무수히 많은 정수해가 존재하지만, $n \geq 3$이면 위의 방정식을 만족하는 정수세트 (x, y, z)가 단 하나도 없다는 뜻이다.

[부가설명, 1994:] 1993년 6월에 프린스턴대학교의 수학자 앤드류 와일즈(Andrew Wiles)는 "타니야마–시무라 추론(Taniyama-Shimura conjecture)의 특별한 경우를 적용하여 페르마의 마지막 정리를 증명했다."고 공식적으로 선언하여 전 세계 수학계를 발칵 뒤집어놓았다. 그러나 얼마 후 논리적 결함이 발견되면서 사람들은 크게 실망했고, 와일즈는 케임브리지대학교의 리처드 테일러(Richard Taylor)와 함께 결함을 수정하여 1994년 말에 완벽한 증명을 발표했다.

4장 | 집합의 언어

1 ∈는 그리스 문자 입실론(ε)을 변형한 것으로, 원소를 뜻하는 element의 첫 글자 e를 의미한다. 오래전에 출간된 책에서는 ∈ 대신 ε을 사용하기도 했다.

2 A.A.Milne, 'Winnie-the-Pooh', 7장 참조.

3 이것이 바로 페르마의 마지막 정리이다. 3장 주 8번 참조.

4 일부 대수학에서는 0을 ∅로, 1을 {∅}로, 2를 {∅, {∅}}로 정의하기도 한다. 따라서 0과 ∅가 다르다는 주장이 항상 옳다고 할 수는 없다. 그러나 이 책에서는 0과 ∅를 다른 개념으로 취급할 것이다(0은 숫자이고 ∅는 집합이다.).

5 기호 '⊆'는 부등호 '≤'를 집합기호에 맞게 변형시킨 것이다. 일부 교과서에서는 '⊂'가 사용되기도 한다.

6 N은 자연수(natural number)의 첫 자이고 Z는 독일어로 숫자를 뜻하는 'Zahl'의 첫 글자이다. Q는 몫을 뜻하는 quotient의 첫 자일 가능성이 높고(확실하진 않다.), R는 실수(real number)의 첫 자이다. 가끔은 N 대신 P를 사용하는 경우도 있다. 마지막으로 C는 복소수(complex number)의 첫 글자이다.

7 예를 들어, 집합 $C = \{\{1, 2\}, \{3, 4\}\}$에서, $1 \in \{1, 2\}$이고 $\{1, 2\} \in C$이지만 $1 \notin C$이다.

8 ∪를 '컵(cup)', ∩를 '캡(cap)'이라고 부르는 경우도 있지만, 내가 보기에는 그다지 좋은 이름이 아니다. 이것은 마치 '='를 '한 쌍의 평행선'이라고 부르는 것과 같다. 굳이 이름을 붙이고 싶다면 ∪는 '유니언(∪nion)'으로, ∩는 '인터섹션(i∩tersection)'으로 부를 것을 권한다.

9 지금까지 내가 읽은 인쇄물 중 원소표가 등장한 것은 Frank Ellis의 "Venn Vill They Ever Learn?", *Manifold* 6, 1970, *p*.44가 유일하다.

10 불 대수(Boolean algebra)는 컴퓨터의 논리회로를 설계할 때 종종 사용된다 (Rutherford, *Introduction to Lattice Theory*, Oliver & Boyd, 1965, pp. 31-40, 58-74 참조). 집합론과의 관계를 제외하면 불 대수는 수학에서 그리 중요한 분야가 아니지만, 이론 자체는 매우 심오하다. Halmos, *Lectures on Boolean Algebras*, Van Nostrand, 1963 참조.

11 사전을 갖고 하는 놀이 중에 '비시게임(game of vish, 'vicious circle'의 약어)'이라는 것이 있다. 무작위로 단어를 선택하여 사전에서 찾은 후, 설명문에 들어 있는 단어 중 하나를 골라서 또 찾아보고, 거기 수록된 설명문에서 또 다른 단어를 골라 찾아보고…… 이 과정을 처음 출발했던 단어가 나올 때까지 반복하여, 가장 적은 단계에서 끝내는 사람이 이기는 게임이다.

12 폴란드의 수학자 쿠라토프스키(K. Kuratowski)는 1921년에 순서쌍의 개념을 처음으로 정의했는데, 문제는 (a, b)라는 표기에서 사람들의 선입견을 배제하는 것이었다. a는 괄호 안의 왼쪽에 놓여 있지만 '좌편향 원소'라는 뜻은 아니다. 집합론에는 좌우의 개념이 없기 때문이다. 당시의 철학자들은 이 문제 때문에 극심한 골머리를 앓았다(Russell, *The Principle of Mathematics*, 1903 참조). "순서를 매기는 것은 a의 특성 때문인가?" 아니다. (a, b)의 특성은 a뿐만 아니라 b에 의해서도 달라진다. 그래서 $(1, 2)$와 $(3, 1)$은 의미가 다르다. "b의 특성 때문인가?"

물론 아니다. "그렇다면 *a*와 *b*의 특성 때문인가?" 이것도 아니다. '*a*와 *b*'는 '*b*와 *a*'와 같지만, (a, b)와 (b, a)는 다르기 때문이다.

문제는 *a*와 *b* 사이의 대칭을 제거하는 것이다. *x*와 {*x*}의 차이를 이해하지 못한 철학자들은 이 문제를 해결할 수 없었다. 사실 그들은 *x*와 {*x*}가 같은 것이기를 바랐다. 그러나 둘 사이의 차이를 이해하기만 하면 다양한 길이 눈앞에 펼쳐진다. 예를 들어, 다음과 같은 순서쌍을 정의해보자.

$$(a, b) = \{\{a\}, \{a, b\}\}$$

이 정의에서는 우변이 비대칭적이므로 (a, b)와 (c, d)가 같으려면 $a = c$이면서 $b = d$가 되는 수밖에 없다. 이것은 집합론의 기초논리를 통해 쉽게 증명된다. 순서쌍의 중요한 특성은 이것뿐이므로, 위의 정의는 적절하다고 할 수 있다. 물론 그렇다고 해서 심리적으로 설득력이 있다는 것은 아니다.

5장 | 함수란 무엇인가?

1   최근 발행된 수학용어사전에는 문법적 이유로 'onto function' 대신 'on to function'으로 표기되어 있다. 아마도 이 용어는 미국에서 처음 사용되었을 것이다.

2   순서쌍(ordered pair)의 개념을 도입하면 순수하게 집합론적 관점에서 함수를 정의할 수 있다. 그런데 학생들은 이 부분이 매우 어렵다고 생각한다. 대부분의 학생들은 수식으로 정의된 함수를 주로 다뤄온 데다가, 집합론에 입각한 함수의 정의가 '규칙'과 매우 동떨어진 것처럼 보이기 때문이다.

문제는 정의역에 속한 모든 원소 *x*를 $f(x)$로 보내는 명확한 방법을 찾는 것이다. 임의의 *x*에 대하여 순서쌍

$$(x, f(x))$$

을 이용하면 이 작업을 어렵지 않게 수행할 수 있다. 예를 들어, 순서쌍 $(7, 24)$는 $f(7) = 24$를 의미한다. *D*에 속한 모든 *x*에 대하여 $(x, f(x))$ 쌍으로 이루어진 집합을 이용하면 정의역 *D* 전체에 걸쳐 *f*를 정의할 수 있다.

공역을 *T*라 하면 모든 $f(x)$는 *T*에 속한다. 따라서 순서쌍 $(x, f(x))$의 집합은 *D*

×T의 부분집합이며, 본문에 수록된 '함수의 요소' (3)번 항목에 의해 이 부분집합은 다음의 두 조건을 만족한다.

(i) $x \in D$인 모든 x에 대하여 "(x, y)가 주어진 부분집합에 속하는" $y \in T$가 존재한다.

(ii) (x, y)와 (x, z)가 이 부분집합에 속하면 $y = z$이다.

조건 (i)은 $f(x)$가 모든 x에 대하여 정의된다는 뜻이고, 조건 (ii)는 $f(x)$가 유일하게 정의된다는 뜻이다.

이제 조건 (i)과 (ii)에 입각하여 두 개의 집합 D와 T를 대상으로 "D에서 T로 가는 함수($D \times T$의 부분집합)"를 정의해보자. $x \in D$인 x에 대하여 $(a)(x, y) \in f$인 y를 찾고[조건(i)을 이용하면 된다], (b)조건 (ii)를 이용하여

$$f(x) = y$$

를 정의하면 $f(x)$를 알아낼 수 있다.

다시 말해서, 모든 '대응규칙'은 순서쌍의 집합과 동일하다. 물론 직관적으로 분명하진 않지만, 정치가들의 표현을 빌자면 "이 방법이 먹힌다는 건 여러분도 잘 알 것이다."

집합론에 대하여 더 많은 내용을 알고 싶은 독자들은 Halmos, *Naive Set Theory*, Van Nostrand(1964)와 Hamilton and Landin, *Set Theory*, Prentice Hall(1961)을 읽어보기 바란다.

6장 | 추상대수학

1 1장 주 3번 참조.

2 Rouse Ball, *Mathematical Recreations and Essays*, Macmillanm 1959, 12장 참조,

3 린데만은 이 정리를 1882년에 증명했다. Stewart, *Galois Theory*, Chapman & Hall, 1973, p.74 참조.

4 복소수에 익숙하지 않은 독자들은 W. W. Sawyer의 *Mathematician's Delight*, Penguin Books, 1943을 참고하기 바란다.

5 Bruijn, 'A Solitare Game and Its Relation to a Finite Field', Journal of Recreational Mathematics, 5, 1972, p.133.

7장 | 대칭과 군

1 Ledermann, *Introduction to Group Theory*, Oliver & Boyd, 1973 참조, *Bulletin of the London Mathematical Society* 1, 1969, pp.79-88에는 J. H. Conway의 논문 "A Group of Order 8,315,553,613,086,720,000"이 수록되어 있다. 이런 군을 곱셈표로 정의하는 것은 현실적으로 불가능하다!(수학자들이 가능한 한 큰 군을 찾기 위해 혈안이 되어 있다는 세간의 소문은 헛소문에 불과하다. Conway의 군은 그다지 중요한 군이 아니지만 몇 가지 특별한 성질을 갖고 있다.)

2 Klein, *Lectures on the Icosahedron and the Solution of Equations of the Fifth Degree*, Kegan Paul, 1913 참조.(Dover Books 버전도 있음)

3 Coxeter, *Introduction to Geometry*, New York, Wiley, 1969, p.278. 이 책에는 17가지 형태의 평면대칭이 소개되어 있다(pp.50-60, p.413).

8장 | 공리

1 현실세계에서 이런 식으로 직선을 확장하면 점들 사이의 간격이 점차 좁아지다가 결국은 이웃한 점을 구별할 수 없게 된다. 그러나 우리는 이 문제를 대수적으로 취급할 수도 있다. 문제의 단순화를 위해 Γ의 반지름을 d라 하고, 중심에서 반지름 방향으로 뻗은 직선을 생각해보자. Γ의 내부에 있는 임의의 점과 중심 사이의 거리 e는 d보다 짧다. 따라서 (예를 들어,) 중심으로부터 $\frac{1}{2}(e+d)$만큼 떨어진 점들은

$$d - \frac{1}{2}(e + d) = \frac{1}{2}(d - e) > 0$$

$$\frac{1}{2}(e + d) - e = \frac{1}{2}(d - e) > 0$$

이므로, e보다 멀면서 여전히 Γ의 내부에 존재한다.

2 W. W. Sawyer, *Prelude to Mathematics*, Penguin Books, 1955, p.85.

9장 | 수 헤아리기: 유한과 무한

1 이 정의는 집합론적으로 약간의 문제가 있는데, 자세한 내용은 20장에서 다룰 예정이다.

2 꽤 어려운 증명이다! Hamilton and Landin, *Set Theory*, Prentice Hall, 1961, pp.133-238 참조.

3 Birkhoff and MacLane, *A Survey of Modern Algebra*, Macmillan, 1963, p.362.

10장 | 위상수학

1 모든 도형의 속이 차 있다고 가정하면 각 도형의 위상은 다음과 같다. A, E, G, I는 구와 위상이 같고 C, D, F는 구멍이 하나인 원환면(torus)이며, B, H는 구멍이 두 개인 원환면이다. 그런데 A, D, E, I의 속이 비어 있다면 종류가 더 많아진다. 이런 경우에 A, E, I는 속이 빈 구이고 G는 속이 찬 구이며 C, F는 속이 찬 원환면이고 D는 속이 빈 원환면이다. 그리고 B, H는 속 차 있으면서 구멍이 두 개인 원환면에 속한다. 재질 속에 금이 가있다거나 공동(空洞)이 있다는 등 세세한 부분을 따지고 들어갈수록 종류는 더욱 많아진다.

2 조지 가모프(George Gamow)의 공상과학 단편소설 "The Heart on the Other Side(Frederik Pohl이 편집한 〈*The Expert Dreamers*, Gollancz, 1963〉에 수록되었음)"에는 '비가향 우주(non-orientable universe, 방향을 지정할 수 없는 우주)'에 관한 이야기가 등장한다. 주인공이 신발생산업계에 개혁을 시도하려다가 자신의 몸을 구성하고 있는 모든 단백질이 거울에 비친 것처럼 좌우가 바뀌어 있음을 알게되면서 난관에 처한다는 이야기다.

물리적 우주가 가향적(orientable)인지는 아직 단정지을 수 없다. 가향성은 위상수학자들이 말하는 '광역적 특성(global property)'에 속하기 때문이다. 사실을 확인하려면 우주 전체를 바라봐야 한다. 국소적(local) 관점에서 보면 뫼비우스 띠는 평범한 원통형 띠와 동일하다. 가까이 붙어 있는 두 점의 거동은 뫼비우스 띠나 원통형 띠나 다를 것이 없다. 우주는 너무나 크기 때문에 광역적 구조에 대해서는 알려진 내용이 거의 없다. 그러나 8장의 끝 부분에서 언급한 우주론학자들의 주장이 사실이라면, 우리의 우주는 비가향적일 수도 있다!

11장 | 간접사고의 위력

1 Ore, *The Four-Colour Problem*, Academic Press, 1967.

12장 | 위상불변량

1 E. C. Zeeman, *Introduction to Topology*, Penguin Books. 이 개념을 활용할 수 있도록 허락해준 Zeeman 교수에게 감사의 말을 전한다.

2 Ringel and Youngs, *Proceedings of the National Academy of Science*(U.S.A.), 1968. A. T. White, Graphs, *Groups and Surfaces*, North-Holland/American Elsevier, Amsterdam, London and New York, 1973.

13장 | 대수적 위상수학

1 또 다른 대수적 불변량으로 호몰로지군(homology group)이 있다. 이것은 '베티 수 (Betti number)'라는 이름으로 처음 도입되었다.

14장 | 초공간

1 Rourke and Sanderson, *Piecewise Linear Topology*, Springer, 1972.

15장 | 선형대수

1 선형대수 교과서는 여러 종이 나와 있는데, 그중 W. W. Sawyer의 *A Path to Modern Mathematics*, Penguin Books(1966)를 추천한다. 좀 더 실용적인 책으로는 Fletcher 의 *Linear Algebra Through its Applications*, Van Nostrand(1973)가 있다.

2 W. W. Sawyer, *Prelude to Mathematics*, Penguin Books, 1955, 8장 참조

16장 | 실해석학

1 "원하는 만큼 작게"나 "충분히 큰"과 같은 말들은 다소 모호하게 들리지만, 사실은 매우 정확한 표현이다. 원하는 만큼 작다는 것은 임의의 양수 ε에 대하여 $b_n - l$을 ε보다 작게 만들 수 있다는 뜻이다. 이를 위해서는 n이 '어떤 수' N보다 커야 하는데, 그 값은 ε에 따라 다르다. 그러므로 정확한 수렴조건은 다음과 같다. 임의의 양수 ε에 대하여 $n > N$일 때

$$| b_n - l | < \varepsilon$$

을 만족하는 N이 존재하면, b_n은 극한 l로 향한다.
(절대값기호 '||'는 부호에 상관없이 '차이'만 고려한다는 뜻이다.)

2 항을 재배열하려면 몇 가지 전제조건이 만족되어야 하는데, 수렴하는 급수 중에는 이 조건을 만족하지 않는 것도 있다. 본문에서 얻어진 역설적 결과가 그것을 증명한다!
수렴하는 급수라 해도, 모든 항이 양수여야 항을 마음대로 재배열할 수 있다.

3 위의 주석 1번에 입각하여 정의를 다시 내리면 다음과 같다. 임의의 $\varepsilon > 0$에 대하여

$$|f(x) - f(p)| < \varepsilon$$

를 만족하면서

$$|x - p| < \delta$$

인 $\delta > 0$가 존재하면 f는 x에서 연속이다.

학생들이 해석학을 어렵게 생각하는 이유가 바로 여기에 있다. 연속에 대한 정의가 "끊어지지 않고 매끈하게 이어진다."는 직관적 개념과 완전히 다르기 때문이다. 그러나 ε-δ 정의는 x^2이나 $\sin(x)$가 연속함수임을 확실하게 증명했고, 이보다 간단하면서 논리적 오류가 없는 증명은 아직 발견되지 않았다. 물론 이것이 최선의 증명이라는 보장은 어디에도 없으며, 더 나은 증명이 발견되면 곧바로 대치될 것이다.

17장 | 확률이론

1 W. Weaver, *Lady Luck*, Doubleday, 1963,

   D. Huff, *How to Take a Chance*, Penguin Books, 1977.

2 예를 들어, 수직선(數直線)에서 임의의 한 점을 고르는 경우 2나 π가 선택될 확률은 0이다. 그러나 확률이 0이라고 해서 2나 π가 절대로 선택되지 않는다는 뜻은 아니다.

18장 | 컴퓨터와 응용

1 Scientific American의 *Computers and Computation*, Freeman, San Francisco에는 컴퓨터와 관련된 다양한 기사가 실려 있다.

2 [Fortran 관련서적]

   The Elements of Fortran Style by Kreitzberg and Schneiderman, Harcourt Brace Jovanovitch, New York, 1972.

   A Guide to Fortran Programming by McCracken, Wiley, New York, 1961.

   [Algol 관련서적]

   Wooldridge and Ratcliffe, *An Introduction to Algol Programming*, English Universities Press, 1963.

19장 | 현대 수학의 응용

1 Allen, *Mathematical Analysis for Economists*, Macmillan, 1970.

A. Battersby, *Mathematics in Management*, Penguin Books, 1966.

2 Morris Kline이 편집하고 Freeman이 발행한 *Mathematics in the Modern World*(readings from Scientific American), 1970 중 F. J. Dyson의 'Mathematics in the Physical Science' 참조,

3 R. Thom, *Structural Stability & Morphogensis*,(D. Fowler 번역) Benjamin, Reading, Massachusetts, 1975 참조. 이 장을 집필하면서 Thom의 이론과 관련하여 내가 참고했던 도서목록은 다음과 같다.

E. C. Zeeman, 'Catastrophe Theory', *Scientific American* 234, 1976, pp.65-83.

I. N. Stewart, 'The Seven Elementary Catastrophes', *New Scientists* 68, 1975, pp.447-454.

T. Poston and I. N. Stewart, 'Taylor Expansions and Catastrophes', *Research Notes in Mathematics* 7, Pitman Publishing, London, 1976.

T. Poston and I. N. Stewart, *Catastrophe Theory and its Applications*, Pitman Publishing, London, 1978.

E. C. Zeeman, *Catastrophe Theory: Selected Papers*(1972-1977), Addison-Wesley, Reading, Massachusetts, 1977.

4 Poston and Woodcock, 'Zeeman's Catastrophe Machine', *Proceedings of the Cambridge Philosophical Society* 74, 1973, pp.217-226.

5 Woodcock and Poston, 'A Geometrical Study of the Elementary Catastrophes', *Lecture Notes in Mathematics* 373, Springer, 1974에는 급변이론과 관련하여 컴퓨터로 그린 다양한 그래프가 수록되어 있다.

20장 | 현대 수학의 기초

1 A Phillips, 'Turning a Surface Inside Out', Scientific American, May 1966, pp.112-120.

2 나의 안녕을 위해 실명은 밝힐 수 없다.

3 그의 영업방침은 "스스로 면도를 할 수 없는 사람"만 면도를 해주는 것이다. 그렇다면 그의 면도는 누가 해줘야 하는가?

4 Von Neumann-Bernays-Gödel의 집합론을 말한다. Bernays and Fraenkel, *Axiomatic Set Theory*, North Holland, 1958, p.31.

5 'On Formally Undecidable Propositions of Principia Mathematica and Related Systems I', *Monatshefte für Mathematik und Physik* 38, 1931, pp.173-198.

6 괴델의 논문과 해설서는 원본과 동일한 제목으로 출간되었다(Meltzer and Braithwaite, published by Oliver & Boyd, 1962).

7 Matijasevič, 'Enumerable Sets are Diophantine', *Soviet Mathematics* [*Doklady*] 11, 1970, pp.354-358; 'Diophantine Representation of the Set of Prime Numbers', ibid. 12, 1971, pp.249-254.

8 오랜 세월 동안 수학자들은 모든 소수(또는 소수의 일부)를 찾는 공식을 개발하기 위해 혼신의 노력을 기울여왔다. 예를 들어, 페르마의 공식

$$2^{2^n} + 1$$

과 오일러의 공식

$$n^2 - 79n + 1601$$

은 $n=0$, ⋯, 79까지 소수이다($n=80$일 때에는 합성수이다.). 두들리(Dudley)의 'History of Formula for Primes', *American Mathematical Monthly* 76, 1969, p.23에는 소수와 관련된 공식들이 망라되어 있다.

이런 공식은 소수에 대하여 별다른 정보를 제공하지 않기 때문에 연구가치가 별로 없을뿐더러, 분석하기도 쉽지 않다. 마티자세비치(Matijasevič)의 결과는 '소수의 단순성'이 아닌 '다항식의 복잡성'을 입증한 것으로 간주되어야 한다.

일반적 논의는 G. H. Hardy의 *Pure Mathematics*, Cambridge University Press, 1959와 H. Davenport의 *Higher Arithmetic*, Humanities, 1968을 참고하기 바란다.

9 괴델은 "연속체 가설을 참이라고 가정해도 집합론의 타당성은 영향을 받지 않는

다."는 것을 증명했고(*The Consistency of Continuum Hypothesis*, Princeton, New Jersey, 1940), 코헨은 "연속체 가설이 거짓이라고 가정해도 집합론의 타당성은 그대로 유지된다."는 것을 증명했다(*Set Theory and the Continuum Hypothesis*, Benjamin).

10 Mesdelson, *Introduction to Mathematical Logic*, Van Nostrand, 1964.

부록

1 K. Appel and W. Haken, 'Every Planar Map is Four Colorable', *Bulletin of the American Mathematical Society* 82, 1976, pp.711-712. 완전한 증명은 *Illinois Journal of Mathematics*에 수록되어 있다.

2 J. P. Jones, D. Sato, H. Wada, and D. Wiens, 'Diophantine Representation of the Set of Prime Numbers', *American Mathematical Monthly* 83, 1976, pp.449-464.

3 M. Davis, Y. Matijasevič, and J. Robinson, 'Hilbert's Tenth Problem. Diophantine Equations: Positive Aspects of a Negative Solution', *Proceedings of Symposia in Pure Mathematics* 28.
Mathematical Developments Arising from Hilbert Problems, American Mathematical Society, 1976, pp.323-378.

4 M. V. Berry, *Principles of Cosmology and Gravitation*, Cambridge University Press, 1976, p.122에 따르면 관측 가능한 우주의 직경은 약 10^{26}m이며, 부피는 4×10^{78}m^{3}이다. 토끼 한 마리의 부피는 약 10^{-3}m^{3}이므로, 토끼들이 우주를 가득 채울 때까지 걸리는 시간을 T라 하면

$$100 \times 5^T \times 10^{-3} = 4 \times 10^{78},$$

$$5^T = 4 \times 10^{79},$$

$$T\log 5 = 79 + \log 4, \quad (\log의 밑수는 10이다.)$$

$$T = 114$$

이다. 따라서 114세대가 지나면 우주공간은 토끼로 가득 차게 된다.

5 J. Guckenheimer, G. Oster, and A. Ipaktchi, '*The Dynamics of Density-dependent Population Models*', 출간예정.

6 T.-Y. Li and J. A. Yorke, 'Period Three Implies Chaos', *American Mathematical Monthly* 82, 1975, pp.985-992.

7 S. Smale and R. F. Williams, 'The Qualitative Analysis of a Difference Equation of Population Growth', *Journal of Mathematical Biology* 3, 1976, pp.1-4.

8 1225년에 이탈리아의 수학자 레오나르도 피보나치(Leonardo Fibonacci)는 토끼의 번식을 연구하다가 1, 1, 2, 3, 5, 8, 13, 21, …과 같은 수열을 발견했다. 이 수열의 각 항들은 그 앞에 있는 두 개의 수를 더함으로써 얻어진다(점화식으로 쓰면 $x_{n+1} = x_n + x_{n-1}$이다.).

9 스스로 과학을 자처하는 사이비과학은 우리의 논의에서 제외된다.

10 C. R. F. Maunder, *Algebraic Topology*, Van Nostrand, London, 1970, p.131.

11 "학생들에게 과학을 좀 더 쉽게 가르쳐야 한다."는 여론이 그 대표적 사례이다. 사람들은 "학생들이 과학을 멀리하는 이유는 과학보다 새로우면서 훨씬 쉬운 과목이 도처에 널려 있기 때문"이라고 주장한다. 아마도 크게 틀린 말은 아닐 것이다. 그러나 쉬운 과학교육으로 양성된 과학자들이 과학의 대를 잇는다면 그 뒷일은 불을 보듯 뻔하다("과학을 쉽게 가르쳐도 심각한 부작용은 없다."고 생각한다면, 어려운 기술교육의 필요성을 강조하는 나의 취지를 제대로 이해하지 못한 것이다.). 문득 또 한 가지 해결책이 머릿속에 떠오른다. 독자들도 "매사를 뒤집어서 생각해 보라."는 독일의 수학자 카를 구스타프 자코비(Karl Gustav Jacobi)의 명언을 다시 한 번 생각해보기 바란다.

수학 기호 사전

$\equiv$	(정수의)합동	$-$	(집합의)차이
모듈 $c\,(\text{mod}\,c)$	c로 나눈 나머지로 비교할 때…	V	전체집합
$\in$	포함된다	S'	S의 여집합
$\{\,\}$	집합기호	$A \times B$	집합 A와 B의 데카르트 곱
$\{x\,|\,\cdots\}$	$\cdots$인 x의 집합	(a, b)	순서쌍
$\varnothing$	공집합	$\mathbf{R}^2$	유클리드 평면
$\subseteq$	부분집합	$x!$	x의 계승[$=x(x-1)$ $(x-2)\cdots3.2.1$]
$\mathbf{N}$	자연수의 집합	$f : D \rightarrow T$	D에서 T로 가는 함수
$\mathbf{Z}$	정수의 집합	fg	함수 f와 g의 곱
$\mathbf{Q}$	유리수의 집합	I_D	D에서 정의된 항등함수
$\mathbf{R}$	실수의 집합	$\mathbf{K}$	작도 가능한 수의 집합
$\mathbf{C}$	복소수의 집합	π	원주율(3.14159$\cdots$)
$\cup$	합집합	$[x]$	x와 합동인 수의 집합
$\cap$	교집합	$\mathbf{R}[x]$	x의 다항식의 집합

Σ	합	$p*q$	경로의 조합
$*$	군 연산자	$[p]$	p의 호모토피류
I	군의 항등원	$\pi(S)$	S의 기본군
x^{-1}	x의 역원	$\mathbf{R}^3, \mathbf{R}^4, \mathbf{R}^5, \mathbf{R}^n$	3, 4, 5, n차원 공간
$\aleph_0, \aleph_1, \aleph_2, \cdots$	무한대의 카디널	$\pi_n(S)$	S의 n번째 호모토피군
$\mathbf{c}$	실수의 카디널	$\begin{pmatrix} a & b \\ c & d \end{pmatrix}$	행렬
e	2.71828…	$\begin{pmatrix} x \\ y \end{pmatrix}$	열벡터
$\|x\|$	x의 절대값($x>0$이면 x, $x<0$이면 $-x$)	$P(E)$	사건 E가 일어날 확률
F	지도에 주어진 면의 수	$\begin{pmatrix} n \\ r \end{pmatrix}$	이항계수
V	지도에 주어진 꼭짓점의 수	B	러셀의 집합
E	지도에 주어진 변의 수	I	공리적 집합론
$\chi(S)$	곡면 S의 오일러지표	A	일상적인 산술 체계
$\chi(N)$	네크워크 N의 오일러지표	$[\alpha:t]$	α에 t를 대입한 결과
$[k]$	k를 넘지 않는 가장 큰 정수	$R(n)$	괴델의 수에 따라 나열된 n번째 사인

찾아보기

ㅅ

보통 사람을 위한 현대 수학

1판 1쇄 발행일 2018년 7월 23일
2판 1쇄 발행일 2019년 6월 28일
2판 2쇄 발행일 2023년 7월 10일

지은이 이언 스튜어트
옮긴이 박병철

발행인 김학원
발행처 (주)휴머니스트출판그룹
출판등록 제313-2007-000007호(2007년 1월 5일)
주소 (03991) 서울시 마포구 동교로23길 76(연남동)
전화 02-335-4422 **팩스** 02-334-3427
저자·독자 서비스 humanist@humanistbooks.com
홈페이지 www.humanistbooks.com
유튜브 youtube.com/user/humanistma **포스트** post.naver.com/hmcv
페이스북 facebook.com/hmcv2001 **인스타그램** @humanist_insta
편집주간 황서현 **기획** 임은선 **편집** 이영란 정일웅 **디자인** 한예슬
용지 화인페이퍼 **인쇄** 청아디앤피 **제본** 민성사

한국어판 ⓒ ㈜휴머니스트출판그룹, 2018

ISBN 979-11-6080-137-8 03410